16G101图集应用系列丛书

16G101平法系列图集施工常见问题详解

上官子昌　主编

中国建筑工业出版社

图书在版编目（CIP）数据

16G101 平法系列图集施工常见问题详解/上官子昌主编. 一北京：中国建筑工业出版社，2017.1
（16G101 图集应用系列丛书）
ISBN 978-7-112-20139-6

Ⅰ.①1… Ⅱ.①上… Ⅲ.①建筑工程-工程施工-问题解答 Ⅳ.①TU74-44

中国版本图书馆 CIP 数据核字（2016）第 296097 号

本书根据《16G101-1》、《16G101-2》、《16G101-3》三本最新图集以及《混凝土结构设计规范》（GB 50010—2010）、《建筑抗震设计规范》（GB 50011—2010）、《建筑地基基础设计规范》（GB 50007—2011）、《高层建筑混凝土结构技术规范》（JGJ 3—2010）、《建筑桩基技术规范》（JGJ 94—2008）、《高层建筑箱形与筏形基础技术规范》（JGJ 6—2011）等标准编写，主要包括钢筋通用构造、基础构造、柱构造、剪力墙构造、梁构造以及板构造等内容。本书以 16G101 系列图集为主线，采用一问一答方式针对施工中容易混淆、容易忽视、容易出错的问题给出正确做法的解答。本书可供设计人员、施工技术人员、工程造价人员以及相关专业大中专的师生学习参考。

责任编辑：张 磊 王华月 岳建光
责任设计：李志立
责任校对：王宇枢 张 颖

16G101 图集应用系列丛书
16G101 平法系列图集施工常见问题详解
上官子昌 主编

*

中国建筑工业出版社出版、发行（北京海淀三里河路 9 号）
各地新华书店、建筑书店经销
霸州市顺浩图文科技发展有限公司制版
北京君升印刷有限公司印刷

*

开本：787×1092 毫米 1/16 印张：10½ 字数：241 千字
2017 年 1 月第一版 2017 年 1 月第一次印刷
定价：**32.00** 元
ISBN 978-7-112-20139-6
（29621）

16G101 平法系列图集施工常见问题详解

编　委　会

主　编　上官子昌

参　编（按姓氏笔画排序）

王红微　刘秀民　刘艳君　吕克顺

孙石春　孙丽娜　危　聪　李冬云

李　瑞　何　影　张文权　张　彤

张　敏　张黎黎　高少霞　殷鸿彬

隋红军　董　慧　韩　旭

前　言

平法是“混凝土结构施工图平面整体表示方法制图规则和构造详图”的简称，是对结构设计技术方法的理论化和系统化，是一种科学合理、简洁高效的结构设计方法。平法现已在全国结构工程界普遍应用。为了让工程技术人员更快、更正确地理解和应用 11G101 系列图集，进而达到提高建筑工程技术人员的设计水平和创新能力，确保并提高工程建设质量的目的，我们组织编写了这本书。

本书主要包括钢筋通用构造、基础构造、柱构造、剪力墙构造、梁构造以及板构造等内容。

本书以 16G101 系列图集为主线，采用一问一答方式针对施工中容易混淆、容易忽视、容易出错的问题给出正确做法的解答。本书可供设计人员、施工技术人员、工程造价人员以及相关专业大中专的师生学习参考。

本书在编写过程中参阅了大量的参考书籍和国家有关规范标准，并得到了有关业内人士的大力支持，在此表示衷心的感谢。由于编者水平有限，书中错误、疏漏在所难免，恳请广大读者提出宝贵意见。

您若对本书有什么意见、建议或有图书出版的意愿或想法，欢迎致函 289052980@qq. com 交流沟通！

目　　录

第1章 钢筋通用构造

【问题1】建筑工程中常用的钢筋有哪些？

钢筋按生产工艺分为：热轧钢筋、冷拉钢筋、冷拔钢丝、热处理钢筋、光面钢丝、螺旋肋钢丝、刻痕钢丝和钢绞线、冷轧扭钢筋、冷轧带肋钢筋。

钢筋按轧制外形分为：光圆钢筋、螺纹钢筋（螺旋纹、人字纹）。

钢筋按强度等级分为：HPB300表示热轧光圆钢筋，符号为Φ；HRB335表示热轧带肋钢筋，符号为Φ；HRB400表示热轧带肋钢筋，符号为Φ；RRB400表示余热处理（带肋）钢筋，符号为$Φ^R$。

1. 热轧钢筋

热轧钢筋是经热轧成型并自然冷却的成品钢筋，由低碳钢和普通合金钢在高温状态下压制而成，主要用于钢筋混凝土和预应力混凝土结构的配筋，是土木建筑工程中使用量最大的钢材品种之一。直径6.5～9mm的钢筋，大多数卷成盘条；直径10～40mm的一般是6～12m长的直条。热轧钢筋应具备一定的强度，即屈服点和抗拉强度，它是结构设计的主要依据。分为热轧光圆钢筋和热轧带肋钢筋（图1-1）两种。热轧钢筋为软钢，断裂

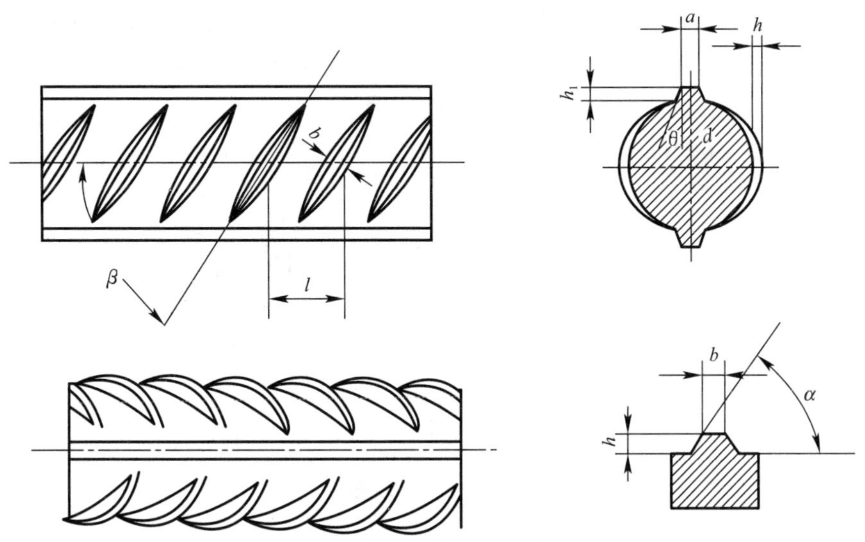

图1-1 月牙肋钢筋表面及截面形状

d—钢筋内径；α—横肋斜角；h—横肋高度；β—横肋与轴线夹角；

h_1—纵肋高度；θ—纵肋斜角；l—横肋间距；b—横肋顶宽

时会产生颈缩现象，伸长率较大。

2. 冷轧钢筋

冷拉钢筋是在常温条件下，以超过原来钢筋屈服点强度的拉应力，强行拉伸钢筋，使钢筋产生塑性变形以达到提高钢筋屈服点强度和节约钢材的目的。

冷拉钢筋的制作过程需要两次冷拉过程制作完成。

第一次冷拉：取一钢筋对其施加拉应力冷拉，钢筋会发生变形（并作应力—应变图）。随着拉应力增加，钢筋内部承受的拉应力逐渐增大。

第二次冷拉：重新施加拉应力，将钢筋拉伸到破坏，应力—应变图出现新的变化，新的屈服点明显高于原来的屈服点。这个变化说明，钢筋的塑性发生了变化，塑性小了，硬度大了，钢筋的强度得到提高，这一现象叫“变形硬化”。

经过以下两次过程冷拉钢筋制作完成。

3. 余热处理钢筋

余热处理钢筋是经热轧后立即穿水，进行表面控制冷却，然后利用芯部余热自身完成回火等调质工艺处理所得的成品钢筋，热处理后钢筋强度得到较大提高而塑性降低并不多。

4. 冷轧带肋钢筋

冷轧带肋钢筋是热轧圆盘条经冷轧在其表面冷轧成三面或二面有肋的钢筋。冷轧带肋钢筋的牌号由CRB和钢筋的抗拉强度最小值构成。C、R、B分别为冷轧（cold rolled）、带肋（ribbed）、钢筋（bar）三个词的英文首位大写字母。冷轧带肋钢筋分为CRB550、CRB650、CRB800、CRB970 0RW1170五个牌号。CRB550为普通钢筋混凝土用钢筋，其他牌号为预应力混凝土用钢筋。CRB550钢筋的公称直径范围为4～12mm。CRB650及以上牌号的公称直径为4、5、6mm。

冷轧带肋钢筋的外形肋呈月牙形，横肋沿钢筋截面周圈上均匀分布，其中三面肋钢筋有一面肋的倾角必须与另两面反向，二面肋钢筋一面肋的倾角必须与另一面反向。横肋中心线和钢筋轴线夹角β为40°～60°。肋两侧面和钢筋表面斜角α不得小于45°，横肋与钢筋表面呈弧形相交。横肋间隙的总和应不大于公称周长的20%（图1-2）。

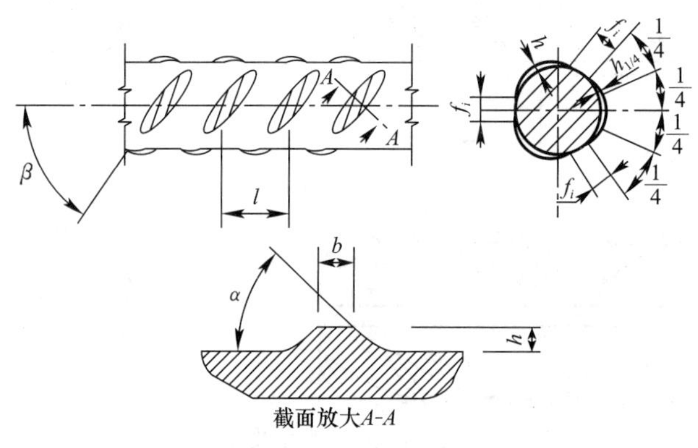

图1-2　三面肋钢筋表面及截面形状

α—横肋斜角；β—横肋与钢筋轴线夹角；h—横肋中点高；l—横肋间距；b—横肋顶宽；f_i—横肋间隙

5. 冷轧扭钢筋

冷轧扭钢筋是用低碳钢钢筋（含碳量低于0.25%）经冷轧扭工艺制成，其表面呈连续螺旋形（图1-3）。这种钢筋具有较高的强度，而且有足够的塑性，与混凝土粘结性能优异，代替HPB300级钢筋可节约钢材约30%。一般用于预制钢筋混凝土圆孔板、叠合板中的预制薄板以及现浇钢筋混凝土楼板等。

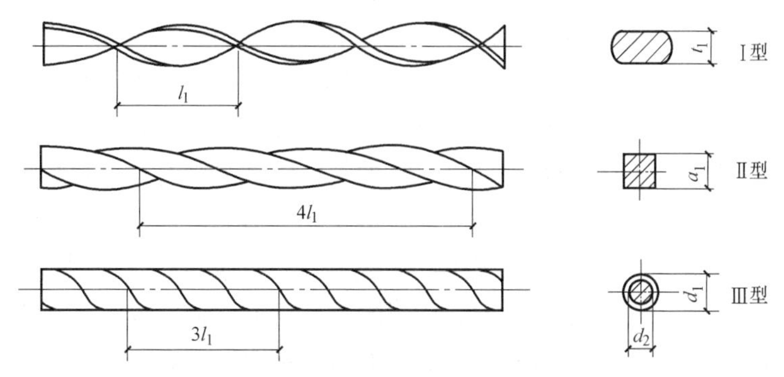

图1-3　冷轧扭钢筋形状及截面控制尺寸

l_1—节距；t_1—轧扁厚度；a_1—正方形边长；d_1—外圆直径；d_2—内圆直径

6. 冷拔螺旋钢筋

冷拔螺旋钢筋是热轧圆盘条经冷拔后在表面形成连续螺旋槽的钢筋。冷拔螺旋钢筋的外形见图1-4。冷拔螺旋钢筋的生产，可利用原有的冷拔设备，只需增加一个专用螺旋装置与陶瓷模具。该钢筋具有强度适中、握裹力强、塑性好、成本低等优点，可用于钢筋混凝土构件中的受力钢筋，以节约钢材；用于预应力空心板可提高延性，改善构件使用性能。

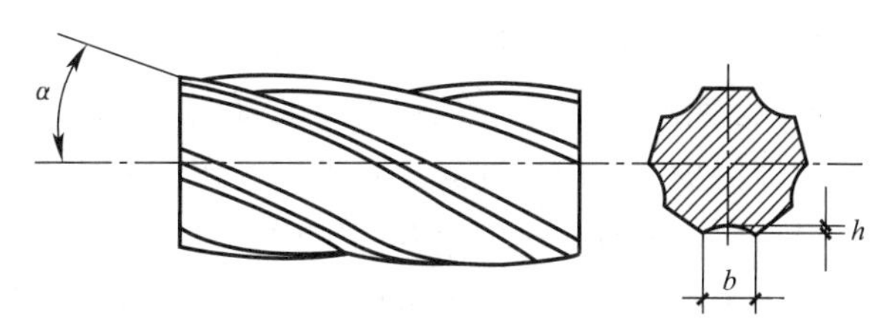

图1-4　冷拔螺旋钢筋表面及截面形状

7. 钢绞线

钢绞线是由沿一根中心钢丝成螺旋形绕在一起的公称直径相同的钢丝构成（图1-5）。

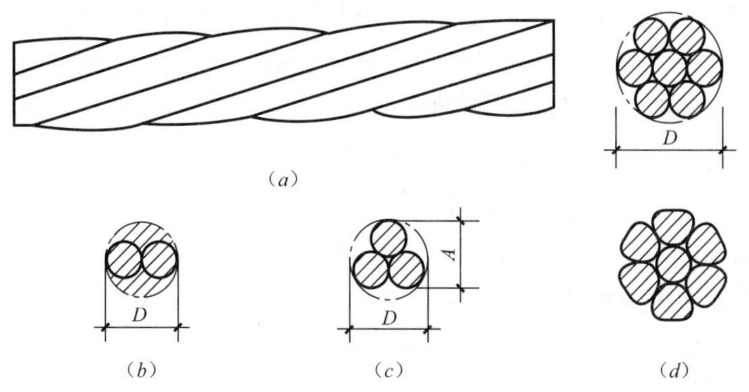

图1-5　预应力钢绞线表面及截面形状

(a) 1×7钢绞线；(b) 1×2钢绞线；(c) 1×3钢绞线；(d) 模拔钢绞线

D—钢绞线公称直径；A—1×3钢绞线测量尺寸

常用的有1×3和1×7标准型。

预应力钢筋宜采用预应力钢绞线、钢丝，也可采用热处理钢筋。

【问题2】G101图集中对混凝土保护层的最小厚度如何规定的?

钢筋的保护层就是钢筋外边缘与混凝土外表面之间的距离。钢筋保护层顾名思义就是保护钢筋的混凝土厚度，其作用是根据建筑物耐久性要求，在设计年限内防止钢筋产生危及结构安全的锈蚀；其次是保证钢筋与混凝土之间有足够的粘结力，保证钢筋与其周围混凝土能共同工作，并使钢筋充分发挥计算所需的强度。如果没有钢筋保护层或钢筋保护层不足，钢筋就会受到水分或有害气体的侵蚀，会生锈剥落，截面减小，使构件承载能力降低；钢筋生锈后体积增大，使周围混凝土产生裂缝，裂缝展开后又促使钢筋进一步锈蚀，形成恶性循环，进一步导致混凝土构件保护层剥落，钢筋截面减少，承载力降低，削弱构件的耐久性。混凝土保护层过小将导致混凝土对钢筋握裹不好，使钢筋锚固能力降低，影响构件受力性能。混凝土保护层过大也会降低构件的有效高度和承载力。对有防火要求的建筑物，为了保证构件在火灾发生前的强度和承载力，设计中应要求在构件表面粘贴或涂刷隔热的防火保护层，以提高构件的耐火极限。

混凝土结构中，钢筋被包裹在混凝土内，由受力钢筋外边缘到混凝土构件表面的最小距离称为保护层厚度。混凝土保护层的作用为：

（1）保证混凝土与钢筋共同工作

混凝土是抗压性能较好的脆性材料，钢筋是抗拉性能较好的延性材料。这两种材料各以其抗压、抗拉性能优势相结合，就构成了具有抗压、抗弯、抗剪、抗扭等结构性能的各种结构形式的建筑物或结构物。混凝土与钢筋共同工作的保证条件，是依靠混凝土与钢筋之间有足够的握裹力。握裹力主要有三种力构成：

① 粘结力（粘着力）。它是混凝土与钢筋表面的粘结力。

② 摩擦力。当结构处于受力状态时混凝土与钢筋表面产生一种摩擦力。

③ 机械咬合力。它是由于钢筋表面凸凹不平与混凝土接触面产生一种咬合力。

由粘着力、摩擦力、咬合力这三种力构成的握裹力，直接关系到钢筋混凝土结构的性能和承载能力。保证混凝土与钢筋之间的握裹力，就要求保护层要有一定的厚度。如果保护层厚度过小，则混凝土与钢筋之间不能发挥握裹力的作用。因此规范规定混凝土保护层厚度的最小尺寸，不应小于受力钢筋的一个直径。

（2）保护钢筋不锈蚀，确保结构安全和耐久性

影响钢筋混凝土结构耐久性，造成其结构破坏的因素很多，如氯离子侵蚀，冻融破坏，混凝土不密实、裂缝，混凝土碳化，碱—骨料反应，在一定环境条件下都能造成钢筋锈蚀，引起结构破坏。钢筋锈蚀后，铁锈体积膨胀，体积一般增加到2～4倍，致使混凝土保护层开裂，潮气或水分渗入，加快和加重钢筋继续锈蚀，使钢筋直径由减小则锈断，导致建筑物破坏。混凝土保护层对防止钢筋锈蚀具有保护作用。这种保护作用在无有害物

质侵蚀下才能有效。但是，保护层因混凝土的碳化，给钢筋锈蚀提供了外部条件。因此，混凝土碳化对钢筋锈蚀有很大影响，关系到结构耐久性和安全性。

（3）保护钢筋不应受高温（火灾）影响

使结构急剧丧失承载力保护层具有一定厚度，可以使建筑物的结构在高温条件下或遇有火灾时，保护钢筋不因受到高温影响，使结构急剧丧失承载力而倒塌。因此保护层的厚度与建筑物耐火性有关。混凝土和钢筋均属非燃烧体，以砂石为骨料的混凝土一般可耐高温700℃。钢筋混凝土结构都不能直接接触明火火源，应避免高温辐射，由于施工原因造成保护层过小，一旦建筑物发生火灾，会造成对建筑物耐火等级或耐火极限的影响。这些因素在设计时均应考虑，混凝土保护层按建筑物耐火等级要求规定的厚度设计时，遇有火灾可保护结构或延缓结构倒塌时间，可为人口疏散和物资转移提供一定的缓冲时间。如保护层过小，可能会失去这个缓冲时间，造成生命、财产的更大损失。

混凝土保护层的最小厚度取决于构件的耐久性、耐火性和受力钢筋粘结锚固性能的要求，同时与环境类别有关。混凝土结构的环境类别见表1-1。

混凝土结构的环境类别　　表1-1

环境类别	条　件
一	室内干燥环境 无侵蚀性静水浸没环境
二a	室内潮湿环境 非严寒和非寒冷地区的露天环境 非严寒和非寒冷地区与无侵蚀性的水或土壤直接接触的环境 严寒和寒冷地区的冰冻线以下与无侵蚀性的水或土壤直接接触的环境
二b	干湿交替环境 水位频繁变动环境 严寒和寒冷地区的露天环境 严寒和寒冷地区冰冻线以上与无侵蚀性的水或土壤直接接触的环境
三a	严寒和寒冷地区冬季水位变动区环境 受除冰盐影响环境 海风环境
三b	盐渍土环境 受除冰盐作用环境 海岸环境
四	海水环境
五	受人为或自然的侵蚀性物质影响的环境

注：1. 室内潮湿环境是指构件表面经常处于结露或湿润状态的环境。
2. 严寒和寒冷地区的划分应符合国家现行标准《民用建筑热工设计规范》GB 50176—1993的有关规定。
3. 海岸环境和海风环境宜根据当地情况，考虑主导风向及结构所处迎风、背风部位等因素的影响，由调查研究和工程经验确定。
4. 受除冰盐影响环境是指受到除冰盐盐雾影响的环境；受除冰盐作用环境是指被除冰盐溶液溅射的环境以及使用除冰盐地区的洗车房、停车楼等建筑。
5. 暴露的环境是指混凝土结构表面所处的环境。

16G101-1和16G101-2图集中规定纵向受力钢筋的混凝土保护层的最小厚度应符合表

1-2的要求。

混凝土保护层的最小厚度（mm） 表1-2

环境类别	板、墙	梁、柱
一	15	20
二a	20	25
二b	25	35
三a	30	40
三b	40	50

注：1. 表中混凝土保护层厚度指最外层钢筋外边缘至混凝土表面的距离，适用于设计使用年限为50年的混凝土结构。
2. 构件中受力钢筋的保护层厚度不应小于钢筋的公称直径。
3. 一类环境中，设计使用年限为100年的结构最外层钢筋的保护层厚度不应小于表中数值的1.4倍；二、三类环境中，设计使用年限为100年的结构应采取专门的有效措施。
4. 混凝土强度等级不大于C25时，表中保护层厚度数值应增加5mm。
5. 基础地面钢筋的保护层厚度，有混凝土垫层时应从垫层顶面算起，且不应小于40mm；无垫层时不应小于70mm。

16G101-3图集中规定纵向受力钢筋的混凝土保护层的最小厚度应符合表1-3的要求。

混凝土保护层的最小厚度（mm） 表1-3

环境类别	板、墙		梁、柱		基础梁（顶面和侧面）		独立基础、条形基础、筏形基础（顶面和侧面）	
	≤C25	≥C30	≤C25	≥C30	≤C25	≥C30	≤C25	≥C30
一	20	15	25	20	25	20	—	—
二a	25	20	30	25	30	25	25	20
二b	30	25	40	35	40	35	30	25
三a	35	30	45	40	45	40	35	30
三b	45	40	55	50	55	50	45	40

注：1. 表中混凝土保护层厚度指最外层钢筋外边缘至混凝土表面的距离，适用于设计使用年限为50年的混凝土结构。
2. 构件中受力钢筋的保护层厚度不应小于钢筋的公称直径d。
3. 一类环境中，设计使用年限为100年的结构最外层钢筋的保护层厚度不应小于表中数值的1.4倍；二、三类环境中，设计使用年限为100年的结构应采取专门的有效措施。
4. 钢筋混凝土基础宜设置混凝土垫层，基础底部的钢筋的混凝土保护层厚度应从垫层顶面算起，且不应小于40mm；无垫层时，不应小于70mm。
5. 桩基承台及承台梁：承台底面钢筋的混凝土保护层厚度，当有混凝土垫层时，不应小于50mm，无垫层时不应小于70mm；此外尚不应小于桩头嵌入承台内的长度。

【问题3】钢筋代换原则有哪些？

（1）等强度代换：当构件受强度控制时，钢筋可按强度相等原则进行代换。
（2）等面积代换：当构件按最小配筋率配筋时，钢筋可按面积相等原则进行代换。
（3）当构件受裂缝宽度或挠度控制时，代换后应进行裂缝宽度或挠度验算。

钢筋代换方法如下：

1. 计算式

$$n_2 \geqslant \frac{n_1 d_1^2 f_{y1}}{d_2^2 f_{y2}} \tag{1-1}$$

式中　n_2——代换钢筋根数；

n_1——原设计钢筋根数；

d_2——代换钢筋直径；

d_1——原设计钢筋直径；

f_{y2}——代换钢筋抗拉强度设计值；

f_{y1}——原设计钢筋抗拉强度设计值。

2. 式（1-1）有两种特例

（1）设计强度相同、直径不同的钢筋代换

$$n_2 \geqslant n_1 \frac{d_1^2}{d_2^2} \tag{1-2}$$

（2）直径相同、强度设计值不同的钢筋代换

$$n_2 \geqslant n_1 \frac{f_{y1}}{f_{y2}} \tag{1-3}$$

3. 构件截面的有效高度影响

钢筋代换后，有时由于受力钢筋直径加大或根数增多而需要增加排数，则构件截面的有效高度 h_0 减小，截面强度降低。通常对这种影响可凭经验适当增加钢筋面积，然后再作截面强度复核。

对矩形截面受弯构件，可根据弯矩相等，按式（1-4）复核截面强度。

$$N_2\left(h_{02}-\frac{N_2}{2f_c b}\right) \geqslant N_1\left(h_{01}-\frac{N_1}{2f_c b}\right) \tag{1-4}$$

式中　N_1——原设计的钢筋拉力，等于 $A_{s1} f_{y1}$（A_{s1} 为原设计钢筋的截面面积，f_{y1} 为原设计钢筋的抗拉强度设计值）；

N_2——代换钢筋拉力，同上；

h_{01}——原设计钢筋的合力点至构件截面受压边缘的距离；

h_{02}——代换钢筋的合力点至构件截面受压边缘的距离；

f_c——混凝土的抗压强度设计值，对 C20 混凝土为 9.6N/mm^2，对 C25 混凝土为 11.9N/mm^2，对 C30 混凝土为 14.3N/mm^2；

b——构件截面宽度。

【问题 4】钢筋代换有哪些注意事项?

钢筋代换时，必须充分了解设计意图和代换材料性能，并严格遵守现行国家标准《混凝土结构设计规范（2015 年版）》GB 50010—2010 的各项规定；凡重要结构中的钢筋代

换，应征得设计单位同意。

（1）对某些重要构件，如吊车梁、薄腹梁、桁架下弦等，不宜用HPB300级光圆钢筋代替HRB335和HRB400级带肋钢筋。

（2）无论采用哪种方法进行钢筋代换后，应满足配筋构造规定，如钢筋的最小直径、间距、根数、锚固长度等。

（3）同一截面内，可同时配有不同种类和直径的代换钢筋，但每根钢筋的拉力差不应过大（如同品种钢筋的直径差值一般不大于5mm），以免构件受力不均匀。

（4）梁的纵向受力钢筋与弯起钢筋应分别代换，以保证正截面与斜截面强度。

（5）偏心受压构件（如框架柱、有吊车厂房柱、桁架上弦等）或偏心受拉构件作钢筋代换时，不取整个截面配筋量计算，应按受力面（受压或受拉）分别代换。

（6）用高强度钢筋代换低强度钢筋时应注意构件所允许的最小配筋百分率和最少根数。

（7）用几种直径的钢筋代换一种钢筋时，较粗钢筋位于构件角部。

（8）当构件受裂缝宽度或挠度控制时，如用粗钢筋等强度代换细钢筋，或用HPB300级光圆钢筋代换HRB335级螺纹钢筋就重新验算裂缝宽度。如以小直径钢筋代换大直径钢筋，强度等级低的钢筋代替强度等级高的钢筋，则可不作裂缝宽度验算。如代换后钢筋总截面面积减少应同时验算裂缝宽度和挠度。

（9）根据钢筋混凝土构件的受荷情况，如果经过截面的承载力和抗裂性能验算，确认设计因荷载取值过大配筋偏大或虽然荷载取值符合实际但验算结果发现原配筋偏大，作钢筋代换时可适当减少配筋。但须征得设计方同意，施工方不得擅自减少设计配筋。

（10）偏心受压构件非受力的构造钢筋在计算时并未考虑，不参与代换，即不能按全截面进行代换，否则导致受力代换后截面小于原设计。

【问题5】钢筋在图纸中如何表示？

普通钢筋的一般表示方法应符合表1-4的规定。

普通钢筋　　表1-4

序号	名　称	图　例	说　明
1	钢筋横截面	•	—
2	无弯钩的钢筋端部		下图表示长、短钢筋投影重叠时，短钢筋的端部用45°斜画线表示
3	带半圆形弯钩的钢筋端部		—
4	带直钩的钢筋端部		—
5	带丝扣的钢筋端部		—
6	无弯钩的钢筋搭接		—

续表

序号	名　称	图　例	说　明
7	带半圆弯钩的钢筋搭接		—
8	带直钩的钢筋搭接		—
9	花篮螺丝钢筋接头		—
10	机械连接的钢筋接头		用文字说明机械连接的方式(如冷挤压或直螺纹等)

【问题6】钢筋焊接接头如何表示?

钢筋的焊接接头的表示方法应符合表1-5的规定。

钢筋的焊接接头　　表1-5

序　号	名　称	接头形式	标注方法
1	单面焊接的钢筋接头		
2	双面焊接的钢筋接头		
3	用帮条单面焊接的钢筋接头		
4	用帮条双面焊接的钢筋接头		
5	接触对焊的钢筋接头(闪光焊、压力焊)		
6	坡口平焊的钢筋接头	60° b	60° b
7	坡口立焊的钢筋接头	b 45°	45° b
8	用角钢或扁钢做连接板焊接的钢筋接头		
9	钢筋或螺(锚)栓与钢板穿孔塞焊的接头		

【问题7】结构图中常见的钢筋画法有哪些？

钢筋的画法应符合表1-6的规定。

钢筋画法 表1-6

序号	说明	图例
1	在结构楼板中配置双层钢筋时，底层钢筋的弯钩应向上或向左，顶层钢筋的弯钩则向下或向右	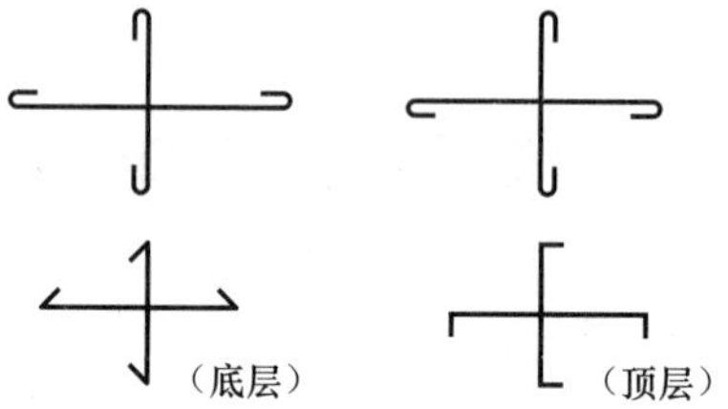 （底层） （顶层）
2	钢筋混凝土墙体配双层钢筋时，在配筋立面图中，远面钢筋的弯钩应向上或向左，而近面钢筋的弯钩向下或向右（JM近面，YM远面）	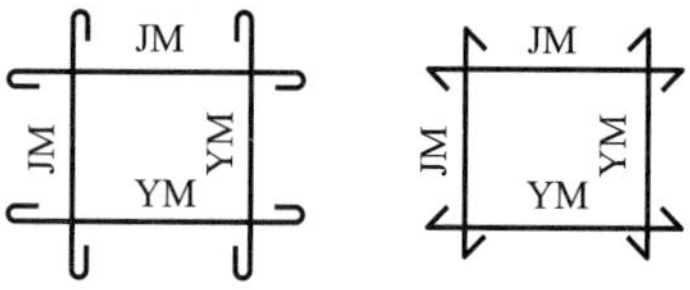 JM YM JM YM JM YM JM YM
3	若在断面图中不能表达清楚的钢筋布置，应在断面图外增加钢筋大样图（例如钢筋混凝土墙、楼梯等）	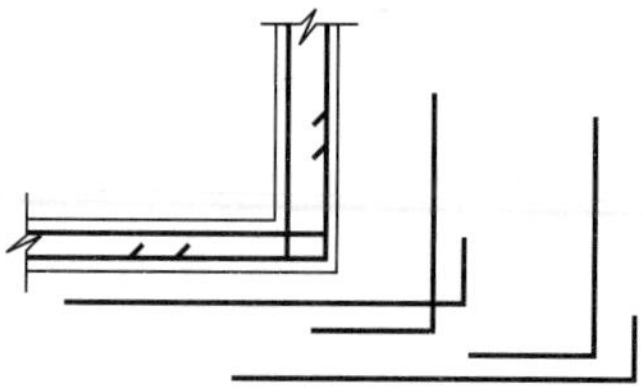
4	图中所表示的箍筋、环筋等若布置复杂时，可加画钢筋大样及说明	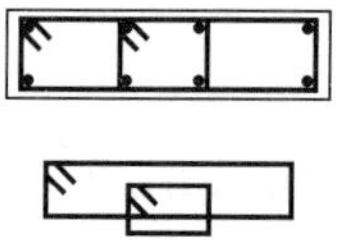
5	每组相同的钢筋、箍筋或环筋，可用一根粗实线表示，同时用一两端带斜短画线的横穿细线，表示其钢筋及起止范围	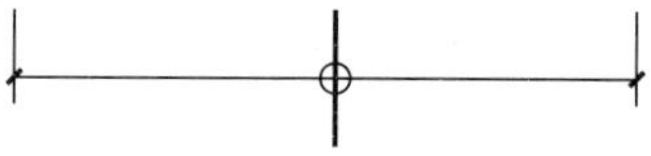

【问题8】什么是钢筋的锚固？受拉钢筋的锚固长度如何确定？

钢筋混凝土结构中钢筋能够受力，主要是依靠钢筋和混凝土之间的粘结锚固作用，因此锚固是混凝土结构受力的基础。如果钢筋的锚固失效，则结构可能丧失承载能力并由此引发结构破坏。

当计算中充分利用钢筋的抗拉强度时，受拉钢筋的锚固应符合下列要求：

基本锚固长度应按下列公式计算：

$$l_{ab}=\alpha\frac{f_y}{f_t}d \tag{1-5}$$

$$l_{ab}=\alpha\frac{f_{py}}{f_t}d \tag{1-6}$$

式中　l_{ab}——受拉钢筋的基本锚固长度；

f_y、f_{py}——普通钢筋、预应力筋的抗拉强度设计值；

f_t——混凝土轴心抗拉强度设计值，当混凝土强度等级高于 C60 时，按 C60 取值；

d——锚固钢筋的直径；

α——锚固钢筋的外形系数，按表 1-7 取用。

锚固钢筋的外形系数 α　　表 1-7

钢筋类型	光圆钢筋	带肋钢筋	螺旋肋钢丝	三股钢绞线	七股钢绞线
α	0.16	0.14	0.13	0.16	0.17

注：光面钢筋末端应做 180°弯钩，弯后平直段长度不应小于 $3d$，但作受压钢筋时可不做弯钩。

纵向受拉钢筋的最小锚固长度见表 1-8。

受拉钢筋基本锚固长度 l_{ab}　　表 1-8

钢筋种类	混凝土强度等级								
	C20	C25	C30	C35	C40	C45	C50	C55	≥C60
HPB300	39*d*	34*d*	30*d*	28*d*	25*d*	24*d*	23*d*	22*d*	21*d*
HRB335	38*d*	33*d*	29*d*	27*d*	25*d*	23*d*	22*d*	21*d*	21*d*
HRB400 HRBF400 RRB400	—	40*d*	35*d*	32*d*	29*d*	28*d*	27*d*	26*d*	25*d*
HRB500 HRBF500	—	48*d*	43*d*	39*d*	36*d*	34*d*	32*d*	31*d*	30*d*

受拉钢筋的锚固长度应根据具体锚固条件按下列公式计算，且不应小于 200mm：

$$l_a=\zeta_a l_{ab} \tag{1-7}$$

式中　l_a——受拉钢筋的锚固长度，见表 1-9；

ζ_a——锚固长度修正系数，按表 1-10 的规定取用，当多于一项时，可按连乘计算，但不应小于 0.6。

受拉钢筋锚固长度 l_a　　表 1-9

钢筋种类	混凝土强度等级																
	C20	C25		C30		C35		C40		C45		C50		C55		≥C60	
	$d\leqslant25$	$d\leqslant25$	$d>25$	$d\leqslant25$	$d>25$	$d\leqslant25$	$d>25$	$d\leqslant25$	$d>25$	$d\leqslant25$	$d>25$	$d\leqslant25$	$d>25$	$d\leqslant25$	$d>25$	$d\leqslant25$	$d>25$
HPB300	39*d*	34*d*	—	30*d*	—	28*d*	—	25*d*	—	24*d*	—	23*d*	—	22*d*	—	21*d*	—
HRB335	38*d*	33*d*	—	29*d*	—	27*d*	—	25*d*	—	23*d*	—	22*d*	—	21*d*	—	21*d*	—

续表

钢筋种类	混凝土强度等级																
	C20	C25		C30		C35		C40		C45		C50		C55		≥C60	
	$d\leqslant 25$	$d\leqslant 25$	$d>25$	$d\leqslant 25$	$d>25$	$d\leqslant 25$	$d>25$	$d\leqslant 25$	$d>25$	$d\leqslant 25$	$d>25$	$d\leqslant 25$	$d>25$	$d\leqslant 25$	$d>25$	$d\leqslant 25$	$d>25$
HRB400、HRBF400 RRB400	—	40d	44d	35d	39d	32d	35d	29d	32d	28d	31d	27d	30d	26d	29d	25d	28d
HRB500、HRBF500	—	48s	53d	43d	47d	39d	43d	36d	40d	34d	37d	32d	35d	31d	34d	30d	33d

受拉钢筋锚固长度修正系数 ζ_a **表1-10**

锚固条件		ζ_a	
带肋钢筋的公称直径大于25mm		1.10	—
环氧树脂涂层带肋钢筋		1.25	
施工过程中易受扰动的钢筋		1.10	
锚固区保护层厚度	3d	0.80	注：中间时按内插值。d为锚固钢筋的直径
	5d	0.70	

当锚固钢筋保护层厚度不大于5d时，锚固长度范围内应配置横向构造钢筋，其直径不应小于$d/4$；对梁、柱等杆状构件间距不应大于5d，对板、墙等平面构件间距不大于10d，且均不应小于100mm，此处d为锚固钢筋的直径。

【问题9】影响钢筋粘结锚固的因素有哪些？

影响钢筋粘结力的因素有混凝土强度、锚固长度、锚固钢筋的外形特征、混凝土保护层厚度、配箍情况对锚固区域混凝土的约束、混凝土浇捣状况和锚筋受力情况等。

混凝土强度越高，则伸入钢筋横向肋间的混凝土咬合齿越强，握裹层混凝土的劈裂就越难以发生，故粘结锚固作用越强。

长锚试件平均粘结强度低于短锚试件，但拉拔力总值大，即使钢筋屈服也不会发生粘结破坏。

钢筋外形决定了混凝土咬合齿的形状，主要外形参数为相对肋高和肋面积比、横肋对称性及连续性。光圆钢筋和刻痕钢筋的粘结能力来源于胶结和摩擦，锚固强度最差，设置弯钩后能有效地提高粘结锚固性能。变形钢筋的粘结能力来源于摩擦力和变形钢筋表面凸出的肋与混凝土之间在受力后产生的机械咬合力。间断的月牙肋钢筋较好，连续的螺纹肋钢筋锚固性能最好。

保护层厚度越厚，则对锚固钢筋的约束力越大，咬合力对握裹层混凝土的劈裂越不易发生。当保护层厚度大到一定程度后，锚固强度不再增加。

锚固区域的配箍对锚固强度影响很大。不配箍的锚筋在握裹层混凝土劈裂后即丧失锚固力，配置箍筋后对保护后期粘结强度，改善锚筋延性作用明显，即使发生劈裂，粘结锚固强度仍存在。

不正确的混凝土浇筑和过高的水灰比容易使混凝土表面出现沉淀收缩和离析泌水现象，对水平放置的钢筋，其下面会形成疏松层，上面将出现收缩沉降裂缝，导致粘结强度降低。

钢筋在构件内的受力情况对粘结强度也有影响。在锚固范围内存在侧压力，能提高粘结强度，但侧压力过大将导致提前出现裂缝，反而降低粘结强度。在锚固区有剪力时，由于存在斜裂缝和锚筋受到暗销作用而缩短了有效长度，增加局部粘结破坏的范围，使平均粘结强度降低。对于反复荷载的锚筋，它和周围混凝土之间产生交叉内裂缝，反复开闭，使钢筋肋间混凝土碾碎，粘结恶化。同时正反两方向的反复滑动，使锚筋表面和混凝土骨料间的摩擦咬合作用降低。

【问题10】纵向受拉钢筋的锚固长度为什么要修正？如何修正？

在实际工程中，由于锚固条件的变化，锚固长度也应作相应的调整。以下5种情况下需对钢筋的锚固长度进行修正。当多于一项时，锚固长度修正系数 ε_a 按连乘计算，但不应小于0.6。

（1）带肋钢筋的直径大于25mm时：其锚固长度 l_a 乘以修正系数1.1。

（2）采用环氧树脂涂层钢筋时：为解决恶劣环境中钢筋的耐久性问题，工程中采用环氧树脂涂层钢筋。试验表明涂层使钢筋的锚固强度降低了20%左右，因此锚固长度 l_a 乘以修正系数1.25。

（3）受施工扰动影响时：当钢筋在混凝土施工过程中易受扰动的情况下（如滑模施工），因混凝土在凝固前受扰动而影响与钢筋的粘结锚固作用，其锚固长度 l_a 乘以修正系数1.1。

（4）保护层厚度较大时：当HRB335，HRB400和RRB400级钢筋在锚固区的混凝土保护层厚度大于钢筋直径的3倍且配有箍筋时，其锚固长度 l_a 乘以修正系数0.8。

（5）配筋富裕时：当纵向受力钢筋的实际配筋面积大于其设计计算面积时，如因构造要求而大于计算值，钢筋实际应力小于强度设计值，因此，当确有把握时，其锚固长度 l_a 乘以设计计算面积与实际配筋面积的比值。但不得用于抗震设计及直接承受动力荷载的构件中。

【问题11】纵向受拉钢筋的抗震锚固长度如何确定？

为保证地震时反复荷载作用下钢筋与其周围混凝土之间具有可靠的粘结强度，规定纵向受拉钢筋的抗震锚固长度 l_{aE} 见表1-11。

受拉钢筋抗震锚固长度 l_{aE} 表 1-11

钢筋种类		混凝土强度等级																
		C20	C25		C30		C35		C40		C45		C50		C55		≥C60	
		$d\leqslant25$	$d\leqslant25$	$d>25$	$d\leqslant25$	$d>25$	$d\leqslant25$	$d>25$	$d\leqslant25$	$d>25$	$d\leqslant25$	$d>25$	$d\leqslant25$	$d>25$	$d\leqslant25$	$d>25$	$d\leqslant25$	$d>25$
HPB300	一、二级	45*d*	39*d*	—	35*d*	—	32*d*	—	29*d*	—	28*d*	—	26*d*	—	25*d*	—	24*d*	—
	三级	41*d*	36*d*	—	32*d*	—	29*d*	—	26*d*	—	25*d*	—	24*d*	—	23*d*	—	22*d*	—
HRB335	一、二级	44*d*	38*d*	—	33*d*	—	31*d*	—	29*d*	—	26*d*	—	25*d*	—	24*d*	—	24*d*	—
	三级	40*d*	35*d*	—	30*d*	—	28*d*	—	26*d*	—	24*d*	—	23*d*	—	22*d*	—	22*d*	—
HRB400 HRBF400	一、二级	—	46*d*	51*d*	40*d*	45*d*	37*d*	40*d*	33*d*	37*d*	32*d*	36*d*	31*d*	35*d*	30*d*	33*d*	29*d*	32*d*
	三级	—	42*d*	46*d*	37*d*	41*d*	34*d*	37*d*	30*d*	34*d*	29*d*	33*d*	28*d*	32*d*	27*d*	30*d*	26*d*	29*d*
HRB500 HRBF500	一、二级	—	55*d*	61*d*	49*d*	54*d*	45*d*	49*d*	41*d*	46*d*	39*d*	43*d*	37*d*	40*d*	36*d*	39*d*	35*d*	38*d*
	三级	—	50*d*	56*d*	45*d*	49*d*	41*d*	45*d*	38*d*	42*d*	36*d*	39*d*	34*d*	37*d*	33*d*	36*d*	32*d*	35*d*

注：1. 当为环氧树脂涂层带肋钢筋时，表中数据尚应乘以 1.25。
2. 当纵向受拉钢筋在施工过程中易受扰动时，表中数据尚应乘以 1.1。
3. 当锚固长度范围内纵向受力钢筋周边保护层厚度为 3*d*、5*d*（*d* 为锚固钢筋的直径）时，表中数据可分别乘以 0.8、0.7；中间时按内插值。
4. 当纵向受拉普通钢筋锚固长度修正系数（注 1～注 3）多于一项时，可按连乘计算。
5. 受拉钢筋的锚固长度 l_a、l_{aE} 计算值不应小于 200。
6. 四级抗震时，$l_{aE}=l_a$。
7. 当锚固钢筋的保护层厚度不大于 5*d* 时，锚固钢筋长度范围内应设置横向构造钢筋，其直径不应小于 *d*/4（*d* 为锚固钢筋的最大直径）；对梁、柱等构件间距不应大于 5*d*，对板、墙等构件间距不应大于 10*d*，且均不应大于 100（*d* 为锚固钢筋的最小直径）。
8. HPB300 级钢筋末端应做 180°弯钩，做法详见图 1-6。

【问题 12】光圆钢筋的端部带弯钩是否可以计入锚固长度，弯钩长度取值为多少？

对于光圆钢筋，由于表面光滑，只靠摩阻力锚固，在受力时，易滑移被拔出，特别是在受拉时，锚固强度很低，因此端部应做 180°弯钩构造措施，不计入锚固长度，端部在计算时为锚固长度 $l_a+6.25d$（弯弧内直径 2.5*d*，平直段长度 3*d*，弯钩增加长度 6.25*d*）。作受压钢筋时可不做弯钩。

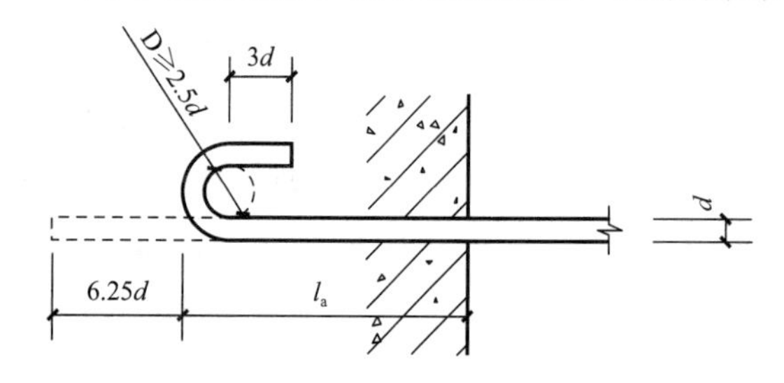

图 1-6 180°弯钩长度增加值

钢筋总长度在计算时，是按钢筋外形长度（构件长度－保护层厚度），180°弯钩，在计算时须增加弯钩长度增加值（见图 1-6）。

$$180^\circ \text{弯钩长度增加值} = 3d + [3.1415 \times (d+D)/2 - (D/2+d)]$$
$$= 6.25d (\text{式中的 } D = 2.5d)$$

【问题 13】纵向受拉钢筋的绑扎搭接长度如何确定?

纵向受拉钢筋绑扎搭接接头的搭接长度应根据位于同一连接区段内的钢筋搭接接头面积百分率按下列公式计算，且不应小于 300mm。

$$l_l = \zeta_l l_a \tag{1-8}$$

抗震绑扎搭接长度的计算公式为：

$$l_{lE} = \zeta_l l_{aE} \tag{1-9}$$

式中　l_l——纵向受拉钢筋的搭接长度，见表 1-12；

l_{lE}——纵向抗震受拉钢筋的搭接长度，见表 1-13；

ζ_l——纵向受拉钢筋搭接长度修正系数。当纵向受拉钢筋搭接接头面积百分率≤25%时取值 1.2；当纵向受拉钢筋搭接接头面积百分率 50%时取值 1.4；当纵向受拉钢筋搭接接头面积百分率 100%时取值 1.6。当纵向搭接钢筋接头面积百分率为上述的中间值时，修正系数可按内插取值；

l_a——受拉钢筋的锚固长度；

l_{aE}——纵向受拉钢筋的抗震锚固长度。

纵向受拉钢筋搭接长度 l_l　　表 1-12

钢筋种类		混凝土强度等级																
		C20	C25		C30		C35		C40		C45		C50		C55		≥C60	
		d≤25	d≤25	d>25	d≤25	d>25	d≤25	d>25	d≤25	d>25	d≤25	d>25	d≤25	d>25	d≤25	d>25	d≤25	d>25
HPB300	≤25%	47d	41d	—	36d	—	34d	—	30d	—	29d	—	28d	—	26d	—	25d	—
	50%	55d	48d	—	42d	—	39d	—	35d	—	34d	—	32d	—	31d	—	29d	—
	100%	62d	54d	—	48d	—	45d	—	40d	—	38d	—	37d	—	35d	—	34d	—
HRB335	≤25%	46d	40d	—	35d	—	32d	—	30d	—	28d	—	26d	—	25d	—	25d	—
	50%	53d	46d	—	41d	—	38d	—	35d	—	32d	—	31d	—	29d	—	29d	—
	100%	61d	53d	—	46d	—	43d	—	40d	—	37d	—	35d	—	34d	—	34d	—
HRB400 HRBF400 RRB400	≤25%	—	48d	53d	42d	47d	38d	42d	35d	38d	34d	37d	32d	36d	31d	35d	30d	34d
	50%	—	56d	62d	49d	55d	45d	49d	41d	45d	39d	43d	38d	42d	36d	41d	35d	39d
	100%	—	64d	70d	56d	62d	51d	56d	46d	51d	45d	50d	43d	48d	42d	46d	40d	45d
HRB500 HRBF500	≤25%	—	58d	64d	52d	56d	47d	52d	43d	48d	41d	44d	38d	42d	37d	41d	36d	40d
	50%	—	67d	74d	60d	66d	55d	60d	50d	56d	48d	52d	45d	49d	43d	48d	42d	46d
	100%	—	77d	85d	69d	75d	62d	69d	58d	64d	54d	59d	51d	56d	50d	54d	48d	53d

注：1. 表中数值为纵向受拉钢筋绑扎搭接接头的搭接长度。

2. 两根不同直径钢筋搭接时，表中 d 取较细钢筋直径。

3. 当为环氧树脂涂层带肋钢筋时，表中数据尚应乘以 1.25。

4. 当纵向受拉钢筋在施工过程中易受扰动时，表中数据尚应乘以 1.1。

5. 当搭接长度范围内纵向受力钢筋周边保护层厚度为 $3d$、$5d$（d 为搭接钢筋的直径）时，表中数据尚可分别乘以 0.8、0.7；中间时按内插值。

6. 当上述修正系数（注 3～注 5）多于一项时，可按连乘计算。

7. 位于同一连接区段内的钢筋搭接接头面积百分率为表中数据中间值时，搭接长度可按内插取值。

8. 任何情况下，搭接长度不应小于 300。

9. HPB300 级钢筋末端应做 180°弯钩，做法详见图 1-6。

纵向受拉钢筋抗震搭接长度 l_{lE}　　　表 1-13

钢筋种类			混凝土强度等级																
			C20	C25		C30		C35		C40		C45		C50		C55		≥C60	
			d≤25	d≤25	d>25	d≤25	d>25	d≤25	d>25	d≤25	d>25	d≤25	d>25	d≤25	d>25	d≤25	d>25	d≤25	d>25
一、二级抗震等级	HPB300	≤25%	54d	47d	—	42d	—	38d	—	35d	—	34d	—	31d	—	30d	—	29d	—
		50%	63d	55d	—	49d	—	45d	—	41d	—	39d	—	36d	—	35d	—	34d	—
	HRB335	≤25%	53d	46d	—	40d	—	37d	—	35d	—	31d	—	30d	—	29d	—	29d	—
		50%	62d	53d	—	46d	—	43d	—	41d	—	36d	—	35d	—	34d	—	34d	—
	HRB400 HRBF400	≤25%	—	55d	61d	48d	54d	44d	48d	40d	44d	38d	43d	37d	42d	36d	40d	35d	38d
		50%	—	64d	71d	56d	63d	52d	56d	46d	52d	45d	50d	43d	49d	42d	46d	41d	45d
	HRB500 HRBF500	≤25%	—	66d	73d	59d	65d	54d	59d	49d	55d	47d	52d	44d	48d	43d	47d	42d	46d
		50%	—	77d	85d	69d	76d	63d	69d	57d	64d	55d	60d	52d	56d	50d	55d	49d	53d
三级抗震等级	HPB300	≤25%	49d	43d	—	38d	—	35d	—	31d	—	30d	—	29d	—	28d	—	26d	—
		50%	57d	50d	—	45d	—	41d	—	36d	—	25d	—	34d	—	32d	—	31d	—
	HRB335	≤25%	48d	42d	—	36d	—	34d	—	31d	—	29d	—	28d	—	26d	—	26d	—
		50%	56d	49d	—	42d	—	39d	—	36d	—	34d	—	32d	—	31d	—	31d	—
	HRB400 HRBF400	≤25%	—	50d	55d	44d	49d	41d	44d	36d	41d	35d	40d	34d	38d	32d	36d	31d	35d
		50%	—	59d	64d	52d	57d	48d	52d	42d	48d	41d	46d	39d	45d	38d	42d	36d	41d
	HRB500 HRBF500	≤25%	—	60d	67d	54d	59d	49d	54d	46d	50d	43d	47d	41d	44d	40d	43d	38d	42d
		50%	—	70d	78d	63d	69d	57d	63d	53d	59d	50d	55d	48d	52d	46d	50d	45d	49d

注：1. 表中数值为纵向受拉钢筋绑扎搭接接头的搭接长度。
2. 两根不同直径钢筋搭接时，表中 d 取较细钢筋直径。
3. 当为环氧树脂涂层带肋钢筋时，表中数据尚应乘以 1.25。
4. 当纵向受拉钢筋在施工过程中易受扰动时，表中数据尚应乘以 1.1。
5. 当搭接长度范围内纵向受力钢筋周边保护层厚度为 $3d$、$5d$（d 为搭接钢筋的直径）时，表中数据尚可分别乘以 0.8、0.7；中间时按内插值。
6. 当上述修正系数（注 3～注 5）多于一项时，可按连乘计算。
7. 当位于同一连接区段内的钢筋搭接接头面积百分率为 100%时，$l_{lE}=1.6l_{aE}$。
8. 当位于同一连接区段内的钢筋搭接接头面积百分率为表中数据中间值时，搭接长度可按内插取值。
9. 任何情况下，搭接长度不应小于 300。
10. 四级抗震等级时，$l_{lE}=l_l$。
11. HPB300 级钢筋末端应做 180°弯钩，做法详见图 1-6。

【问题 14】钢筋连接有何要求？钢筋直径不同时搭接位置的要求？钢筋接头面积百分率和搭接长度如何计算？

钢筋连接设置时应遵循以下原则：

1）钢筋连接接头宜设置在受力较小处，在受力较大处设置机械连接接头。

2）限制同一根受力钢筋的接头数量，不宜设置 2 个或 2 个以上接头。

3）接头位置应互相错开，在连接范围内，接头钢筋面积百分率应限制在一定范围内。

4）在钢筋连接区域应采取必要的构造措施，在纵向受力钢筋搭接长度范围内应配置箍筋，箍筋间距应加密。

5）轴心受拉及小偏心受拉杆件（如桁架和拱的拉杆）的纵向受力钢筋不得采用绑扎搭接。

6）当受拉钢筋的直径 $d>25$mm 及受压钢筋的直径 $d>28$mm 时，不宜采用绑扎搭接接头。

粗细钢筋搭接时，按粗钢筋截面积计算接头面积百分率，按细钢筋直径计算搭接长度。

搭接钢筋长度除设置在受力较小处和错开 $1.3l_1$（同一连接区段长度）外，要求间隔式布置，不应相邻连续布置，如钢筋直径相同，接头面积百分率为50%时一隔一布置，接头面积百分率为25%时一隔三布置。

【问题15】位于同一连接区段内的受拉钢筋搭接接头面积百分率有何要求？同一连接区段内纵向受拉钢筋接头面积百分率计算是否按全截面钢筋面积计算？受力较大处能否连接及接头要求？

位于同一连接区段内的受拉钢筋搭接接头面积百分率规定：

1）对梁类、板类及墙类构件，不宜大于25%。

2）对柱类构件，不宜大于50%。

3）当工程中确有必要增大受拉钢筋搭接接头面积百分率时，梁类构件不宜大于50%；板类、墙类、柱类及预制构件的拼接处，可根据实际情况放宽。

梁、板受弯构件，按一侧纵向受拉钢筋面积计算搭接接头面积百分率，即上部、下部钢筋分别计算；柱、剪力墙按全截面钢筋面积计算搭接接头面积百分率。

《混凝土结构设计规范（2015年版）》GB 50010—2010 规定，位于同一连接区段内的纵向受拉钢筋接头面积百分率不宜大于50%；但对板、墙、柱及预制构件的拼接处，可根据实际情况放宽。纵向受压钢筋的接头百分率可不受限制，机械连接接头等级为Ⅲ级以上。抗震要求时，纵向受力钢筋连接的位置宜避开梁端、柱端箍筋加密区；当无法避开时，应采用机械连接或焊接，且钢筋接头面积百分率不宜超过50%。

【问题16】纵向受力钢筋采用绑扎搭接时要求搭接范围配置箍筋及箍筋间距加密，当纵向受力钢筋采用机械连接或焊接时，连接部位有同样要求吗？

绑扎搭接钢筋在受力后的分离趋势及搭接区混凝土的纵向劈裂，尤其是受弯构件挠曲后的翘曲变形，要求对搭接连接区域有很强的约束。因此在梁、柱类构件的纵向受力钢筋搭接长度范围内的横向构造钢筋应符合《混凝土结构设计规范（2015年版）》GB 50010—2010第8.3.1条的要求；当受压钢筋直径大于25mm时，尚应在搭接接头两个端面外100mm的范围内各设置两道箍筋。

机械连接接头在箍筋非加密区无箍筋加密要求，但必须进行必要的检验。

焊接接头在箍筋非加密区也无箍筋加密要求，但不允许出现虚焊、夹渣气泡、内裂缝等缺陷，要考虑施工环境温度可以引起的内应力变化，并要求做相应的检验。

【问题17】不同直径的纵向受力钢筋可以绑扎搭接，不同直径的纵向受力钢筋可以机械连接和焊接吗？同一连接区段的长度各为多少？

机械连接通过套筒的咬合力实现钢筋连接。机械连接形式有冷挤压、锥螺纹和直螺纹。不同直径的带肋钢筋可以采用挤压接头连接，当套筒两端外径和壁厚相同时，被连接钢筋的直径差不应大于5mm，不同直径的带肋钢筋采用锥螺纹接头连接时，一次连接钢筋直径规格不宜超过二级。

钢筋焊接连接有闪光对焊、电弧焊、电渣压力焊、气压焊、电阻点焊等。不同直径钢筋可以采用电渣压力焊，要求上下两端钢筋轴线应在同一直线上。对气压焊，当两端钢筋直径不同时，其直径相差不得大于7mm。对电阻点焊，当两根钢筋直径不同时，焊接骨架较小钢筋直径小于或等于10mm时，大、小钢筋直径之比不宜大于3；当较小钢筋直径为12～16mm时，大、小钢筋直径之比不宜大于2。焊接网较小钢筋直径不得小于较大钢筋直径的0.6倍。

纵向受力钢筋的绑扎搭接接头宜相互错开，绑扎搭接接头位于同一连接区段的长度为$1.3l_l$；纵向受力钢筋的机械连接接头宜相互错开，机械连接接头位于同一连接区段的长度为$35d$，d为连接钢筋的较小直径；纵向受力钢筋的焊接接头应相互错开，焊接连接接头位于同一连接区段的长度为$35d$且不小于500mm，d为连接钢筋的较小直径。

【问题18】结构混凝土的耐久性有哪些基本要求？

结构的可靠性是由结构的安全性要求、结构的适用性要求和结构的耐久性要求三者来保证的，根据《建筑结构可靠度设计统一标准》GB 50068—2001的规定，结构在规定的设计使用年限内，正常的维护下应具有足够的耐久性能。所谓耐久性，系指结构在规定的工作环境中，在预定时期内，其材料性能的恶化不至于导致结构出现不可接受的失效概率，足够的耐久性可使结构正常使用到规定的设计使用年限。《混凝土结构设计规范（2015年版）》GB 50010—2010中混凝土结构耐久性的基本要求，是根据设计使用年限和环境类别而设计的。在工程结构验收时，不仅要验收材料是否达到设计要求的强度，也要验收构件是否满足耐久性要求，特别对于最大水胶比、最大氯离子含量和最大碱含量的指标不能超过表1-14规定。

结构混凝土材料的耐久性基本要求　　表1-14

环境等级	最大水胶比	最低强度等级	最大氯离子含量(%)	最大碱含量(kg/m³)
一	0.60	C20	0.30	不限制
二a	0.55	C25	0.20	3.0
二b	0.50(0.55)	C30(C25)	0.15	
三a	0.45(0.50)	C35(C30)	0.15	
三b	0.40	C40	0.10	

注：1. 氯离子含量系指其占胶凝材料总量的百分比。
2. 预应力混凝土构件中的最大氯离子含量为0.06%；其最低混凝土强度等级宜按表中的规定提高两个等级。
3. 素混凝土构件的水胶比及最低强度等级的要求可适当放松。
4. 有可靠工程经验时，二类环境中的最低混凝土结构等级可降低一个等级。
5. 处于严寒和寒冷地区二b、三a类环境中的混凝土应使用引气剂，并可采用括号中的有关参数。
6. 当使用非碱活性骨料时，对混凝土中的碱含量可不作限制。

【问题19】有抗震设防要求的框架结构，其框架梁、柱中的纵向钢筋有哪些要求?

在有抗震设防要求的结构中，对材料的要求分为强制性要求和非强制性要求两种；《建筑抗震设计规范》及2016年局部修订GB 50011—2010对抗震等级为一、二、三级的框架和斜撑构件中纵向受力钢筋作出了强制性规定。当采用普通钢筋时，钢筋的抗拉强度实测值与屈服强度实测值的比值限制，是为了使结构某部位出现较大塑性变形或塑性铰后，钢筋在大变形条件下有足够的强度硬化过程，有足够的转动能力与耗能能力，保证结构有必要的承载力；同时还规定了屈服强度实测值与标准值的比值限制；这两条强制性规定是为了保证“强柱弱梁”、“强剪弱弯”的设计要求能够实现，是结构验收时的一项重要内容。

(1) 抗震等级为一、二、三级的框架和斜撑构件（含梯段），其纵向受力钢筋采用普通钢筋时，钢筋的抗拉强度实测值与屈服强度实测值的比值不应小于1.25；钢筋的屈服强度实测值与屈服强度标准值的比值不应大于1.3，且钢筋在最大拉力下的总伸长率实测值不应小于9%。

(2) 普通钢筋宜优先采用延性、韧性和焊接性较好的钢筋；普通钢筋的强度等级，纵向受力钢筋宜选用符合抗震性能指标的不低于HRB400级的热轧钢筋，也可采用符合抗震性能指标的HRB335级热轧钢筋；箍筋宜选用符合抗震性能指标的不低于HRB335级的热轧钢筋，也可选用HPB300级热轧钢筋。

第2章 基础构造

【问题1】独立基础底板配筋长度缩减10%构造是如何规定的?

1. 对称独立基础构造

底板配筋长度缩减10%的对称独立基础构造，见图2-1。

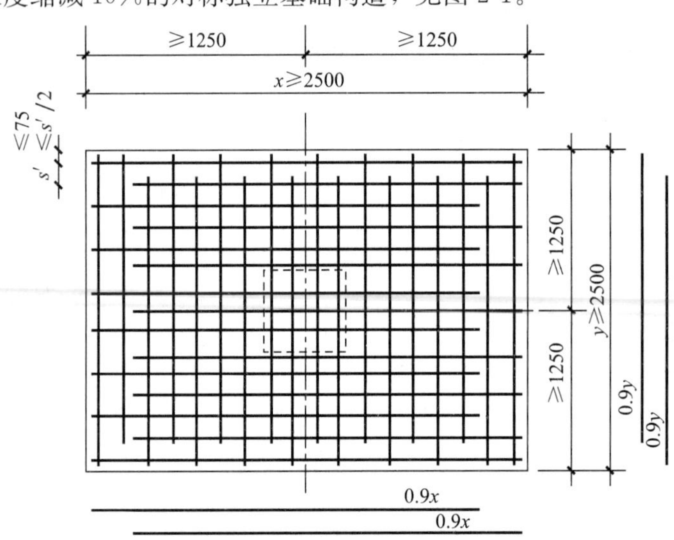

图2-1 对称独立基础底板配筋长度缩减10%构造

当对称独立基础底板长度不小于2500mm时，各边最外侧钢筋不缩减；除外侧钢筋外，两项其他底板配筋可缩减10%，即取相应方向底板长度的0.9倍。因此，可得出下列计算公式：

外侧钢筋长度$=x-2c$或$y-2c$

其他钢筋长度$=0.9x-c$或$0.9y-c$

式中 c——钢筋保护层的最小厚度，取值参见表1-3。

2. 非对称独立基础

底板配筋长度缩减10%的非对称独立基础构造，见图2-2。

当非对称独立基础底板长度不小于2500mm时，各边最外侧钢筋不缩减；对称方向（图中为y向）中部钢筋长度缩减10%；非对称方向（图中为x向）：当基础某侧从柱中心至基础底板边缘的距离小于1250mm时，该侧钢筋不缩减；当基础某侧从柱中心至基础底板边缘的距离不小于1250mm时，该侧钢筋隔一根缩减一根。因此，可得出下列计算公式：

外侧钢筋长度$=x-2c$或$y-2c$

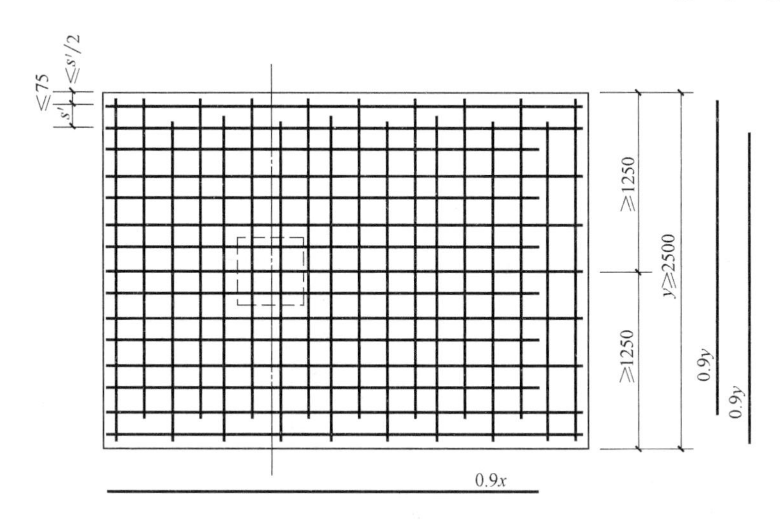

图 2-2　非对称独立基础底板配筋长度缩减 10%构造

对称方向中部钢筋长度＝0.9y－c

基础从柱中心至基础底板边缘的距离＜1250mm 一侧钢筋长度＝0.9x－c

基础从柱中心至基础底板边缘的距离＞1250mm 一侧钢筋长度＝x－2c

式中　c——钢筋保护层的最小厚度，取值参见表 1-3。

【问题 2】独立桩承台配筋有哪些构造?

参见图 2-3 和图 2-4。

（1）桩边缘至承台距离一般为 0.5 倍桩径，且不小于 150mm；承台最小厚度为 300mm。

（2）纵向钢筋保护层厚度，有垫层不应小于 50mm，无垫层不应小于 70mm。

（3）主筋直径不小于 12mm，间距不大于 200mm。

（4）桩承台钢筋：

① 矩形承台应双向均通长布置。

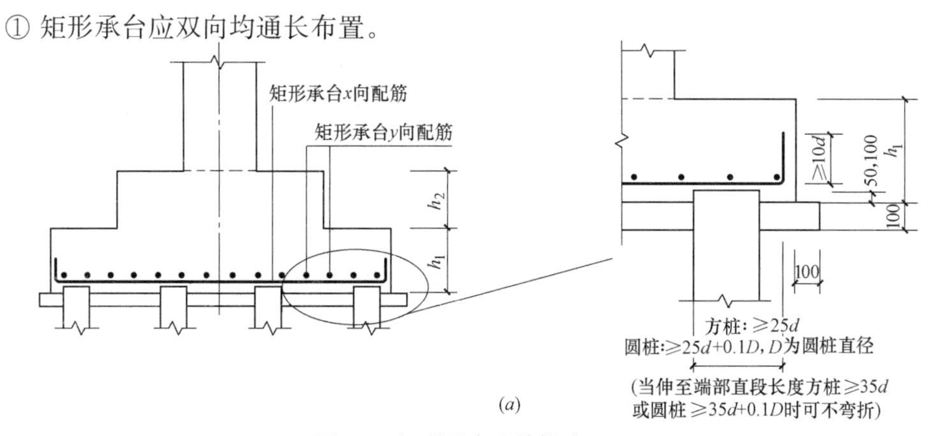

图 2-3　矩形承台配筋构造（一）

（a）阶形截面 CT_J

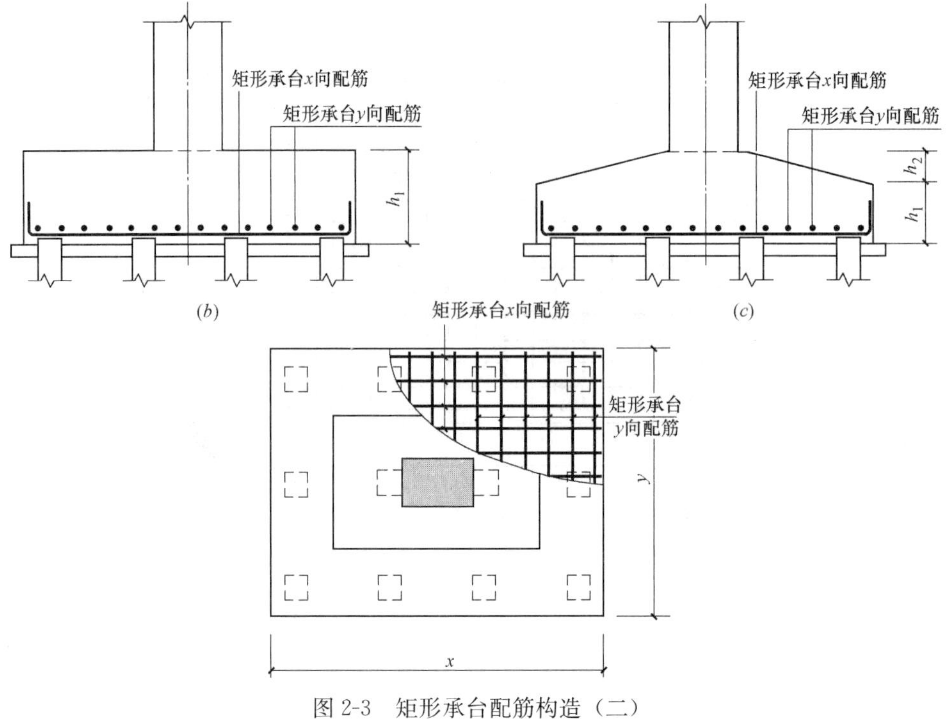

图 2-3 矩形承台配筋构造（二）

（b）单阶形截面 CT_J；（c）坡形截面 CT_P

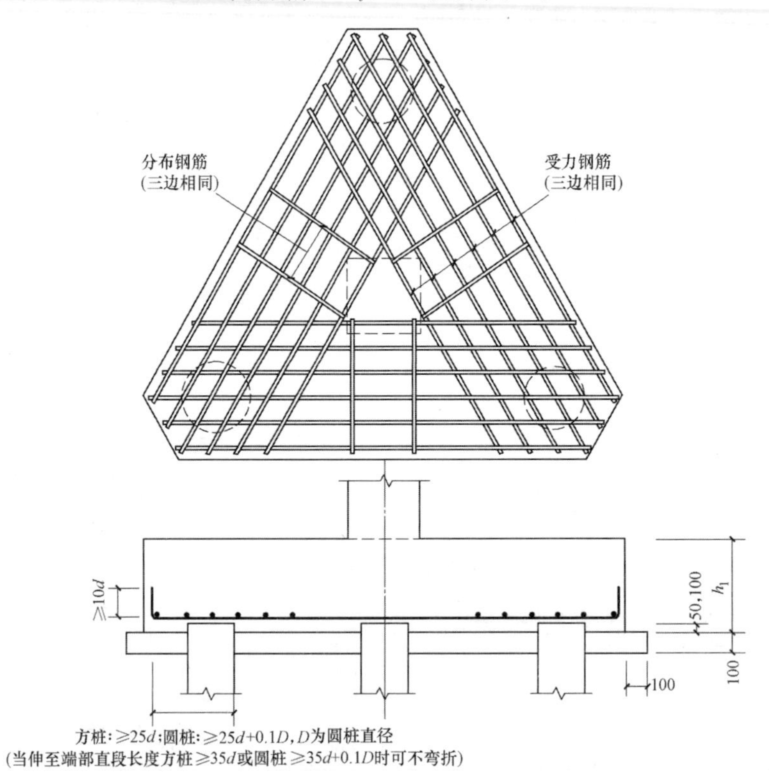

图 2-4 等边三桩承台配筋构造（一）

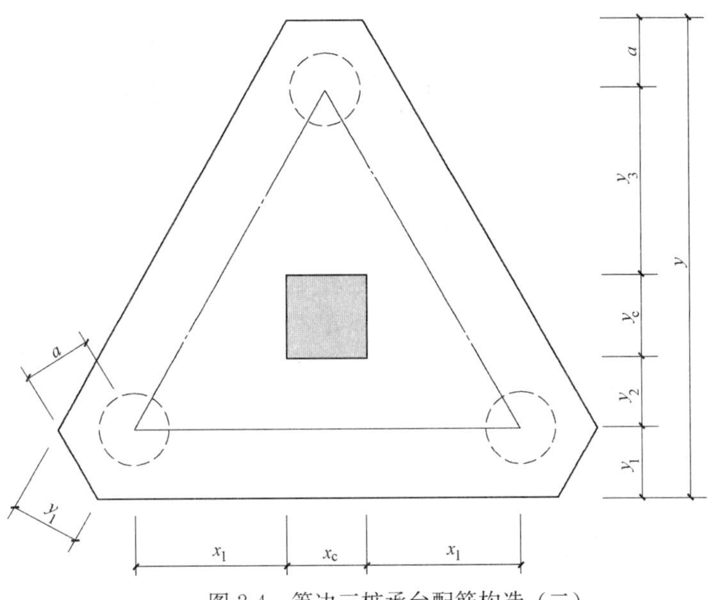

图 2-4　等边三桩承台配筋构造（二）

② 三角形承台，钢筋按三角形板带均匀布置，且最里面的三根钢筋围合成的三角形应在柱截面范围内。

（5）承台钢筋的锚固长度：

① 锚固长度自边桩内侧算起（伸至端部满足直段长度），不应小于 $35d$。

② 不满足时，对于方桩，可向上弯折，水平段不小于 $25d$，弯折段长度不小于 $10d$。

③ 不满足时，对于圆桩，锚固长度≥$25d+0.1D$（D 为圆桩直径）可不弯折锚固。

【问题 3】桩承台间的联系梁如何构造？

参见图 2-5 和图 2-6。

单桩承台宜在两个相互垂直方向设置联系梁；两桩承台，宜在其短方向设置承台梁；有抗震设防要求的柱下独立承台，宜在两个主轴方向设置联系梁；柱下独立桩基承台间的联系梁与单排桩或双排桩的条形基础承台梁不同。承台联系梁的顶部一般与承台的顶部在同一标高，承台联系梁的底部比承台的底部高，以保证梁中的纵向钢筋在承台内的锚固。

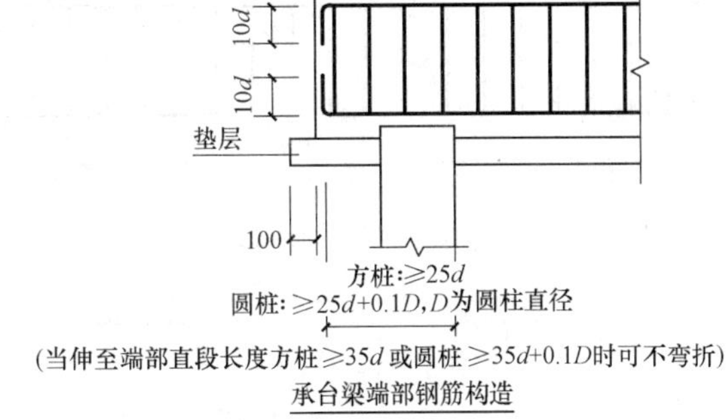

图 2-5　墙下单排桩承台梁 CTL 配筋构造（一）

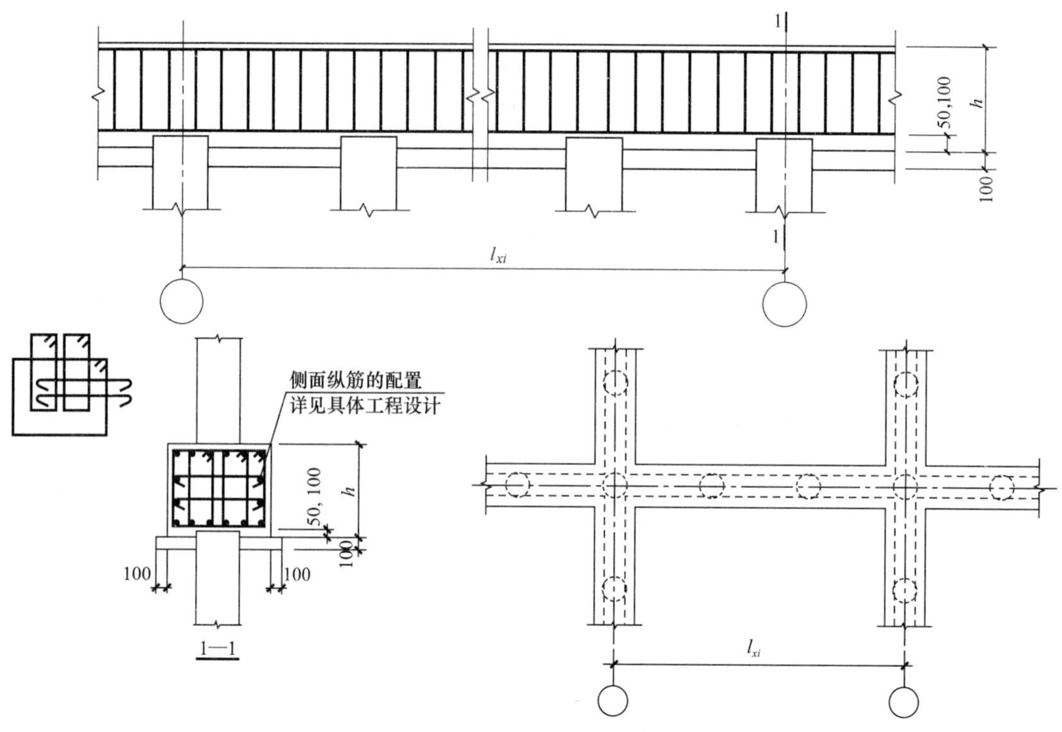

图 2-5　墙下单排桩承台梁 CTL 配筋构造（二）

注：1. 当桩直径或桩截面边长＜800mm 时，桩顶嵌入承台 50mm；当桩径或桩截面边长≥800mm 时，桩顶嵌入承台 100mm。

2. 拉筋直径为 8mm，间距为箍筋的 2 倍。当设有多排拉筋时，上下两排拉筋竖向错开设置。

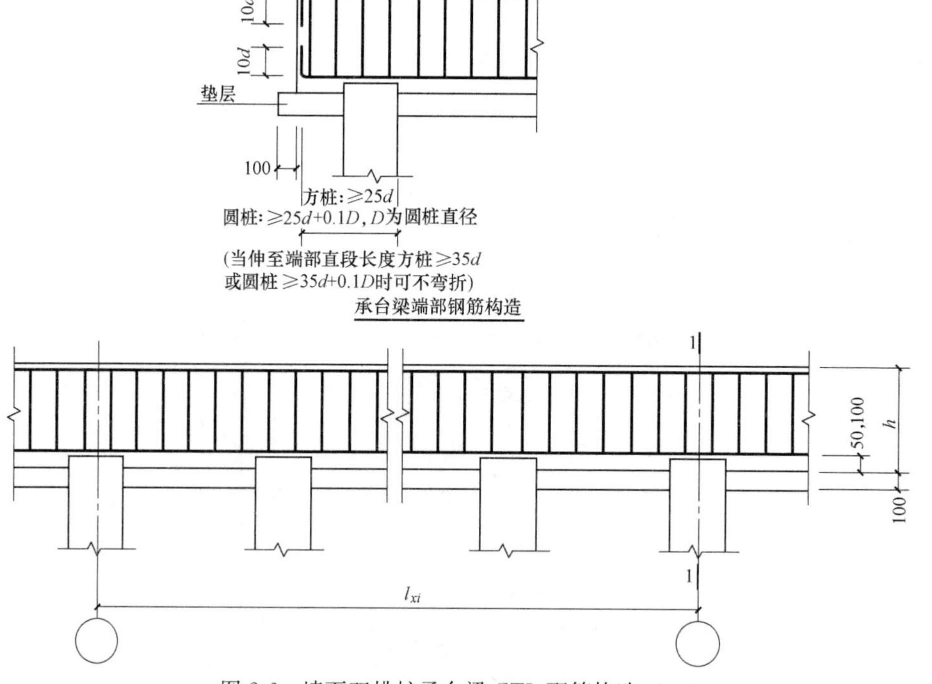

图 2-6　墙下双排桩承台梁 CTL 配筋构造（一）

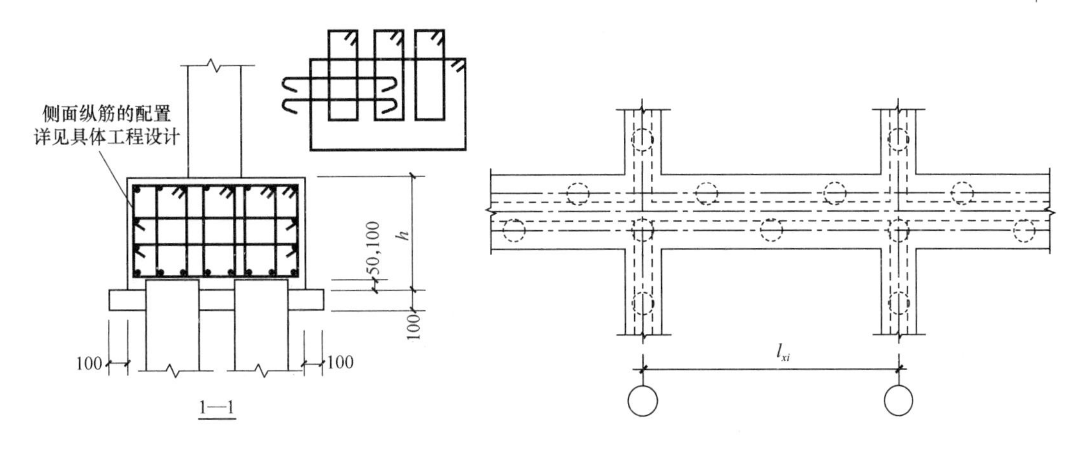

图 2-6　墙下双排桩承台梁 CTL 配筋构造（二）

注：1. 当桩直径或桩截面边长<800mm 时，桩顶嵌入承台 50mm；当桩径或桩截面边长≥800mm 时，桩顶嵌入承台 100mm。

2. 拉筋直径为 8mm，间距为箍筋的 2 倍。当设有多排拉筋时，上下两排拉筋竖向错开设置。

1）联系梁中的纵向钢筋是按结构计算配置的受力钢筋。

2）当联系梁上部有砌体等荷载时，该构件是拉（压）弯或受弯构件，钢筋不允许绑扎搭接。

3）位于同一轴线上相邻跨的联系梁纵向钢筋应拉通设置，不允许联系梁在中间承台内锚固。

4）承台联系梁通常在二 a 或二 b 环境中，纵向受力钢筋在承台内的保护层厚度应满足相应环境中最小厚度的要求。

5）承台间联系梁中的纵向钢筋在端部的锚固要求（按受力要求）：从柱边缘开始锚固，水平段不小于 $35d$，不满足时，上、下部的钢筋从端边算起 $25d$，上弯 $10d$。

6）联系梁中的箍筋，在承台梁不考虑抗震时，是不考虑延性要求的，因此一般不设置构造加密区，两承台梁箍筋，应有一向截面较高的承台梁箍筋贯通设置，当两向承台梁等高时，可任选一向承台梁的箍筋贯通设置。

【问题 4】独立基础间如何设置拉梁？

基础联系梁用于独立基础、条形基础及桩基承台。基础联系梁配筋构造如图 2-7 所示。

1. 独立柱基础间设置拉梁的目的

（1）增加房屋基础部分的整体性，调节相邻基础间的不均匀沉降变形等原因而设置的，由于相邻基础长短跨不一样，基底压应力不一样，用拉梁调节，考虑计算的需要和构造的需要；基础梁埋置在较好的持力土层上，与基础底板一起支托上部结构，并承受地基反力作用。

（2）基础连梁拉结柱基或桩基承台基础之间的两柱，梁顶面位置宜与柱基或承台顶面位于同一标高。

（3）《建筑抗震设计规范》及2016年局部修订GB 50011—2011中第6.11条规定：框架单独柱基有下列情况之一时，宜沿两个主轴方向设置基础系梁：

① 一级框架和Ⅳ类场地的二级框架；

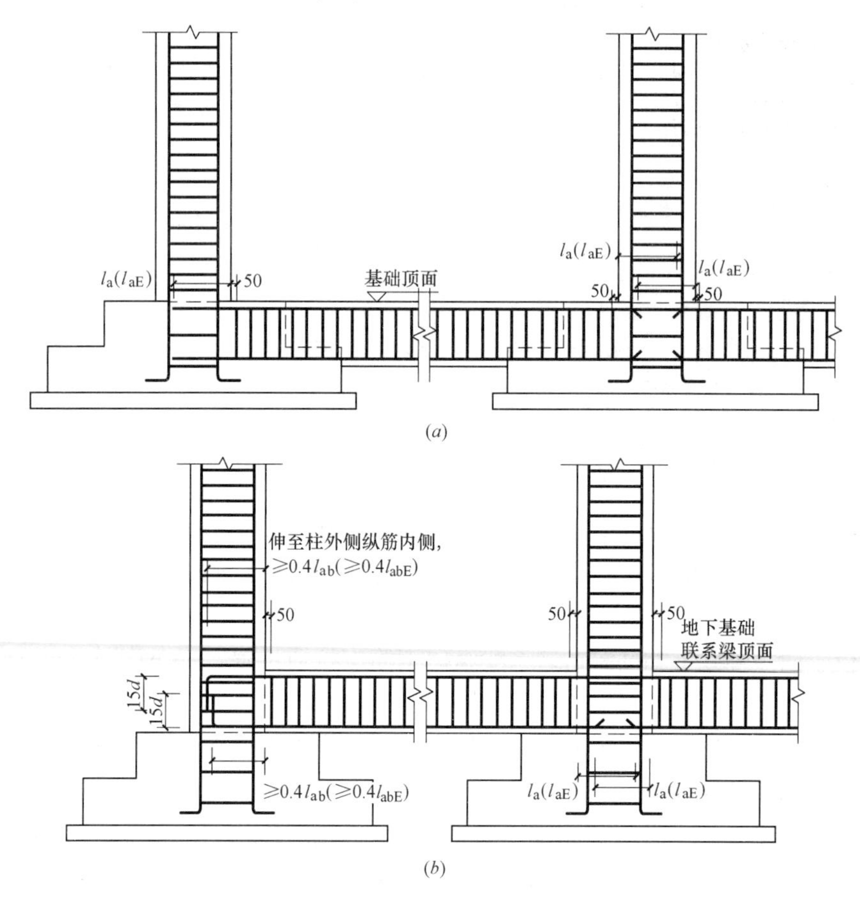

图2-7　基础联系梁配筋构造

② 各柱基础底面在重力荷载代表值作用下的压应力差别较大；

③ 基础埋置较深，或各基础埋置深度差别较大；

④ 地基主要受力层范围内存在软弱黏性土层、液化土层或严重不均匀土层；

⑤ 桩基承台之间。

另外，非抗震设计时单桩承台双向（桩与柱的截面直径之比≤2）和两桩承台短向设置基础连梁；梁宽度不宜小于250mm，梁高度取承台中心距的1/10～1/15，且不宜小于400mm。

多层框架结构无地下室时，独立基础埋深较浅而设置基础拉梁，一般会设置在基础的顶部，此时拉梁按构造配置纵向受力钢筋；独立基础的埋深较大、底层的高度较高时，也会设置与柱相连的梁，此时梁为地下框架梁而不是基础间的拉梁，应按地下框架梁的构造要求考虑。

2. 纵向钢筋

（1）单跨时，要考虑竖向地震作用，伸入支座内的锚固长度为l_a（l_{aE}），有抗震要求时设计文件特殊注明；连续的基础拉梁，钢筋锚固长度从柱边开始计算；当拉梁是单跨时，锚固长度从基础的边缘算起。

（2）腰筋在支座内应满足抗扭腰筋（N）、构造腰筋（G）要求。

（3）基础拉梁按构造设计，断面不能小于400mm，配筋是按两个柱子最大轴向力的10%计算拉力配置钢筋，所以要求不宜采用绑扎搭接接头，可采用机械连接或焊接。

3. 箍筋

（1）箍筋应为封闭式，如果不考虑抗震，不设置抗震构造加密区，如果根据计算，端部确实需要箍筋加密区，设计上可以分开，但这不是抗震构造措施里面的要求。

（2）根据计算结果，可分段配制不同间距或直径。

（3）上部结构底层框架柱下端的箍筋加密区高度从基础联系梁顶面开始计算，基础联系梁顶面至基础顶面短柱的箍筋详具体设计；当未设置基础联系梁时，上部结构底层框架柱下端的箍筋加密高度从基础顶面开始计算。

4. 其他

（1）拉梁上有其他荷载时，上部有墙体，拉梁可能为拉弯构件、压弯构件，这不是简单的受弯构件，要按墙梁考虑。

（2）考虑耐久性的要求（如环境、混凝土强度等级、保护层厚度等）。

（3）遇有冻土、湿陷土、膨胀土等，会给拉梁引起额外的荷载，冻土膨胀会造成拉梁拱起，所以要考虑地基的防护。

【问题5】条形基础底板配筋有哪几种构造？

条形基础底板配筋构造如图2-8、图2-9所示。

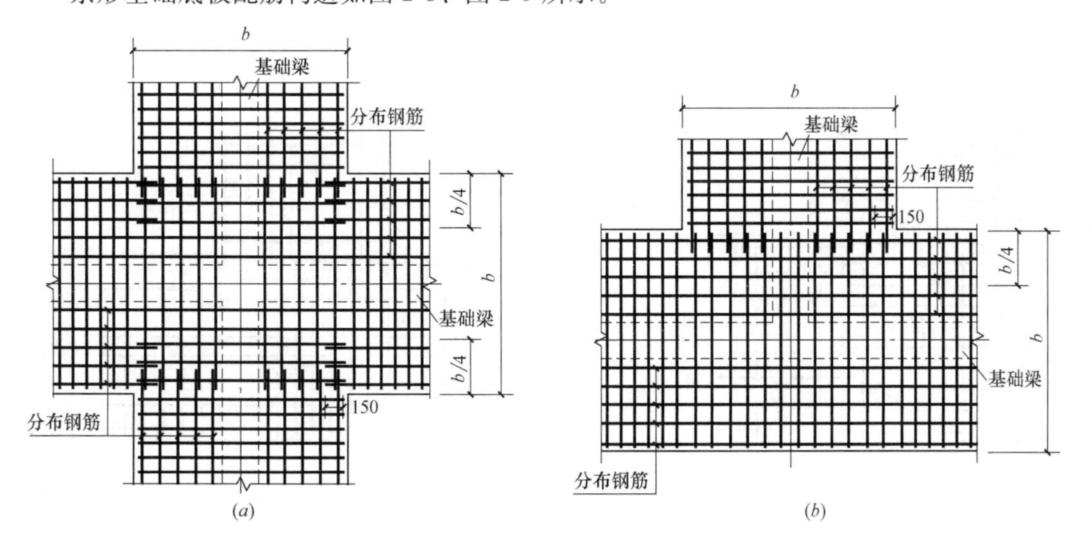

图2-8 条形基础底板配筋构造（一）

（a）十字交接基础底板，也可用于转角梁板端部均有纵向延伸；（b）丁字交接基础底板；

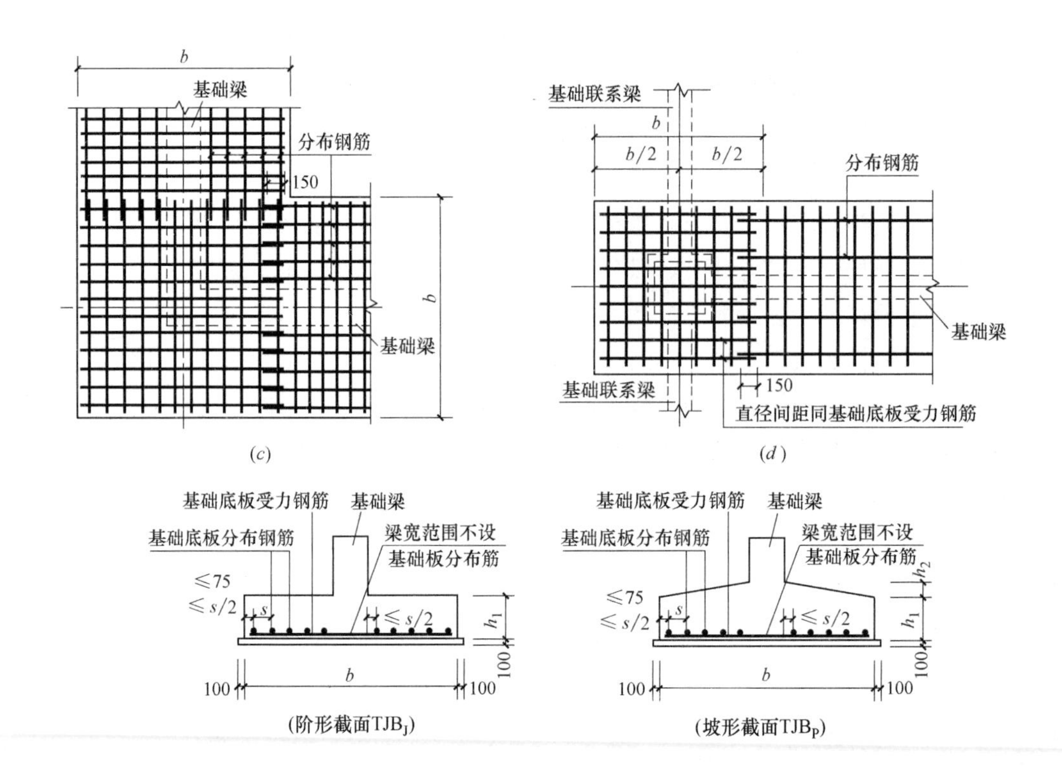

图 2-8　条形基础底板配筋构造（二）

（c）转角梁板端部无纵处延伸；（d）条形基础无交接底板端部构造

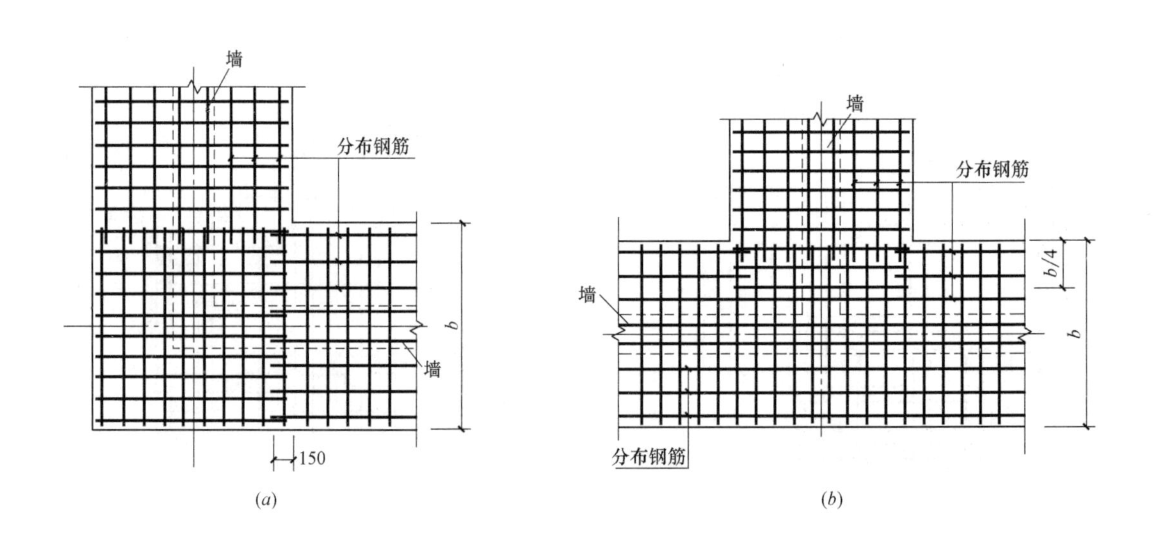

图 2-9　条形基础底板配筋构造（一）

（a）转角处墙基础底板；（b）丁字交接基础底板

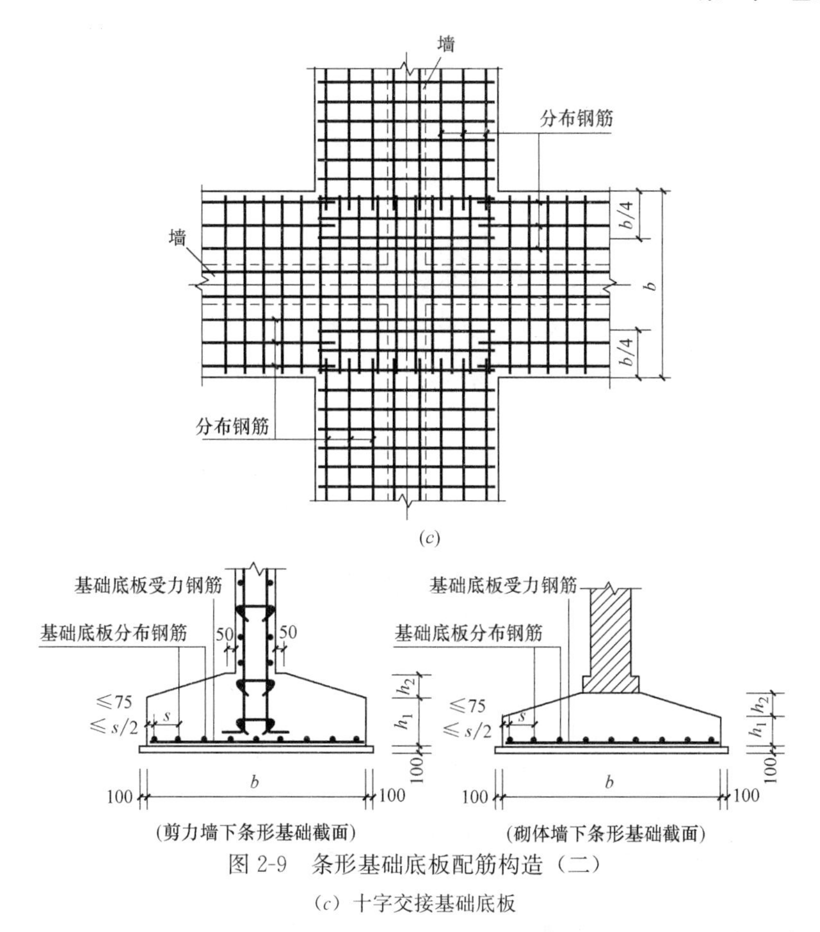

图 2-9　条形基础底板配筋构造（二）

（c）十字交接基础底板

（1）条形基础底板的分布钢筋在梁宽范围内不设置。

（2）在两向受力钢筋交接处的网状部位，分布钢筋与同向受力钢筋的搭接长度为150mm。

【问题6】条形基础底板不平钢筋构造有哪几种情况？

条形基础底板板底不平钢筋构造如图2-10～图2-12所示。

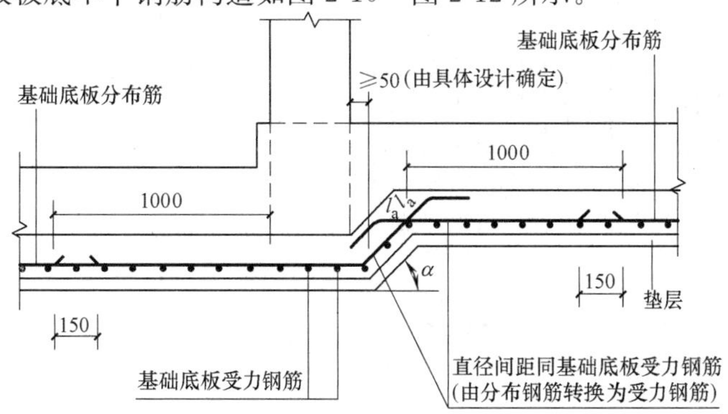

图 2-10　柱下条形基础底板板底不平钢筋构造

（板底高差坡度α取45°或按设计）

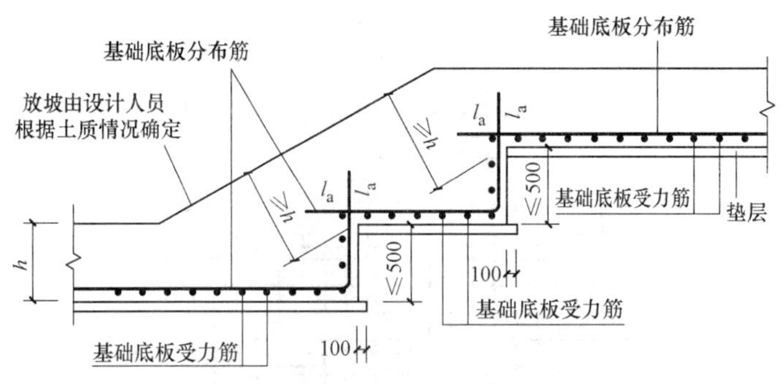

图 2-11　墙下条形基础底板板底不平钢筋构造（一）

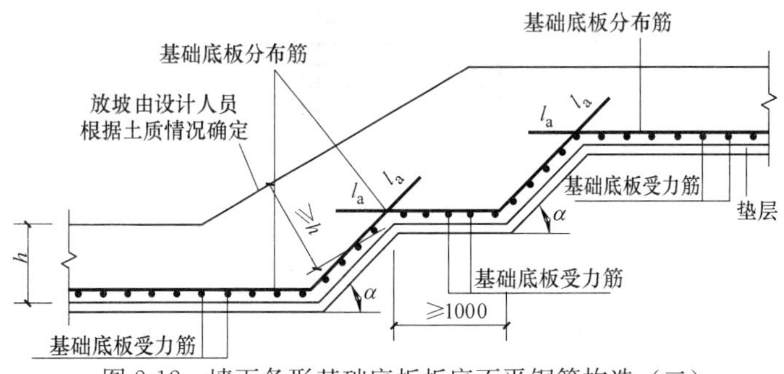

图 2-12　墙下条形基础底板板底不平钢筋构造（二）

（板底高差坡度 α 取 45°或按设计）

【问题 7】基础梁端部钢筋有哪些构造情况？

1. 梁板式筏形基础梁端部钢筋

（1）端部等截面外伸构造

梁板式筏形基础梁端部等截面外伸钢筋构造，见图 2-13。

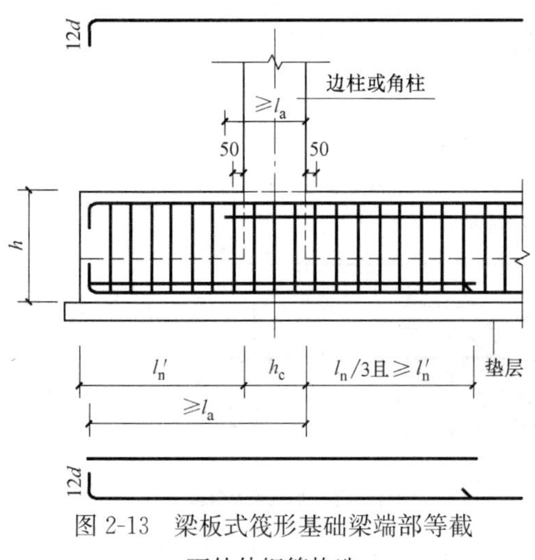

图 2-13　梁板式筏形基础梁端部等截面外伸钢筋构造

1）梁顶部上排贯通纵筋伸至尽端内侧弯折 $12d$；顶部下排贯通纵筋不伸入外伸部位。

2）梁底部上排非贯通纵筋伸至端部截断；底部下排非贯通纵筋伸至伸至尽端内侧弯折 $12d$，从支座中心线向跨内的延伸长度为 $l_n/3+h_c/2$。

3）梁底部贯通纵筋伸至尽端内侧弯折 $12d$。

注：当从柱内边算起的梁端部外伸长度不满足直锚要求时，基础梁下部钢筋应伸至端部后弯折，且从柱内边算起水平段长度$\geqslant 0.6l_{ab}$，弯折段长度 $15d$。

（2）端部变截面外伸构造

梁板式筏形基础梁端部变截面外伸钢筋构造，见图2-14。

1）梁顶部上排贯通纵筋伸至尽端内侧弯折12d；顶部下排贯通纵筋不伸入外伸部位。

2）梁底部上排非贯通纵筋伸至端部截断；底部下排非贯通纵筋伸至伸至尽端内侧弯折12d，从支座中心线向跨内的延伸长度为$l_n/3+h_c/2$。

3）梁底部贯通纵筋伸至尽端内侧弯折12d。

注：当从柱内边算起的梁端部外伸长度不满足直锚要求时，基础梁下部钢筋应伸至端部后弯折，且从柱内边算起水平段长度≥$0.6l_{ab}$，弯折段长度15d。

（3）端部无外伸构造

梁板式筏形基础梁端部无外伸钢筋构造，见图2-15。

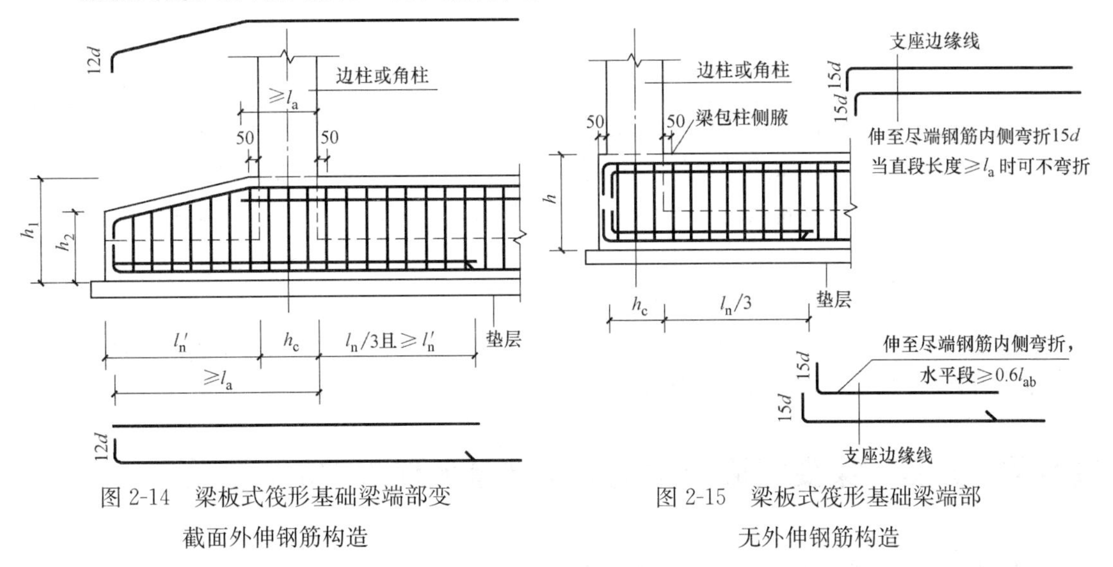

图2-14　梁板式筏形基础梁端部变截面外伸钢筋构造

图2-15　梁板式筏形基础梁端部无外伸钢筋构造

1）梁顶部贯通纵筋伸至尽端内侧弯折15d；从柱内侧起，伸入端部且水平段≥$0.6l_{ab}$（顶部单排/双排钢筋构造相同）。

2）梁底部非贯通纵筋伸至尽端内侧弯折15d；从柱内侧起，伸入端部且水平段≥$0.6l_{ab}$，从支座中心线向跨内的延伸长度为$l_n/3+h_c/2$。

3）梁底部贯通纵筋伸至尽端内侧弯折15d；从柱内侧起，伸入端部且水平段≥$0.6l_{ab}$。

2. 条形基础梁端部钢筋

（1）端部等截面外伸构造

条形基础梁端部等截面外伸钢筋构造，见图2-16。

1）梁顶部上排贯通纵筋伸至尽端内侧弯折12d；顶部下排贯通纵筋不伸入外伸部位。

2）梁底部下排非贯通纵筋伸至伸至尽端内侧弯折12d，从支座中心线向跨内的延伸长度为$h_c/2+l'_n$。

3）梁底部贯通纵筋伸至尽端内侧弯折12d。

注：当从柱内边算起的梁端部外伸长度不满足直锚要求时，基础梁下部钢筋应伸至端部后弯折，且从柱内边算起水平段长度≥$0.6l_{ab}$，弯折段长度15d。

（2）端部变截面外伸构造

条形基础梁端部变截面外伸钢筋构造，见图 2-17。

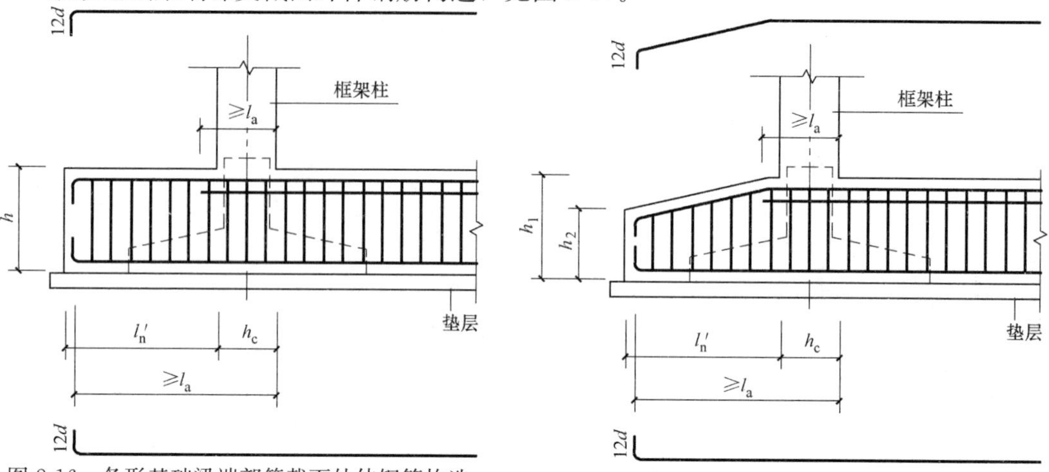

图 2-16　条形基础梁端部等截面外伸钢筋构造　　图 2-17　条形基础梁端部变截面外伸钢筋构造

1）梁顶部上排贯通纵筋伸至尽端内侧弯折 $12d$；顶部下排贯通纵筋不伸入外伸部位。

2）梁底部下排非贯通纵筋伸至伸至尽端内侧弯折 $12d$，从支座中心线向跨内的延伸长度为 $h_c/2+l'_n$。

3）梁底部贯通纵筋伸至尽端内侧弯折 $12d$。

注：当从柱内边算起的梁端部外伸长度不满足直锚要求时，基础梁下部钢筋应伸至端部后弯折，且从柱内边算起水平段长度≥$0.6l_{ab}$，弯折段长度 $15d$。

【问题 8】基础梁变截面部位钢筋构造是如何规定的？

基础梁变截面部位的钢筋构造，见表 2-1。

基础梁变截面部位的钢筋构造　　表 2-1

情　况	钢 筋 构 造
梁底有高差	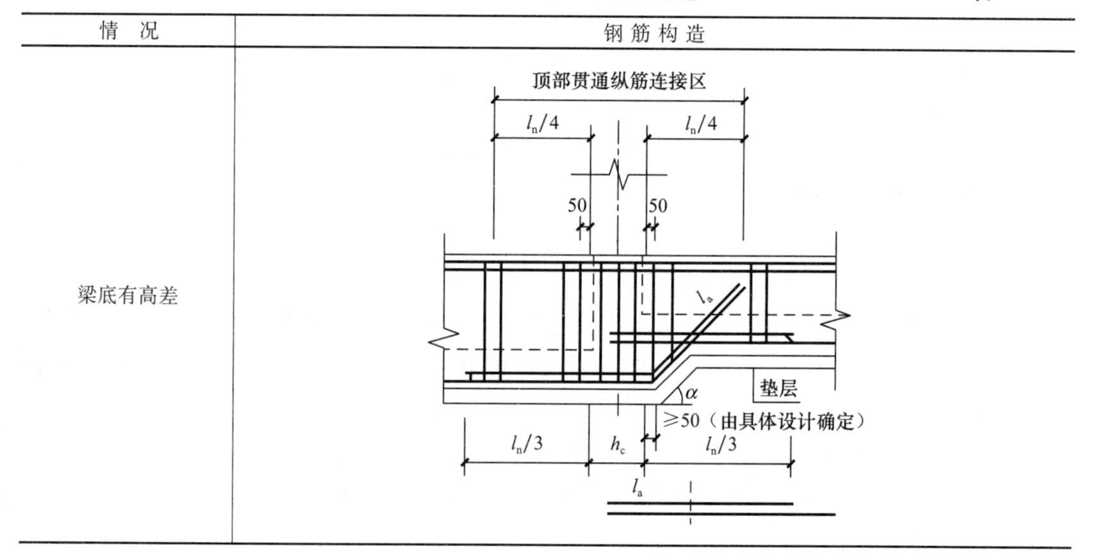

续表

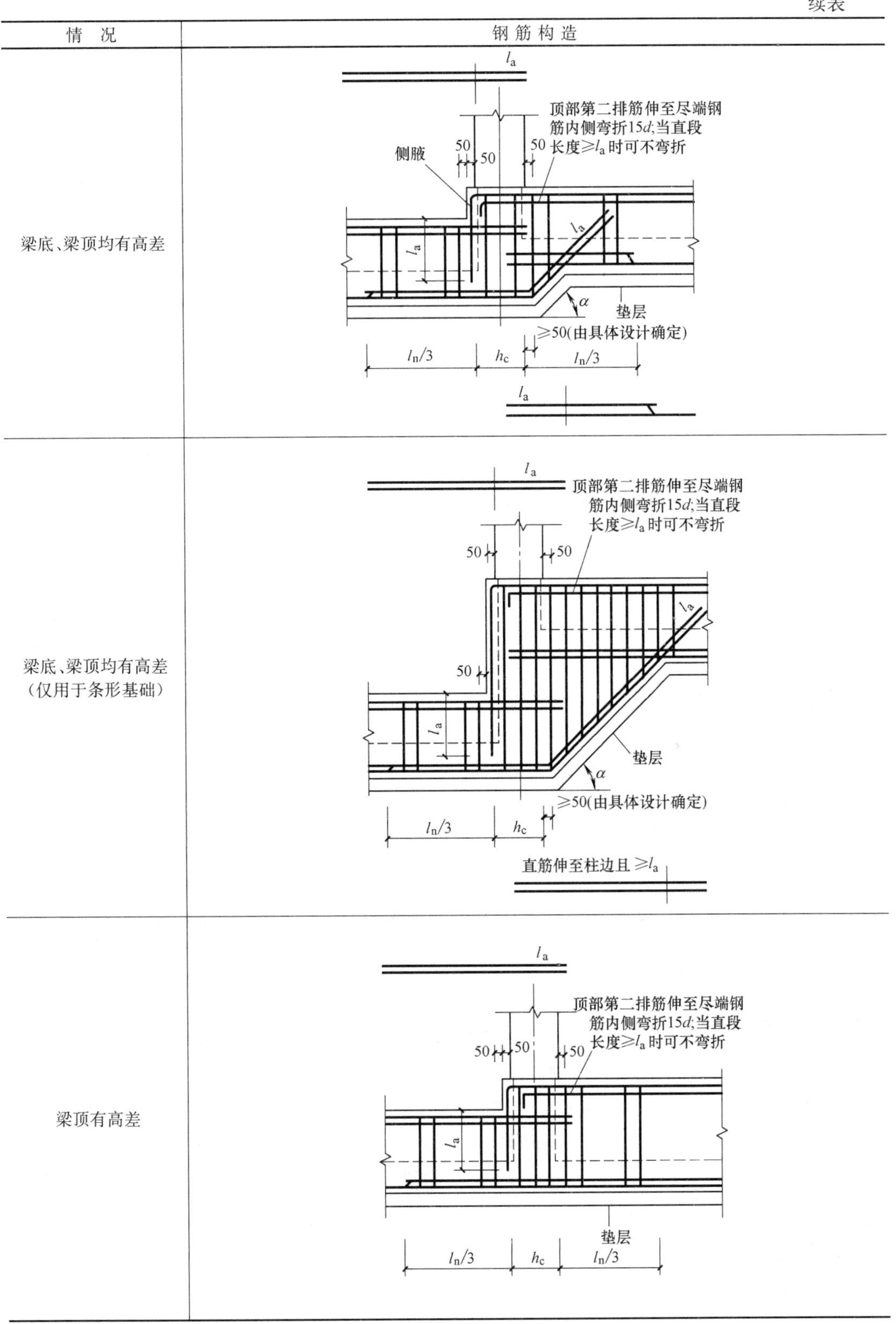
情　况
钢 筋 构 造
梁底、梁顶均有高差
l_a
顶部第二排筋伸至尽端钢筋内侧弯折15d;当直段长度≥l_a时可不弯折
侧腋
50
50
50
α
垫层
≥50(由具体设计确定)
$l_n/3$
h_c
$l_n/3$
l_a
梁底、梁顶均有高差(仅用于条形基础)
l_a
顶部第二排筋伸至尽端钢筋内侧弯折15d;当直段长度≥l_a时可不弯折
50
50
50
垫层
α
≥50(由具体设计确定)
$l_n/3$
h_c
直筋伸至柱边且≥l_a
梁顶有高差
l_a
顶部第二排筋伸至尽端钢筋内侧弯折15d;当直段长度≥l_a时可不弯折
50
50
50
垫层
$l_n/3$
h_c
$l_n/3$

续表

情　况	钢 筋 构 造
柱两边梁宽不同	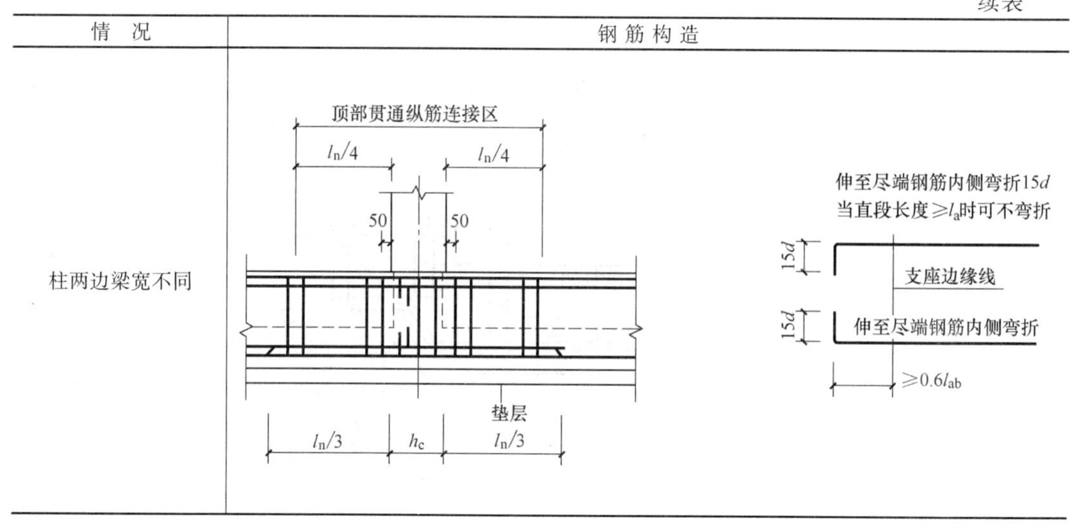

【问题 9】基础梁底部非贯通纵筋的长度是如何规定的?

（1）为方便施工，凡基础梁柱下区域底部非贯通纵筋的伸出长度 a_0 值，当配置不多于两排时，在标准构造详图中统一取值为自柱边向跨内伸出至 $l_n/3$ 位置；当非贯通纵筋配置多于两排时，从第三排起向跨内的伸出长度值应由设计者注明。l_n 的取值规定为：边跨边支座的底部非贯通纵筋，l_n 取本边跨的净跨长度值；对于中间支座的底部非贯通纵筋，l_n 取支座两边较大一跨的净跨长度值。

（2）基础梁外伸部位底部纵筋的伸出长度 a_0 值，在标准构造详图中统一取值为：第一排伸出至梁端头后，全部上弯 12d；其他排钢筋伸至梁端头后截断。

（3）设计者在执行第（1）、（2）条底部非贯通纵筋伸出长度的统一取值规定时，应注意按《混凝土结构设计规范（2015 年版）》GB 50010—2010、《建筑地基基础设计规范》GB 50007—2011 和《高层建筑混凝土结构技术规程》JGJ 3—2010 的相关规定进行校核，若不满足时应另行变更。

【问题 10】基础梁侧面构造纵筋和拉筋构造是如何规定的?

基础梁侧面构造纵筋和拉筋构造，见图 2-18。

基础梁的侧部筋为构造筋，锚固时，应注意锚固的起算位置。十字相交的基础梁，当相交位置有柱时［图 2-18（*a*）］，侧面构造纵筋锚入梁包柱侧腋内 15d；十字相交的基础梁，当相交位置无柱时［图 2-18（*d*）］，侧面构造纵筋锚入交叉梁内 15d；丁字相交的基础梁，当相交位置无柱时［图 2-18（*e*）］，横梁内侧的构造纵筋锚入交叉梁内 15d；当基础梁箍筋有多种间距时，未注明拉筋间距按哪种箍筋间距的 2 倍，梁箍筋直径均为 8mm。

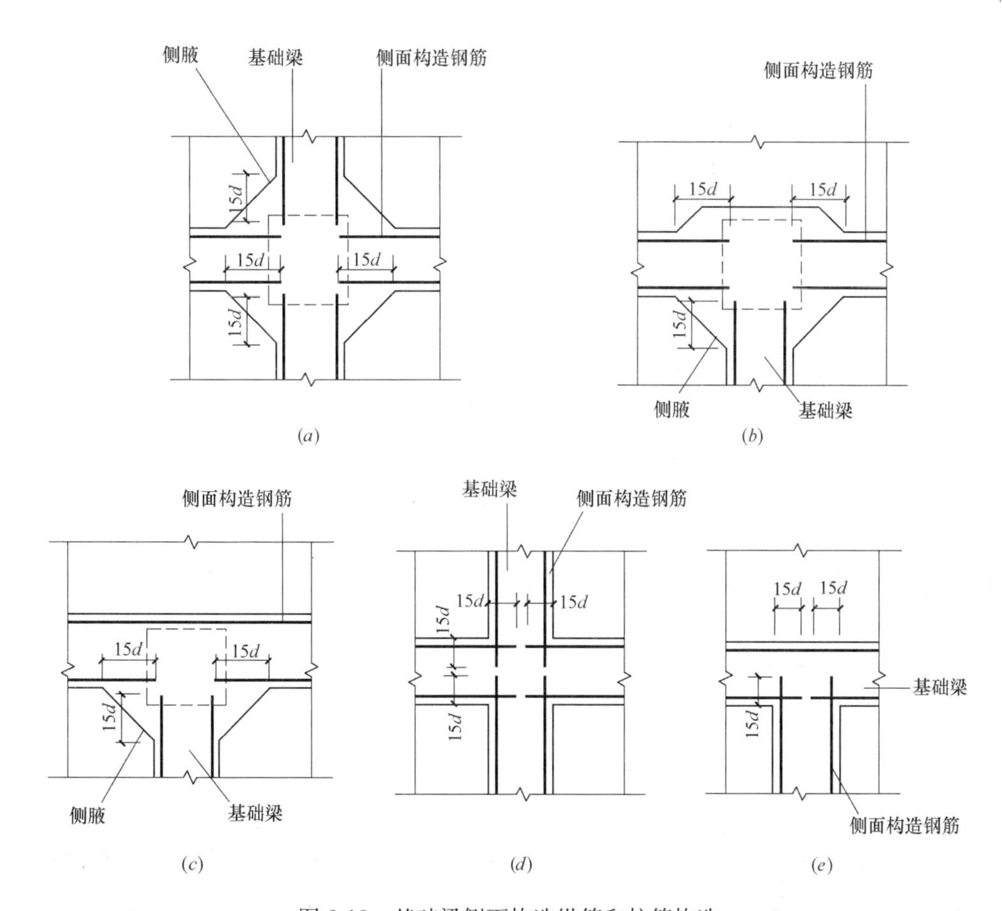

图 2-18　基础梁侧面构造纵筋和拉筋构造

【问题 11】基础梁与柱结合部侧腋构造是如何规定的?

基础梁与柱结合部侧腋构造，见图 2-19。

基础梁与柱结合部侧加腋筋，由加腋筋及其分布筋组成，均不需要在施工图上标注，

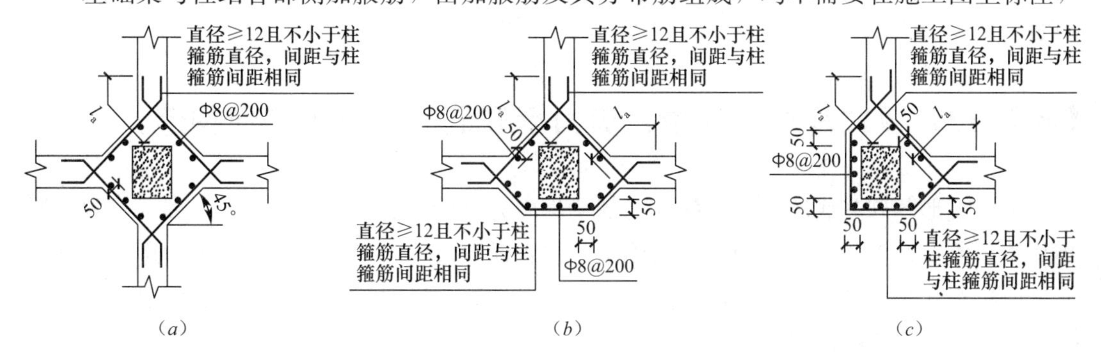

图 2-19　基础梁 JL 与柱结合部侧腋构造（一）

(a) 十字交叉基础梁与柱结合部侧腋构造；(b) 丁字交叉基础梁与柱结合部侧腋构造；(c) 无外伸基础梁与柱结合部侧腋构造

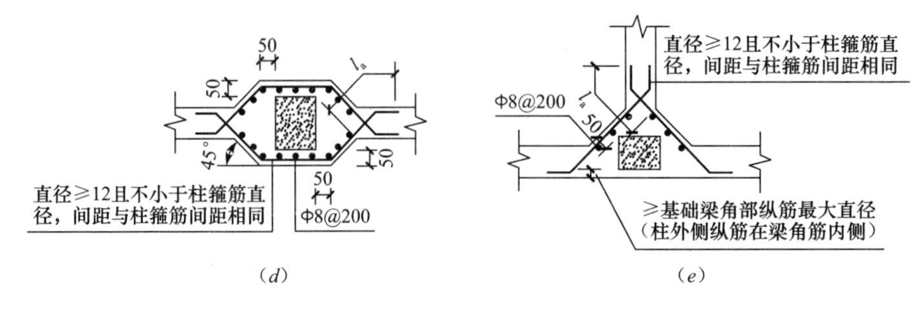

图2-19　基础梁JL与柱结合部侧腋构造（二）

（d）基础梁中心穿柱侧腋构造；

（e）基础梁偏心穿柱与柱结合部侧腋构造

按图集上构造规定即可；加腋筋规格≥ϕ12且不小于柱箍筋直径，间距同柱箍筋间距；加腋筋长度为侧腋边长加两端l_a；分布筋规格为Φ 8@200。

【问题12】基础梁竖向加腋构造有什么特点？

基础梁竖向加腋钢筋构造，见图2-20。

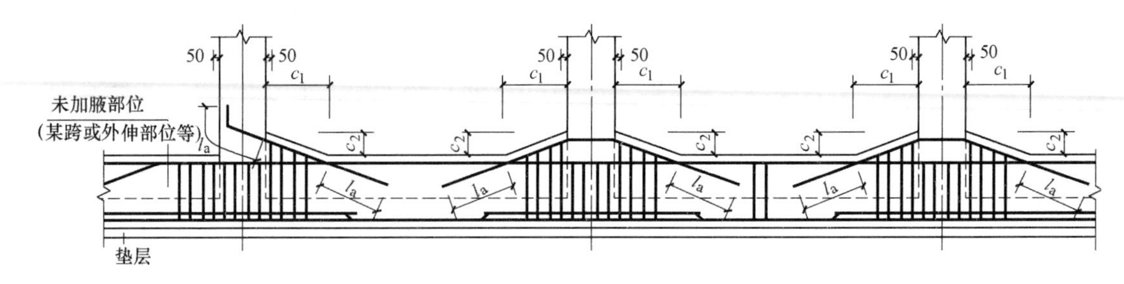

图2-20　基础梁竖向加腋钢筋构造

（1）基础梁竖向加腋筋规格，若施工图未注明，则同基础梁顶部纵筋；若施工图有标注，则按其标注规格。

（2）基础梁竖向加腋筋，长度为锚入基础梁内l_a，根数为基础梁顶部第一排纵筋根数－1。

【问题13】板式筏形基础中，剪力墙开洞的下过梁如何构造？

由于筏形基础基底的反力或弹性地基梁板内力分析，底板要承受反力引起的剪力、弯矩作用，要求在筏板基础底板上剪力墙洞口位置设置过梁，以承受这种反力的影响。

（1）板式筏形基础在剪力墙下洞口设置的下过梁，纵向钢筋伸过洞口后的锚固长度不小于l_a，在锚固长度范围内也应配置箍筋（此构造同连梁的顶层构造），如图2-21所示。

（2）下过梁的宽度大于剪力墙厚度时（称为扁梁），纵向钢筋的配置范围应在b（墙厚）$+2h_0$（板厚）内，锚固长度均应从洞口边计，箍筋应为复合封闭箍筋，在锚固长度

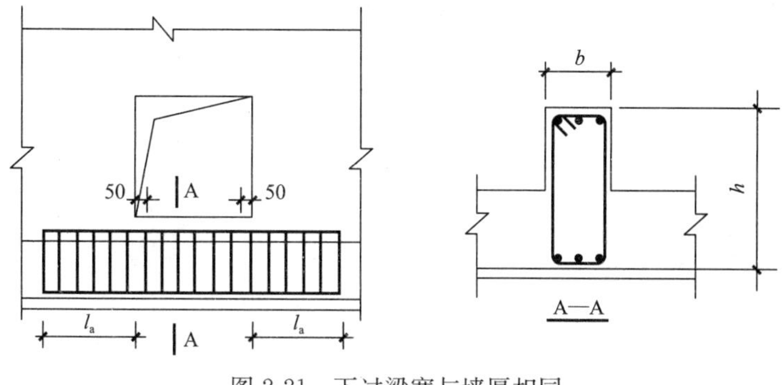

图 2-21　下过梁宽与墙厚相同

范围内也应配置箍筋，如图 2-22 所示。

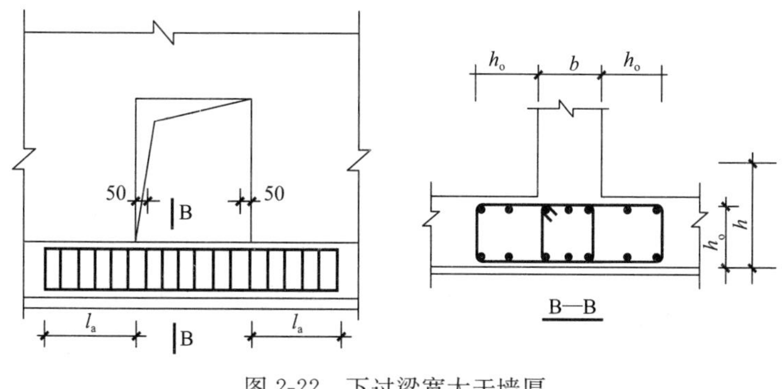

图 2-22　下过梁宽大于墙厚

【问题 14】地下室外墙纵向钢筋在首层楼板如何连接？

（1）当箱形基础上部无剪力墙时，纵向钢筋伸入顶板内不小于 l_{aE}，且水平段投影长度不小于 15d。当筏形基础地下室顶板作为嵌固部位时，也应按此法连接，楼板钢筋做法另外详述，如图 2-23 所示。

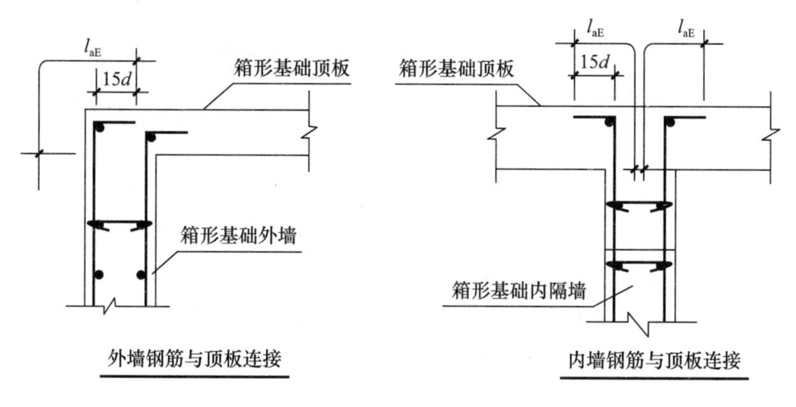

图 2-23　钢筋与顶板连接

（2）当上部有混凝土墙时，纵向钢筋可贯通，或下层纵向钢筋伸至上层墙体内，按剪力墙底部加强区连接方式。下部墙体不能贯通的纵向钢筋，应水平弯折投影长度不小于15d；上部插筋的长度应满足不小于l_{aE}，如图2-24所示。

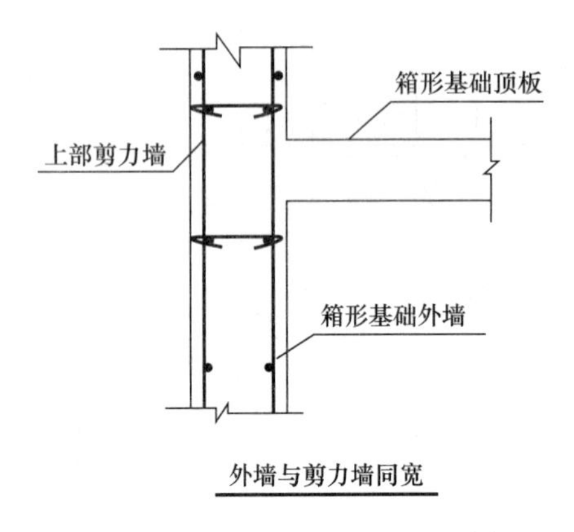

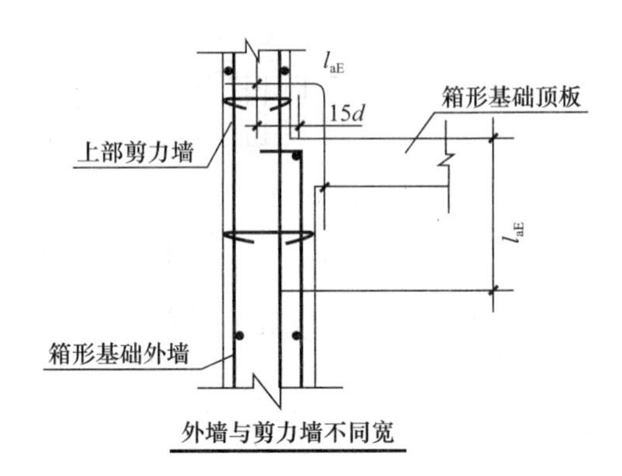

图2-24　钢筋与混凝土墙连接

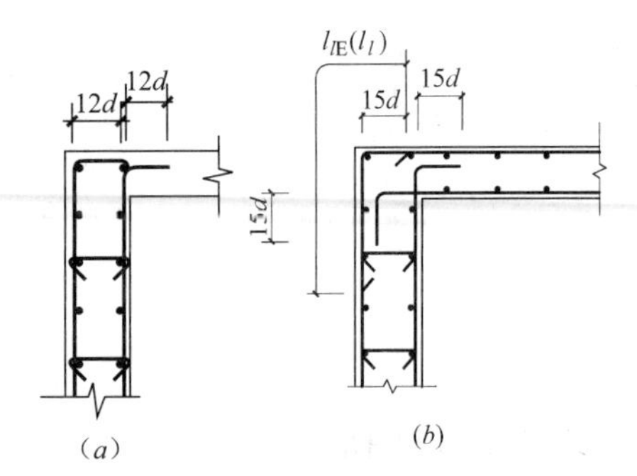

图2-25　外墙与地下室顶板的连接方式
（a）顶板作为外墙的简支支承；
（b）顶板作为外墙的弹性嵌固支承（搭接连接）

（3）顶板与混凝土外墙按铰接计算时，外墙纵向钢筋应伸至板顶，弯折后的水平直线段长度不小于12d，如图2-25（a）所示。

（4）地下室顶板作为外墙的弹性嵌固支承点时，外墙与板上部钢筋可采用搭接连接方式，板下部钢筋、墙内侧钢筋水平弯折的投影长度不小于15d，如图2-25（b）所示。

（5）外墙与地下室顶板的连接方式，如图2-25所示，有“顶板作为外墙的简支支承”、“顶板作为外墙的弹性嵌固支承”两种节点做法，应在设计文件中明确。

（6）地下室外墙DWQ钢筋构造如图2-26所示。

① 水平非贯通筋的非连接区长度的确定：端支座取端跨1/3长或1/3本层层高之间的较小值，中间跨取相邻水平跨的较大净跨值1/3长或1/3本层层高之间的较小值作为单边计算长。

② 外侧垂直非贯通筋的非连接区长度的确定：当设计没有单独说明时，顶层和底层按各自楼层的1/3层高计取；中间层按相邻层高大的楼层的1/3层高计取。内侧垂直非贯通筋的连接区位置确定：在基础或楼板的上下1/4层高处，地下室顶板处不考虑。

③ 扶壁柱、内墙是否作为地下室外墙的平面外支承应由设计人员根据工程具体情况确定，并在设计文件中明确；当扶壁柱、内墙不作为地下室外墙的平面外支承时，水平贯通筋的连接区域不受限制。

④ 地下室外墙竖向钢筋的插筋，作为箱形墙体的内柱，除柱四角纵筋直通到基底外，

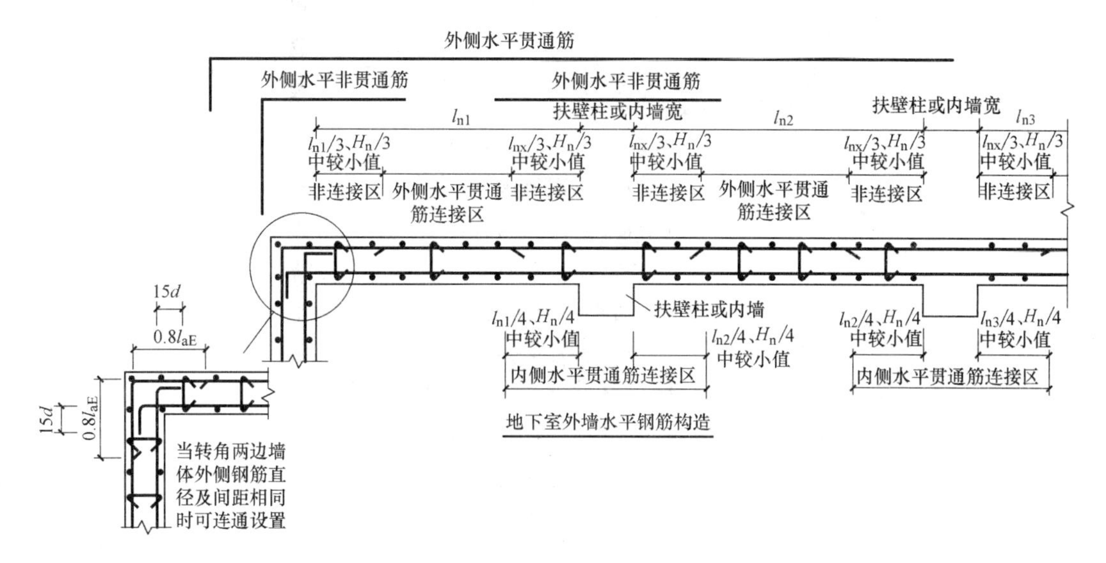

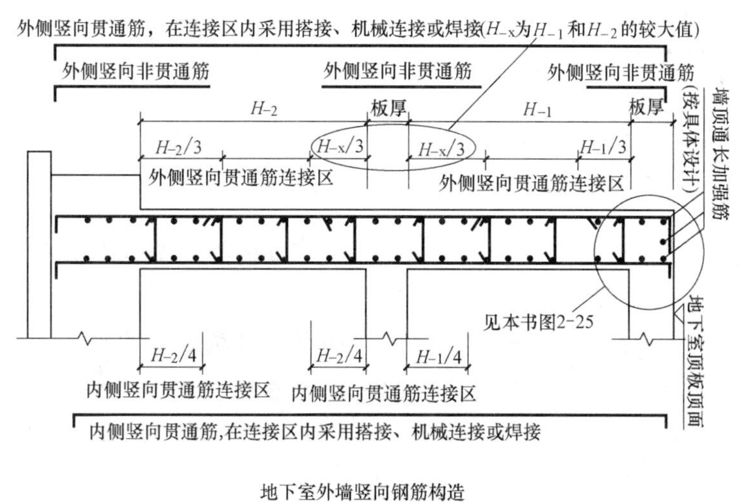

图 2-26　地下室外墙 DWQ 钢筋构造

其余纵筋伸入顶板底面下 $40d$；外柱与上部剪力墙相连的柱及其他内柱的纵筋应直通到基底。

【问题 15】怎样构造筏形基础电梯地坑、集水坑处等下降板的配筋？

参见图 2-27。

（1）坑底的配筋应与筏板相同，基坑同一层面两向正交钢筋的上下位置与基础底板对应相同，基础底板同一层面的交叉纵筋上下位置，应按具体设计说明。

（2）受力钢筋应满足在支座处的锚固长度，基坑中当钢筋直锚至对边＜l_a 时，可以伸

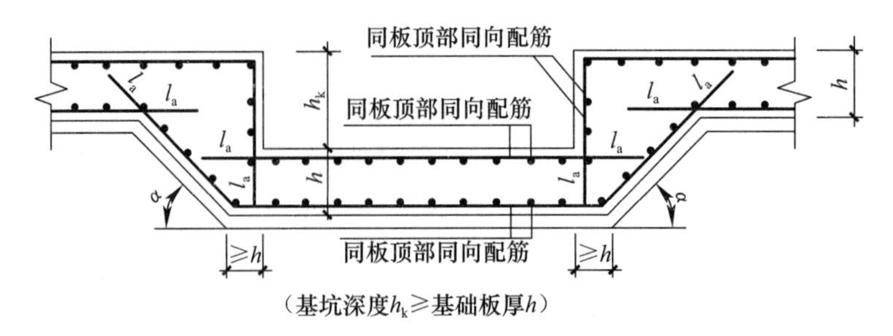

（基坑深度h_k≥基础板厚h）

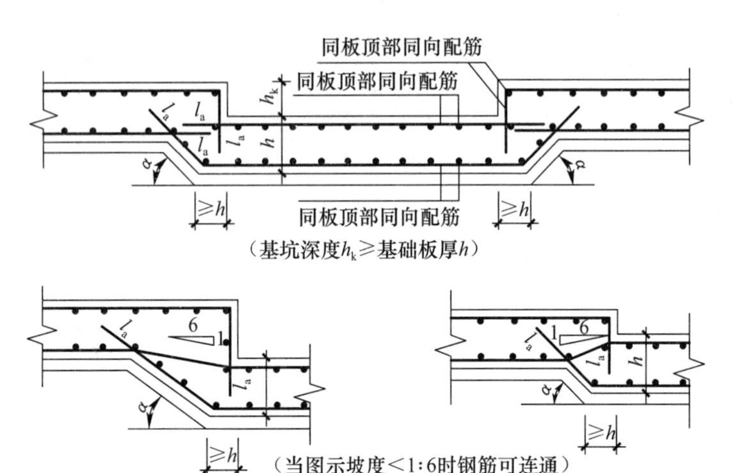

图 2-27 基坑 JK 构造

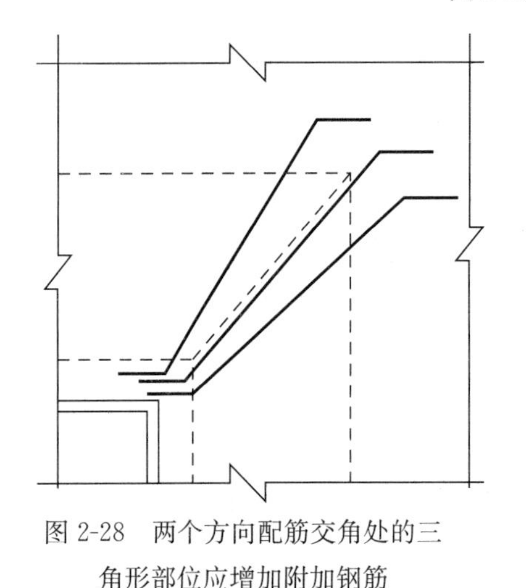

图 2-28 两个方向配筋交角处的三角形部位应增加附加钢筋

至对边钢筋内侧顺势弯折，总锚固长度应≥l_a。

（3）斜板的钢筋应注意间距的摆放，根据施工方便，基坑侧壁的水平钢筋可位于内侧，也可位于外侧。

（4）当地坑的底板与基础底板的坡度较小时，钢筋可以连通设置不必各自截断并分别锚固（坡度不大于 1∶6）。

（5）在两个方向配筋的交角处的三角形部位应增加附加钢筋（放射钢筋），在这个部位，很多工程没有配置，只有水平钢筋没有竖向钢筋，如图 2-28 所示。

【问题 16】基础次梁端部钢筋构造有哪些情况？

1. 端部等截面外伸构造

基础次梁端部等截面外伸钢筋构造，见图 2-29。

梁顶部贯通纵筋伸至尽端内侧弯折 $12d$；梁底部贯通纵筋伸至尽端内侧弯折 $12d$。

梁底部上排非贯通纵筋伸至端部截断；底部下排非贯通纵筋伸至尽端内侧弯折 $12d$，

从支座中心线向跨内的延伸长度为 $l_n/3+b_b/2$。

注：当从基础主梁内边算起的外伸长度不满足直锚要求时，基础次梁下部钢筋伸至端部后弯折 $15d$；从梁内边算起水平段长度应$\geqslant 0.6l_{ab}$。

2. 端部变截面外伸构造

端部变截面外伸钢筋构造，见图 2-30。

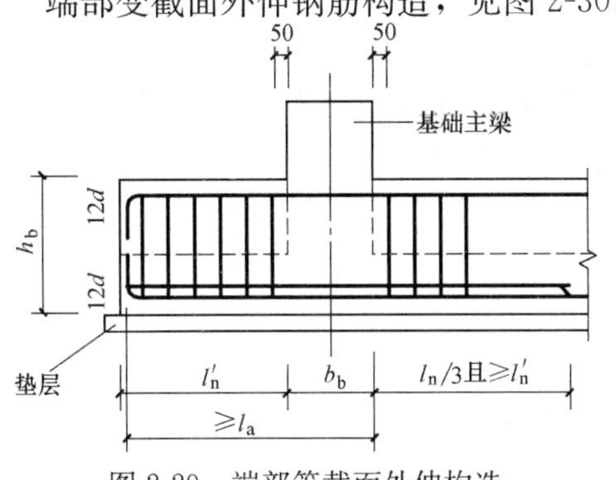

图 2-29　端部等截面外伸构造

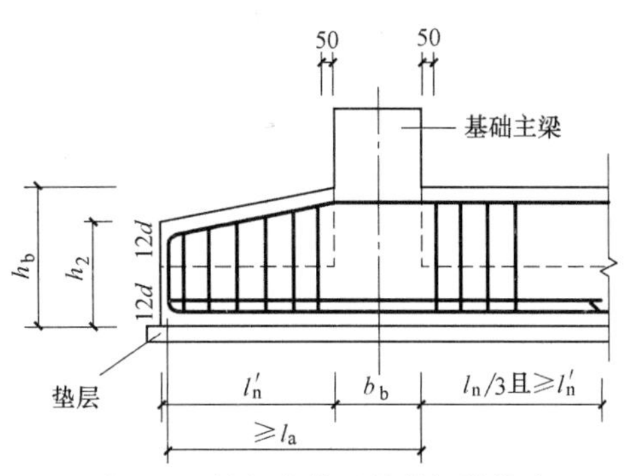

图 2-30　端部变截面外伸钢筋构造

梁顶部贯通纵筋伸至尽端内侧弯折 $12d$。梁底部贯通纵筋伸至尽端内侧弯折 $12d$。

梁底部上排非贯通纵筋伸至端部截断；梁底部下排非贯通纵筋伸至尽端内侧弯折 $12d$，从支座中心线向跨内的延伸长度为 $l_n/3+b_b/2$。

注：当从基础主梁内边算起的外伸长度不满足直锚要求时，基础梁下部钢筋伸至端部后弯折 $15d$；从梁内边算起水平段长度应$\geqslant 0.6l_{ab}$。

【问题 17】基础次梁变截面部位钢筋构造有哪些情况？

基础次梁变截面部位钢筋构造，见表 2-2。

基础次梁变截面部位钢筋构造　　**表 2-2**

情况	钢筋构造
梁底有高差	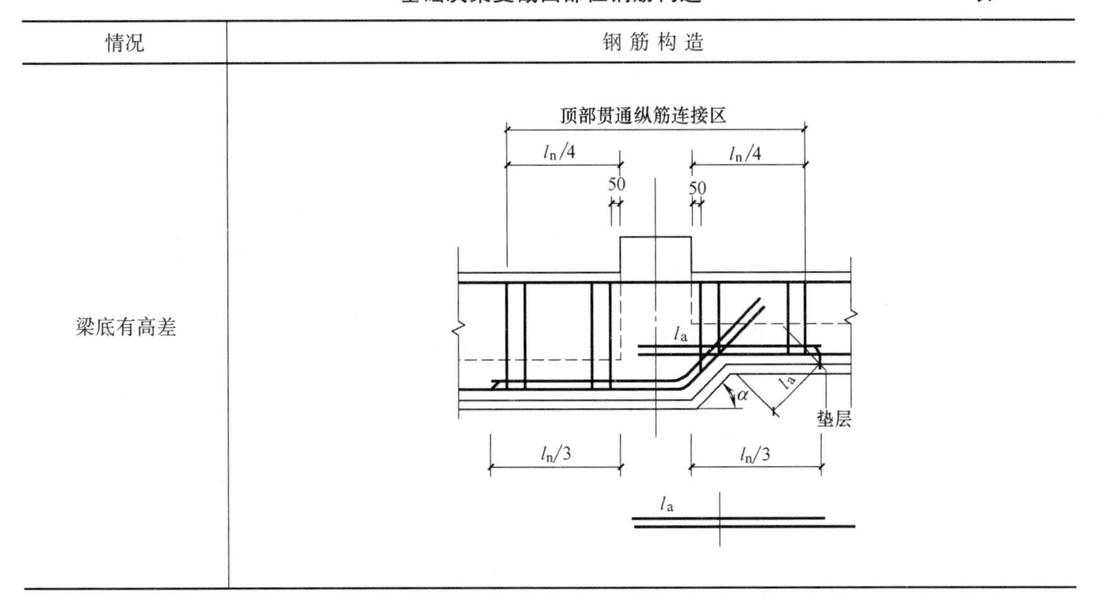

续表

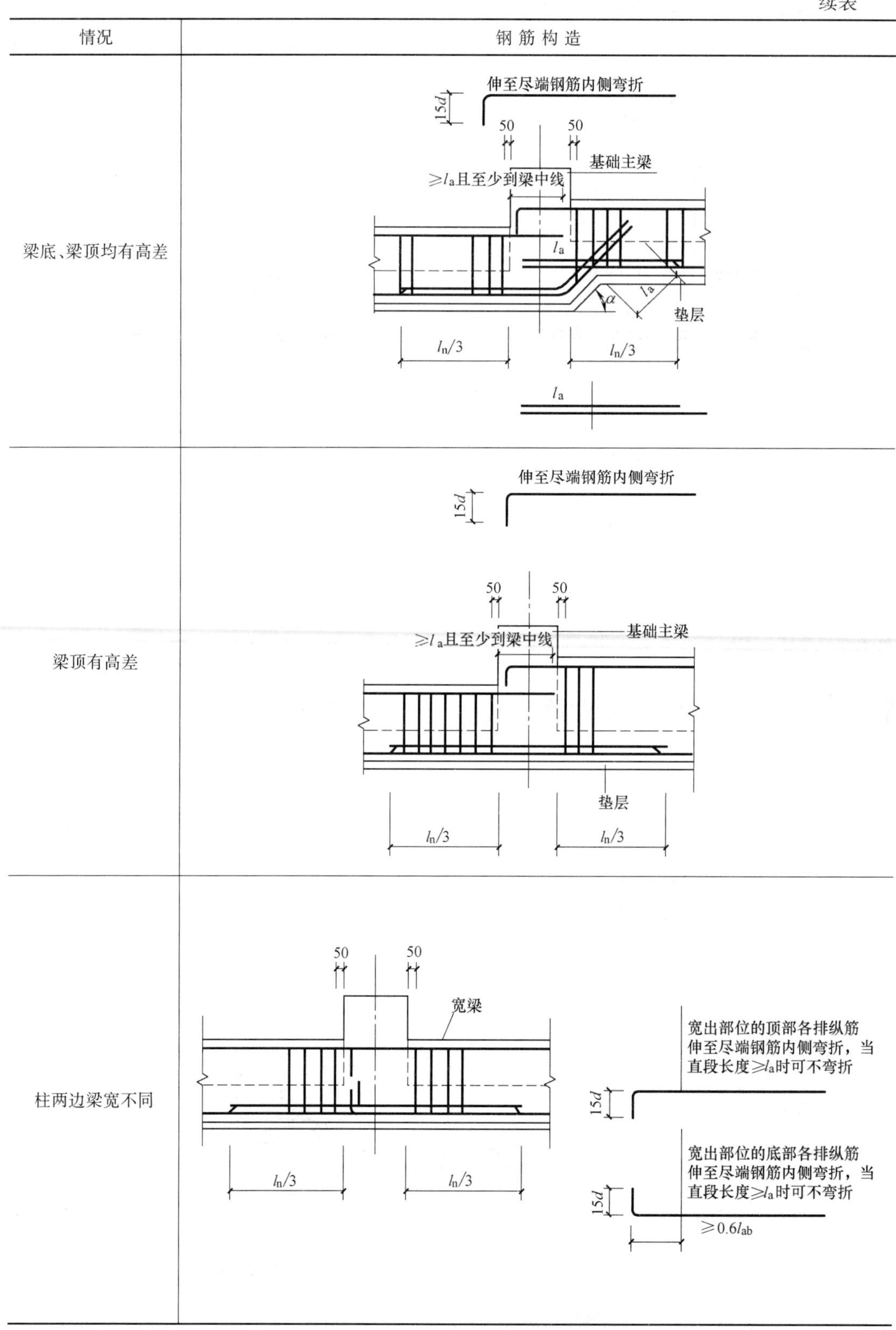
情况
钢筋构造
梁底、梁顶均有高差
伸至尽端钢筋内侧弯折
15d
50
50
基础主梁
≥l_a且至少到梁中线
l_a
l_a
α
垫层
$l_n/3$
$l_n/3$
l_a
梁顶有高差
伸至尽端钢筋内侧弯折
15d
50
50
基础主梁
≥l_a且至少到梁中线
垫层
$l_n/3$
$l_n/3$
柱两边梁宽不同
50
50
宽梁
$l_n/3$
$l_n/3$
宽出部位的顶部各排纵筋
伸至尽端钢筋内侧弯折，当
直段长度≥l_a时可不弯折
15d
宽出部位的底部各排纵筋
伸至尽端钢筋内侧弯折，当
直段长度≥l_a时可不弯折
15d
≥$0.6l_{ab}$

【问题 18】基础次梁纵向钢筋和箍筋构造是如何规定的?

基础次梁纵向钢筋与箍筋构造，见图 2-31。

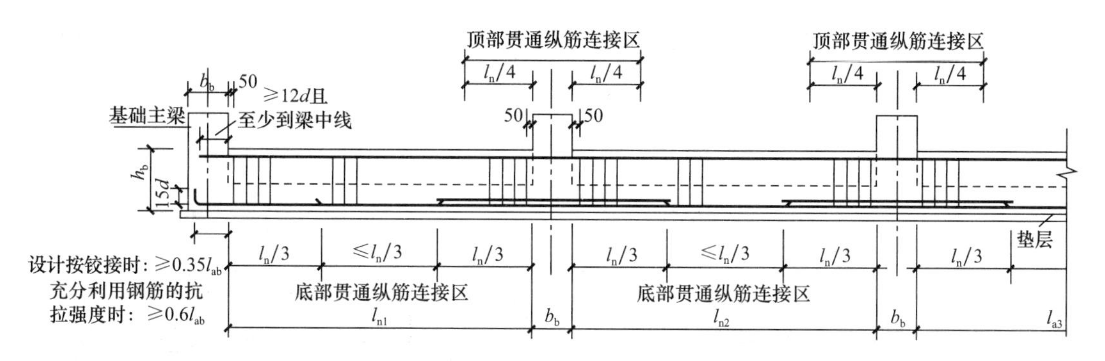

图 2-31　基础次梁纵向钢筋与箍筋构造

(1) 顶部和底部贯通纵筋在连接区内采用搭接、机械连接或对焊连接。且在同一连接区段内接头面积百分比率不宜大于 50%。当钢筋长度可穿过一连接区到下一连接区并满足要求时，宜穿越设置。当底部纵筋多于两排时，从第三排起非贯通纵筋向跨内的伸出长度值应由设计者注明。

(2) 节点区内箍筋按梁端箍筋设置。梁相互交叉宽度内的箍筋按截面高度较大的基础梁设置。当具体设计未注明时，基础梁外伸部位按梁端第一种箍筋设置。

【问题 19】基础次梁配置两种箍筋时构造是怎样的?

基础次梁 JCL 配置两种箍筋构造，见图 2-32。

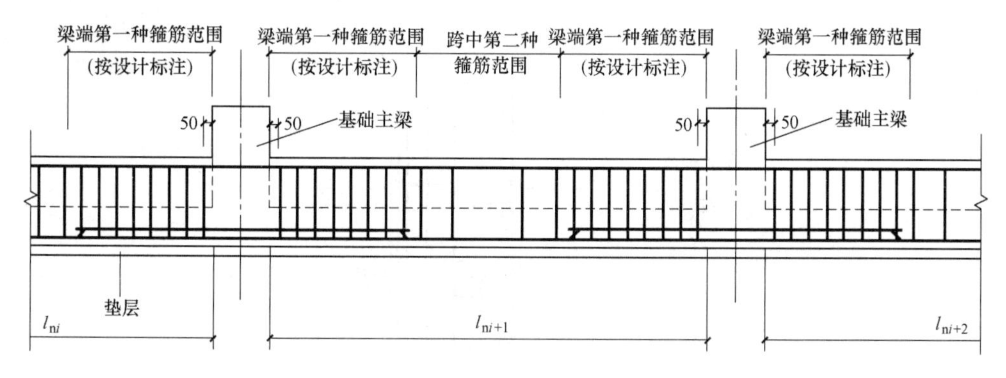

图 2-32　基础次梁 JCL 配置两种箍筋构造

注：l_{ni}为基础次梁的本跨净跨值。

同跨箍筋有两种时，各自设置范围按具体设计注写值。当具体设计未注明时，基础次梁的外伸部位，按第一种箍筋设置。

【问题20】基础次梁竖向加腋钢筋构造是如何规定的？

基础次梁竖向加腋钢筋构造，见图2-33。

基础次梁高加腋筋，长度为锚入基础梁内 l_a；根数为基础次梁顶部第一排纵筋根数−1。

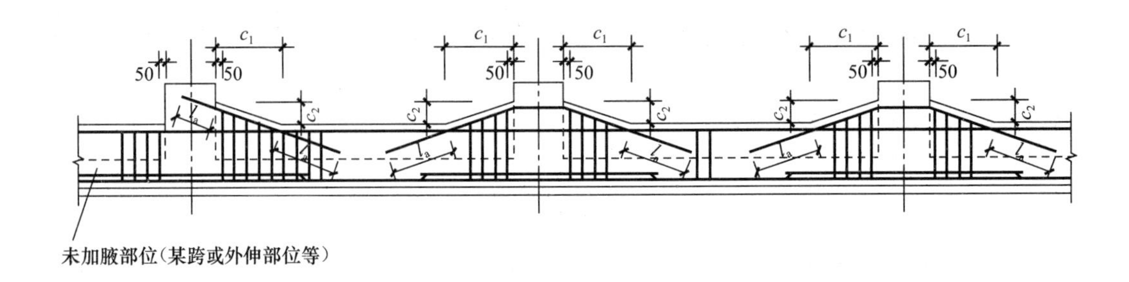

图2-33 基础次梁竖向加腋钢筋构造

【问题21】桩基础伸入承台内的连接构造是如何规定的？

（1）桩顶应设置在同一标高（变刚调平设计除外）。

（2）方桩的长边尺寸、圆桩的直径<800mm（小孔径桩）及≥800mm（大孔径桩）时，桩在承台（承台梁）内的嵌入长度，小孔径桩不低于50mm，大孔径桩不低于100mm，如图2-34所示。

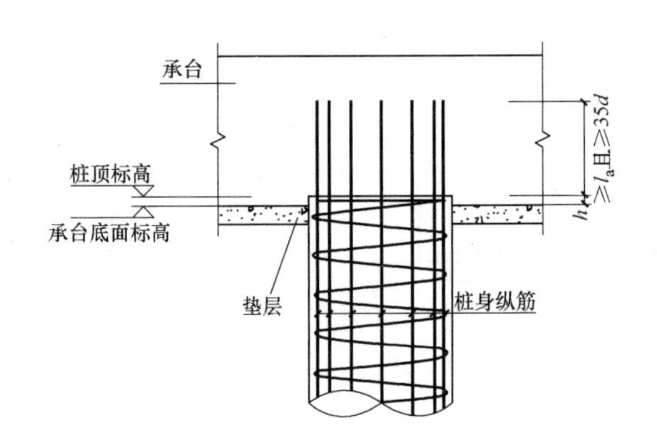

图2-34 桩顶与承台连接构造（一）

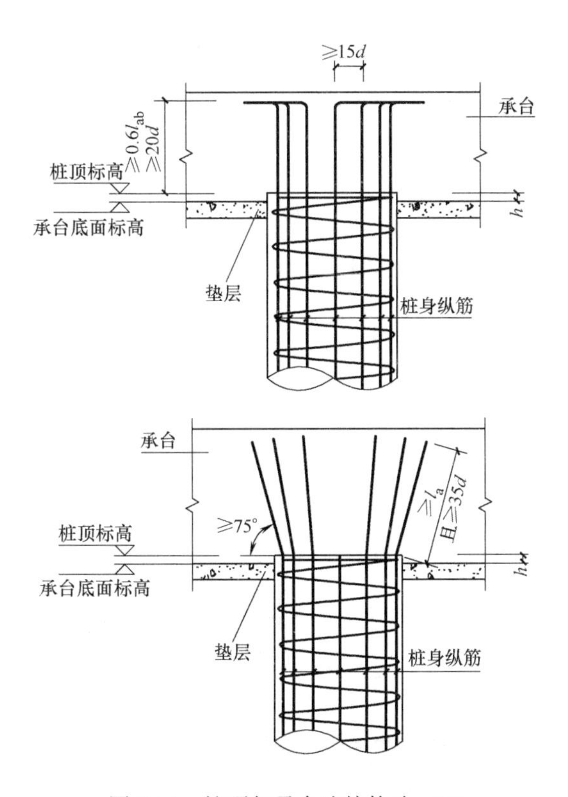

图 2-34　桩顶与承台连接构造（二）

（3）桩纵向钢筋在承台内的锚固长度，《建筑桩基技术规范》（JGJ 94—2008）中规定不能小于 35d，地下水位较高，设计的抗拔桩，还有单桩承载力试验时，这时一般要求不小于 40d，如图 2-34 所示。

（4）大口径桩单柱无承台时，桩钢筋锚入大口径桩内，如人工挖孔桩，要设计拉梁。

（5）当承台高度不满足直锚要求时，竖直锚固长度不应小于 20d，并向柱轴线方向 90°弯折 15d。

（6）当桩顶纵筋预留长度大于承台厚度时，预留钢筋在承台内向四周弯成≥75°的方式处理，如图 2-34 所示。

【问题 22】单柱带短柱独立基础有哪些构造？

单柱带短柱独立基础配筋构造，见图 2-35。

（1）带短柱独立基础底板的截面形式可为阶行截面 BJ_J 或坡形截面 BJ_P。当为坡形截面且坡度较大时，应在坡面上安装顶部模板，以确保混凝土能够浇筑成型、振捣密实。

（2）几何尺寸和配筋按具体结构设计和本图构造确定，施工按相应平法制图规则。

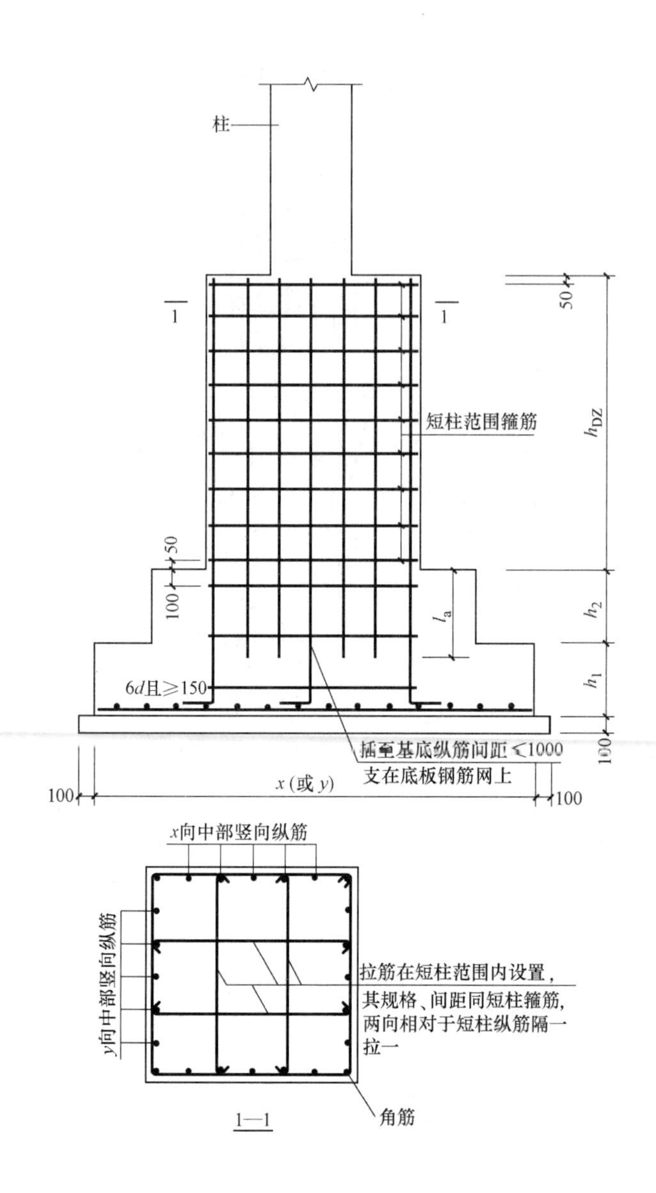

图2-35　单柱带短柱独立基础配筋构造

【问题23】双柱带短柱独立基础配筋构造是如何规定的？

双柱带短柱独立基础配筋构造如图2-36所示。

短柱从距其下一阶阶面50mm处开始布置。在短柱范围内设置的拉筋，其规格、间距同短柱箍筋，两向相对于短柱纵筋隔一拉一。

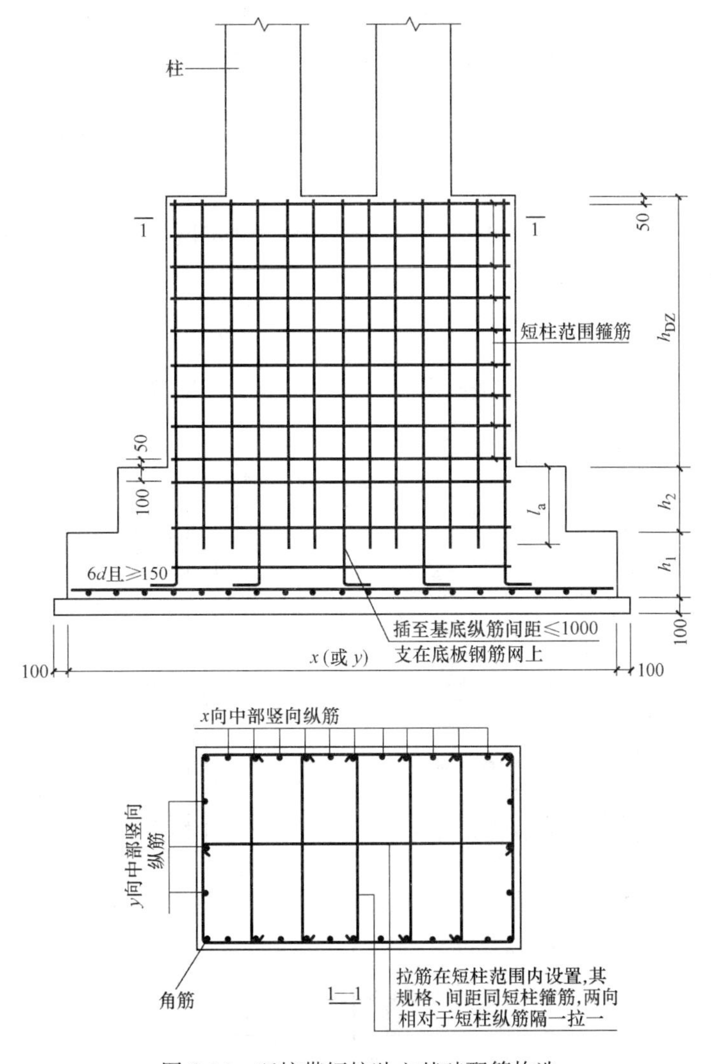

图 2-36　双柱带短柱独立基础配筋构造

【问题 24】柱纵向钢筋在基础中的构造有哪些要求？

柱纵向钢筋在基础中的构造，可根据基础类型、基础高度、基础梁与柱的相对尺寸等因素综合确定。柱纵向钢筋在基础中的构造如图 2-37 所示。

（1）图中 h_j 为基础底面至基础顶面的高度，柱下为基础梁时，h_j 为基础梁底面至顶面的高度。当柱两侧基础梁标高不同时取较低标高。

（2）锚固区横向箍筋应满足直径≥$d/4$（d 为纵筋最大直径），间距≤$5d$（d 为纵筋最小直径）且≤100mm 的要求。

（3）当柱纵筋在基础中保护层厚度不一致（如纵筋部分位于梁内，部分位于板内），保护层厚度不大于 $5d$ 的部分应设置锚固区横向钢筋。

（4）当符合下列条件之一时，可仅将柱四角纵筋伸至底板钢筋网片上或者筏形基础中间层钢筋网片上（伸至钢筋网片上的柱纵筋间距不应大于1000mm），其余纵筋锚固在基础顶面下 l_{aE} 即可。

1）柱为轴心受压或小偏心受压，基础高度或基础顶面至中间层钢筋网片顶面距离不小于1200mm。

2）柱为大偏心受压，基础高度或基础顶面至中间层钢筋网片顶面距离不小于1400mm。

（5）图中 d 为柱纵筋直径。

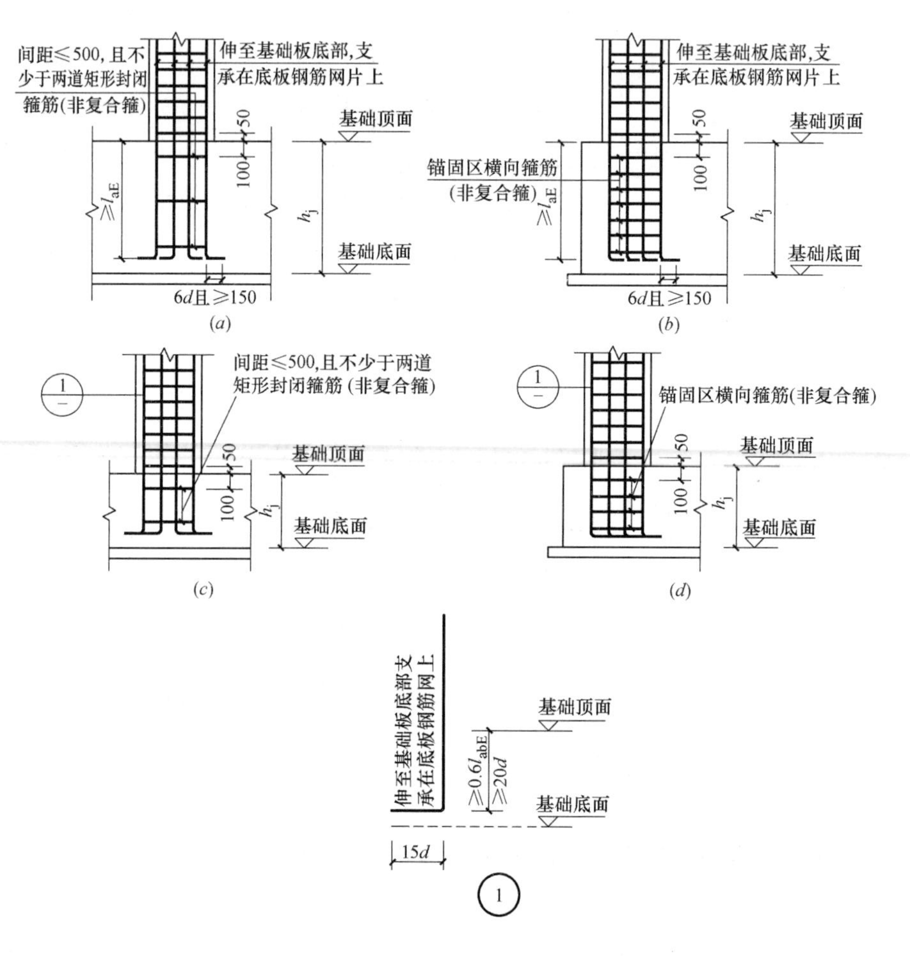

图2-37　柱纵向钢筋在基础中构造

（a）保护层厚度>5d；基础高度满足直锚；（b）保护层厚度≤5d；基础高度满足直锚；（c）保护层厚度>5d；基础高度不满足直锚；（d）保护层厚度≤5d；基础高度不满足直锚

【问题25】剪力墙墙身竖向分布钢筋在基础中的构造有哪些要求？

剪力墙墙身竖向分布钢筋在基础中共有三种构造，如图2-38所示。

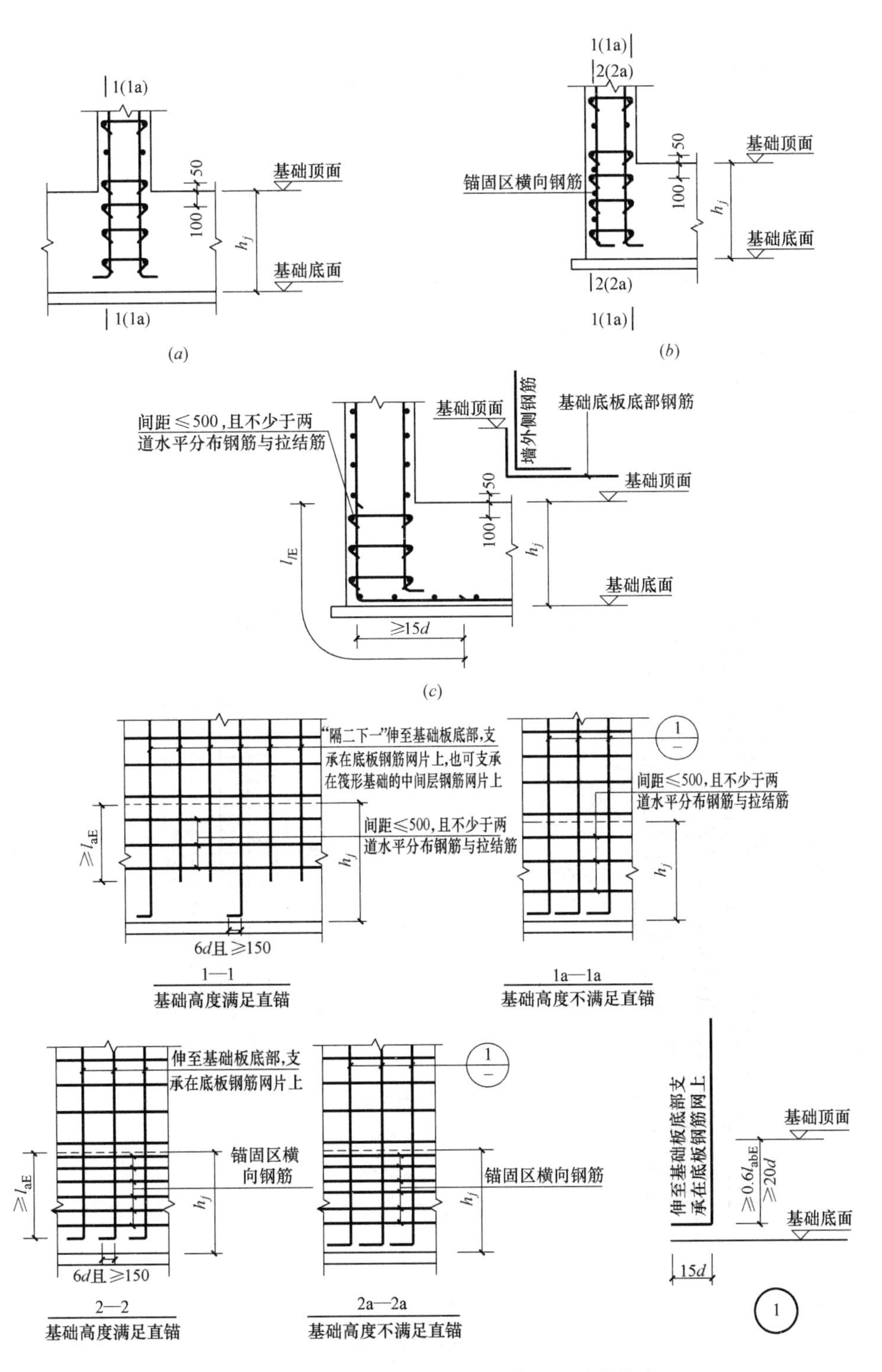

图 2-38　剪力墙墙身竖向分布钢筋在基础中构造

(a) 保护层厚度>5d；(b) 保护层厚度≤5d；(c) 搭接连接

（1）图中 h_j 为基础底面至基础顶面的高度，墙下有基础梁时，h_j 为梁底面至顶面的高度。

（2）锚固区横向钢筋应满足直径≥$d/4$（d 为纵筋最大直径），间距≤$10d$（d 为纵筋最小直径）且≤100mm 的要求。

（3）当墙身竖向分布钢筋在基础保护层厚度不一致（如分布筋部分位于梁中，部分位于板内），保护层厚度不大于 $5d$ 的部分应设置锚固区横向钢筋。

【问题 26】灌注桩配筋构造如何规定的?

灌注桩配筋构造如图 2-39 所示。

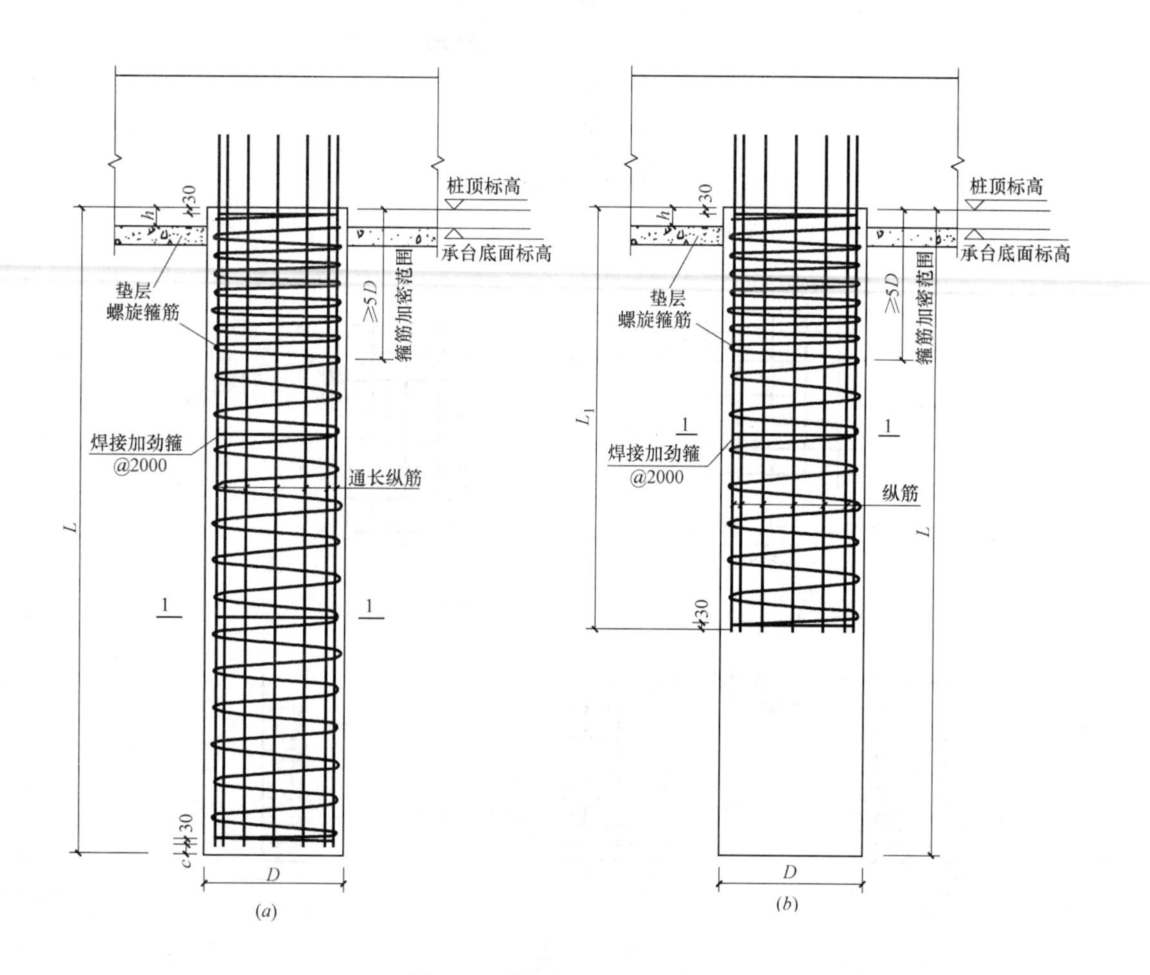

图 2-39　灌注桩配筋构造（一）

（a）灌注桩通长等截面配筋构造；（b）灌注桩部分长度配筋构造

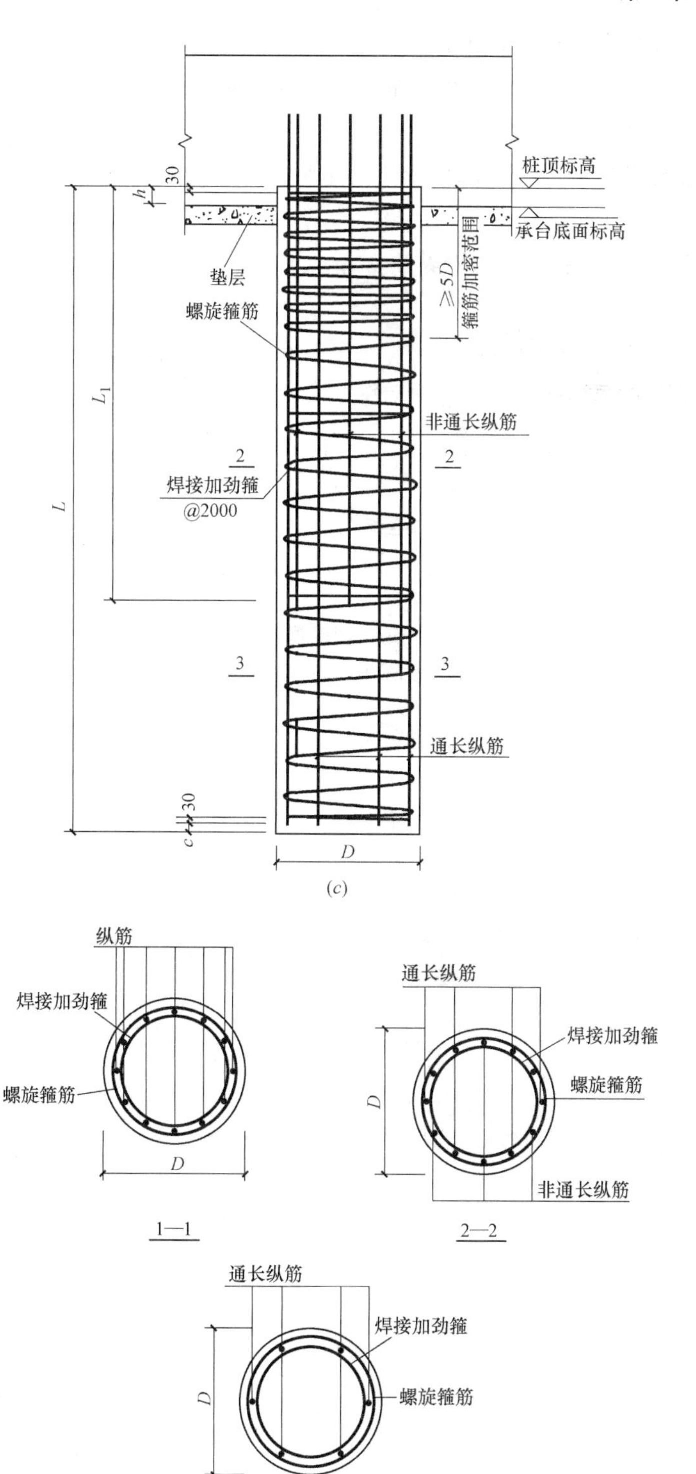

图 2-39　灌注桩配筋构造（二）

（c）灌注桩通长变截面配筋构造

（1）螺旋箍筋构造如图2-40所示。

（2）h 为桩顶进入承台高度，桩径＜800mm时取50mm，桩径≥800mm时取100mm。

（3）焊接加劲箍见设计标注，当设计未注明时，加劲箍直径为12mm，强度等级不低于HRB400。

（4）c 为保护层厚度；d 为桩内纵筋直径。

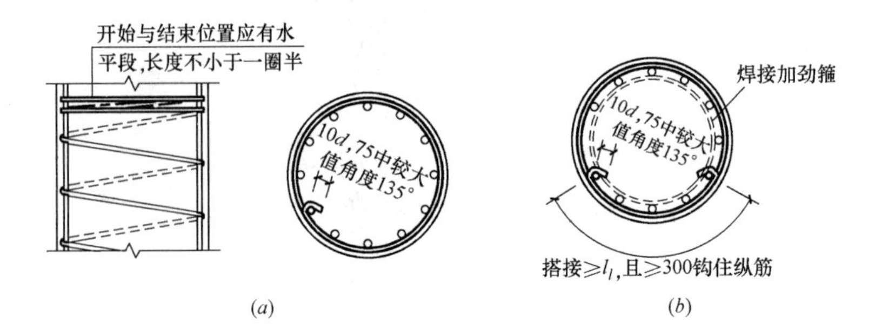

图2-40 螺旋箍筋构造

（a）螺旋箍筋端部构造；（b）螺旋箍筋搭接构造

第3章　柱　构　造

【问题1】柱的列表注写和截面注写有哪些区别？

柱列表方式与截面注写方式的区别，见表3-1。从表3-1中可以看出，截面注写方式不再单独注写箍筋类型图和柱列表，而是用直接在柱平面图上的截面注写，包括列表注写中箍筋类型图及柱列表的内容。

柱列表注写方式与截面注写方式的区别　　表3-1

项　目	列表注写方式	截面注写方式
1	柱平面图	柱平面图+截面注写
2	层高与标高表	层高与标高表
3	箍筋类型图	—
4	柱列表	

【问题2】什么是嵌固部位？

"嵌固部位"就是上部结构嵌固部位。

上部结构嵌固部位的注写：

(1) 框架柱嵌固部位在基础顶面上，无需注明。

(2) 框架柱嵌固部位不在基础顶面时，在层高表嵌固部位标高下使用双细线注明，并在层高表下注明上部结构嵌固部位标高。

(3) 框架柱嵌固部位不在地下室顶板，但仍需考虑地下室顶板对上部结构实际存在嵌固作用时，可在层高表地下室顶板标高下使用双虚线注明，此时首层柱端箍筋加密区长度范围及纵筋连接位置均按嵌固部位要求设置。

【问题3】为什么一般不采用绑扎搭接连接方式？

钢筋混凝土结构是钢筋和混凝土的对立统一体。钢筋的优势在于抗拉，混凝土的优势在于抗压，钢筋混凝土构件就是把它们有机地统一起来，充分发挥了这两种材料的优势。而钢筋混凝土结构维持安全和可靠的条件是：把钢筋用在适当的位置，并且让混凝土360°地包裹每一根钢筋。

但是，传统的钢筋绑扎搭接连接是把两根钢筋并排地紧靠在一起，再用绑丝（细铁丝）绑扎起来。这根细细的铁丝是不可能固定这两根搭接连接的钢筋的。固定这两根搭接连接的钢筋要靠包裹它们的混凝土。但是，这两根紧靠在一起的钢筋，每根钢筋只有约270°的周长被混凝土所包围，所以达不到360°周边被混凝土包裹的要求，从而大大地降低了混凝土构件的强度。许多力学实验都表明，构件的破坏点就在钢筋绑扎搭接连接点上。即使增大绑扎搭接的长度，也无济于事。

为了克服传统的钢筋绑扎搭接连接的缺点，最近提出了“有净距的绑扎搭接连接”的做法，对于改善混凝土360°包裹钢筋有所帮助，但是却较大地加大了施工的难度。

同时，无论传统的钢筋绑扎搭接连接，还是改进的钢筋绑扎搭接连接，都不可避免地造成“两根钢筋轴心错位”的事实，而且“有净距的绑扎搭接连接”的做法还使得两根钢筋轴心的错位更大。这将会降低钢筋在混凝土构件中的力学作用。但是，如果采用机械连接和对焊连接，将保证被连接的两根钢筋轴心相对一致。

在钢筋绑扎搭接连接不可靠和不安全的同时，钢筋绑扎搭接连接又是不经济的。因为钢筋的绑扎搭接连接长度 l_{lE} 是受拉钢筋锚固长度 l_{aE} 的1.2倍以上。以⏀25钢筋（混凝土强度等级C30，二级抗震等级）为例，一个钢筋搭接点的绑扎搭接连接长度 l_{lE} 为：

$$l_{lE}=1.2l_{aE}=1.2\times 40d=1.2\times 40\times 25=1200(\mathrm{mm})$$

由此可见，一根钢筋的一个绑扎搭接连接点要多用1米多长的钢筋，而一个建筑有多少个楼层、每个楼层又有多少根钢筋呢？这样计算起来，绑扎搭接连接引起的钢筋浪费数量是惊人的。

钢筋绑扎搭接连接既浪费材料，又达不到质量和安全的要求，所以不少正规的施工企业都对钢筋绑扎搭接连接加以限制。例如，有的施工企业在工程的施工组织设计中明确规定，当钢筋直径在14mm以下时才使用绑扎搭接连接，而当钢筋直径在14mm以上时使用机械连接或对焊连接。

【问题4】上柱钢筋与下柱钢筋存在差异时抗震框架柱纵向钢筋连接构造有何区别？

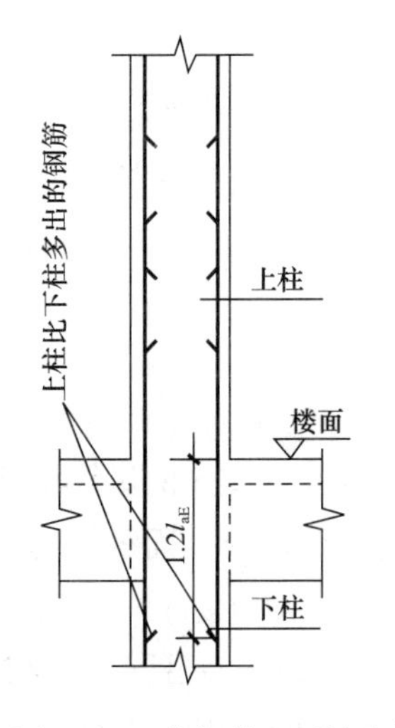

图3-1 上柱钢筋比下柱多

1. 上柱钢筋比下柱多

当上柱钢筋比下柱多时，上柱多出的钢筋锚入下柱（楼面以下）$1.2l_{aE}$，如图3-1所示。（计算 l_{aE} 的数值时，按上柱的钢筋直径计算。）

2. 下柱钢筋比上柱多

当下柱钢筋比上柱多时，下柱多出的钢筋伸入楼层梁，从梁底算起伸入楼层梁的长度为 $1.2l_{aE}$，如图3-2所示。如果楼层梁的截面高度小于 $1.2l_{aE}$，则下柱多出的钢筋可能伸出楼面以上。（计算 l_{aE} 的数值时，按下柱的钢筋直径计算。）

3. 柱钢筋直径比下柱大

当上柱钢筋直径比下柱大时，上下柱纵筋的连接不在楼面以上连接，而改在下柱内进行连接，如图 3-3 所示。

4. 下柱钢筋直径比上柱大

当下柱钢筋直径比上柱大时，上下柱纵筋的连接不在楼层梁以下连接，而改在上柱内进行连接，如图 3-4 所示。

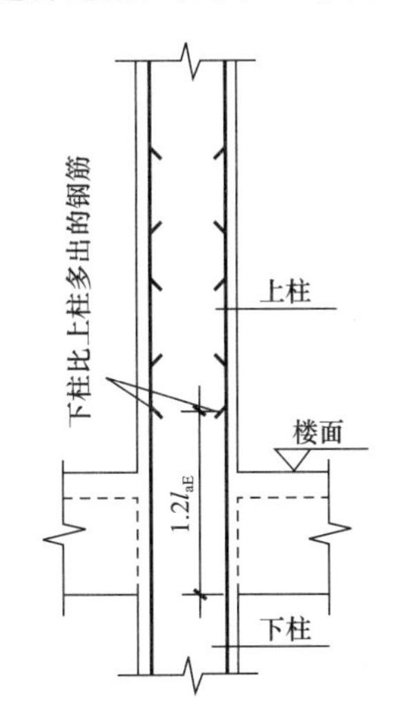

图 3-2　下柱钢筋比上柱多

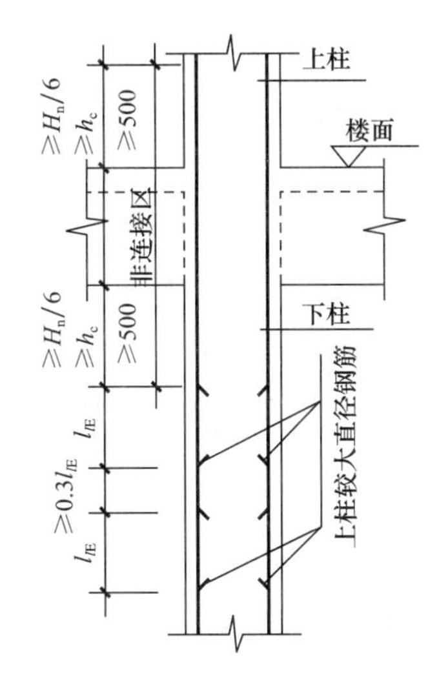

图 3-3　上柱钢筋直径比下柱大

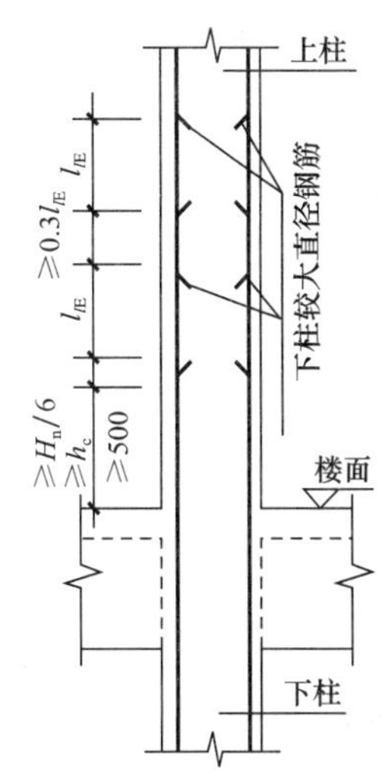

图 3-4　下柱钢筋直径比上柱大

【问题 5】框架梁柱混凝土强度等级不同时，节点混凝土如何浇筑？

框架梁柱混凝土强度等级不同时，节点核心区混凝土如何浇筑，特别是在有抗震设防要求时，节点核心区混凝土时易出现剪切破坏，采用哪一种构件的混凝土浇筑，规范中没有明确的规定，这些构造做法是需要施工经验的积累，而在结构力学计算时是要忽略的因素，这就需要通过相应的构造措施来弥补。

常用的施工方法：框架梁与框架柱混凝土强度等级相差较小时，节点核心区混凝土一般随本层框架柱浇筑，先浇筑框架柱混凝土到框架梁底部标高，然后同时浇筑框架梁、次梁和楼板的混凝土；框架梁与框架柱混凝土强度等级相差较大时，如果采用混凝土强度等级低的构件的混凝土浇筑，节点核心区混凝土有可能抗剪强度不足出现斜截面破坏，一般以混凝土等级相差 5MPa 为一级，来处理节点核心区混凝土的浇筑问题。

我们知道钢筋混凝土材料，不是纯的弹性材料；砌体结构加构造柱，也不是纯的塑性材料，它们都属于弹塑性材料。这在计算上是必须忽略的因素，否则结构计算进行不下去。任不满足上述要求时，节点核心区的混凝土浇筑，要采用下列构造措施来弥补（图 3-5）：

（1）柱混凝土高于梁、板一级，或者不超过二级，但节点四周有框架梁时，可按框架梁、板的混凝土强度等级同时浇筑。

（2）柱、梁、板混凝土强度等级相差不超过二级，柱四周并没有设置框架梁时，需经设计人员验算节点强度，才可以与梁同时浇筑混凝土。

（3）当不满足上述要求时，节点核心区混凝土宜按框架柱强度等级单独浇筑，在框架柱混凝土初凝前浇筑框架梁、板的混凝土，并加强混凝土的振捣和养护。

（4）因施工进度或为施工方便，梁柱节点核心区混凝土同时浇筑时，应同结构设计工程师协商，加大梁柱结合部位的截面面积（增加水平加腋）并配置附加钢筋，解决梁对节点核心区的约束。

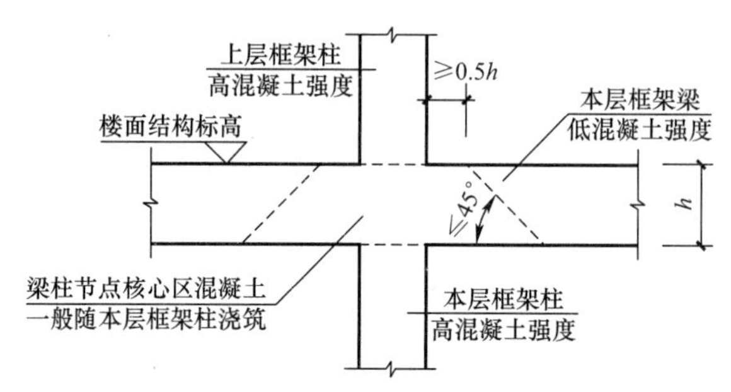

图 3-5　节点核心区与梁混凝土强度不同

【问题 6】框架柱中柱柱顶纵向钢筋构造有哪些要求？

根据框架柱在柱网布置中的具体位置（或框架柱四边中与框架梁连接的边数），可分为：中柱、边柱和角柱。根据框架柱中钢筋的位置，可以将框架柱中的钢筋分为框架柱内侧纵筋和外侧纵筋。顶层中间节点（顶层中柱与顶层梁节点）的柱纵筋全部为内侧纵筋，顶层边节点（顶层边柱与顶层梁节点）和顶层角节点（顶层角柱与顶层梁节点）分别由内侧和外侧钢筋组成。

框架柱中柱柱顶纵向钢筋构造如图 3-6 所示。

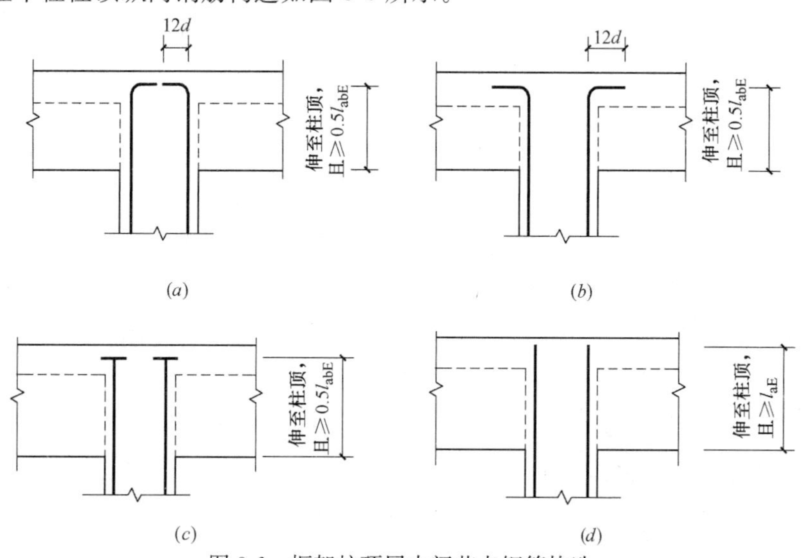

图 3-6　框架柱顶层中间节点钢筋构造

（a）框架柱纵筋在顶层弯锚 1；（b）框架柱纵筋在顶层弯锚 2；
（c）框架柱纵筋在顶层加锚头/锚板；（d）框架柱纵筋在顶层直锚

（1）柱纵筋弯锚入梁中。当顶层框架梁的高度（减去保护层厚度）不能够满足框架柱纵向钢筋的最小锚固长度时，框架柱纵筋伸入框架梁内，采取向内弯折锚固的形式，如图（a）所示；当直锚长度小于最小锚固长度，且顶层为现浇混凝土板，其混凝土强度等级不小于C20，板厚不小于100时，可以采用向外弯折锚固的形式，如图（b）所示。

（2）柱纵筋加锚头/锚板伸至梁中。当顶层框架梁的高度（减去保护层厚度）不能够满足框架柱纵向钢筋的最小锚固长度时，框架柱纵筋伸入框架梁内，可采取端头加锚头（锚板）锚固的形式，如图（c）所示。

（3）柱纵筋直锚入梁中。当顶层框架梁的高度（减去保护层厚度）能够满足框架柱纵向钢筋的最小锚固长度时，框架柱纵筋伸入框架梁内，采取直锚的形式，如图（d）所示。

【问题7】框架结构顶层边节点处构造有哪些做法？

框架柱边柱和角柱柱顶纵向钢筋构造有五个节点构造，如图3-7所示。

（1）①节点适用于柱外侧纵筋作为梁上部纵筋使用，全部伸入到梁中。

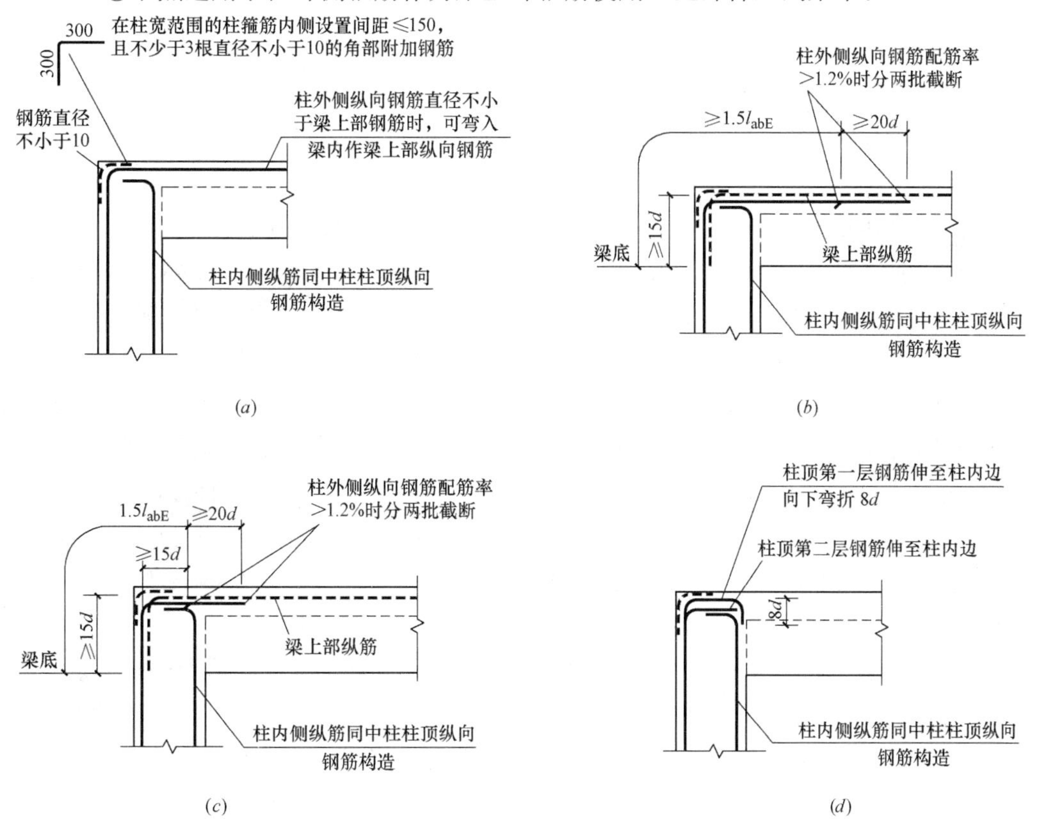

图3-7　柱顶纵向钢筋构造（柱纵筋锚入梁中）（一）

（a）节点①；（b）节点②；（c）节点③；（d）节点④

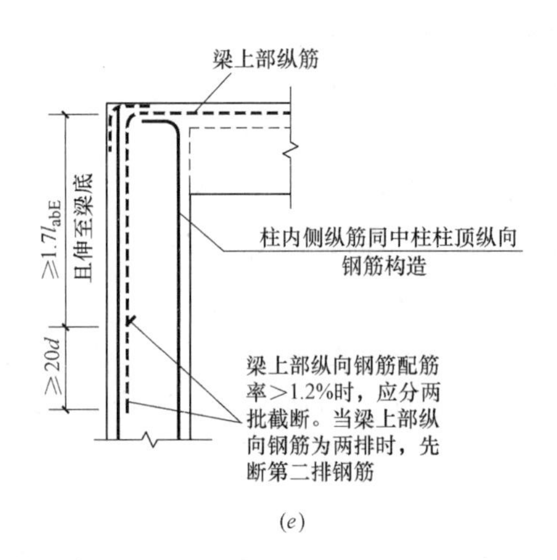

(e)

图 3-7 柱顶纵向钢筋构造（柱纵筋锚入梁中）（二）

（e）节点⑤

（2）②节点适用于梁纵筋深入到柱内梁高底部，且从柱内梁高底部到柱内侧边的梁纵筋长度小于 1.5l_{abE}的场景；③节点适用于梁纵筋深入到柱内梁高底部，且从柱内梁高底部到柱内侧边的梁纵筋长度大于 1.5l_{abE}的场景。

（3）④节点给出的是柱内侧纵筋及外侧纵筋的构造要求，并且当现浇板的厚度不小于100mm 时，柱外侧纵筋可按照②节点伸入到板内锚固，且锚固长度不宜小于 15d。

（4）⑤节点适用于梁、柱纵向钢筋搭接接头沿节点外侧直线布置。

近年来的框架结构非线性动力反应分析表明，顶层节点的延性需求通常比中间层节点小。框架震害结果也显示出顶层的震害普遍比中间层的震害轻。所以为便于施工，框架梁和框架柱的纵向受力钢筋在框架节点区的锚固和搭接应符合下列要求：

1）框架中间层中间节点处，框架梁的上部纵向钢筋应贯穿中间节点。贯穿中柱的每根梁纵向钢筋直径，对于 9 度设防烈度的各类框架和一级抗震等级的框架结构，当柱为矩形截面时，不宜大于柱在该方向截面尺寸的 1/25，当柱为圆形截面时，不宜大于纵向钢筋所在位置柱截面弦长的 1/25；对一、二、三级抗震等级，当柱为矩形截面时，不宜大于柱在该方向截面尺寸的 1/20，对圆柱截面，不宜大于纵向钢筋所在位置柱截面弦长的 1/20。

2）对于框架中间层中间节点、中间层端节点、顶层中间节点以及顶层端节点，梁、柱纵向钢筋在节点部位的锚固和搭接，应符合图 3-8 的相关构造规定。图中 l_{lE}按《混凝土结构设计规范（2015 年版）》GB 50010—2010 第 11.1.7 条规定取用，l_{abE}按下式取用：

$$l_{abE}=\zeta_{aE}l_{ab} \tag{3-1}$$

式中 ζ_{aE}——纵向受拉钢筋锚固长度修正系数。

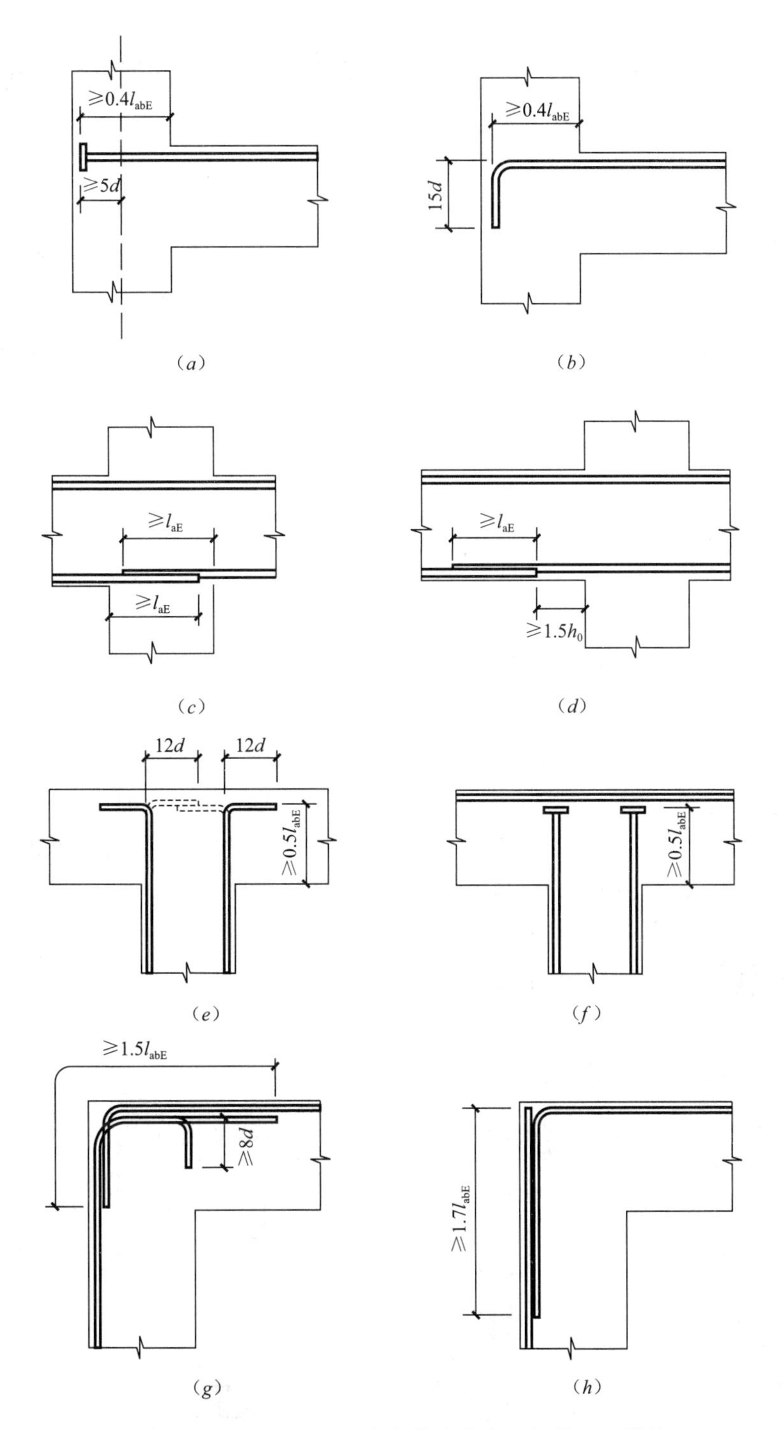

图 3-8　梁和柱的纵向受力钢筋在节点区的锚固和搭接

(a) 中间层端节点梁筋加锚头（锚板）锚固；(b) 中间层端间节点梁筋 90°弯折锚固；(c) 中间层中间节点梁筋在节点内直锚固；(d) 中间层中间节点梁筋在节点外搭接；(e) 顶层中间节点柱筋 90°弯折锚固；(f) 顶层中间节点柱筋加锚头（锚板）锚固；(g) 钢筋在顶层端节点外侧和梁端顶部弯折搭接；(h) 钢筋在顶层端节点外侧直线搭接

【问题 8】柱环境类别不同，钢筋的保护层厚度不同时，纵向钢筋如何处理？

当保护层很厚时（例如框架顶层端节点弯弧钢筋以外的区域等），开裂的混凝土剥落可能造成危险，这要求在任何情况下均应该满足不同环境类别中柱纵向钢筋最小保护层厚度（混凝土保护层厚度应从表层分布钢筋算起）的要求；并宜采取有效的针对性措施，通常是在保护层中加配防裂、防剥落的焊接钢筋网片或采用纤维混凝土。其不仅能预防破碎混凝土剥落，还能起到控制裂缝宽度的作用。

（1）当柱纵向钢筋保护层厚度大于 50mm 时，应对保护层采取防裂构造措施。

（2）当梁和柱中纵向钢筋的保护层厚度差别不大时，柱纵向受力钢筋的保护层厚度，当无地下室时，±0.000 以下柱段满足地下环境的最小保护层厚度的要求，一般采用外加保护层厚度的方法，使柱主筋在同一位置不变；当有地下室时，在地下室顶层节点内改变保护层厚度；当保护层厚度相差较大时，与设计工程师协商。

（3）柱钢筋保护层厚度改变处，应该在节点范围内，或在±0.000 上下位置范围内，不应在柱范围；钢筋在保护层厚度变化处，可采用在上柱连接或者钢筋坡折法连接；不得采用直弯或加热方法使纵向钢筋回到设计位置。

（4）当梁、柱、墙中纵向受力钢筋的保护层厚度大于 50mm 时，宜对保护层采取有效的构造措施。可在保护层内配置防裂、防剥落的焊接钢筋网片，网片钢筋的保护层厚度不应小于 25mm，并应采取有效的绝缘、定位措施。

【问题 9】转换柱配筋如何构造？

转换柱的配筋构造，如图 3-9 所示。

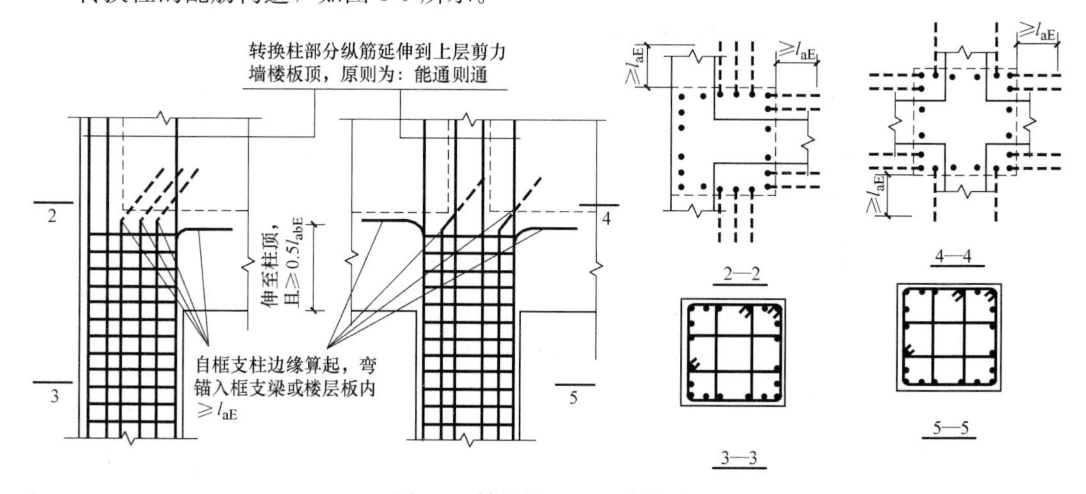

图 3-9 转换柱 ZHZ 配筋构造

（1）转换柱的柱底纵筋的连接构造同抗震框架柱。

（2）柱纵筋的连接宜采用机械连接接头。

（3）转换柱部分纵筋延伸到上层剪力墙楼板顶，原则为：能通则通。

（4）转换柱纵筋中心距不应小于 80mm，且净距不应小于 50mm。

【问题 10】框架柱、转换柱中设置核心柱有何意义？纵向钢筋如何锚固？箍筋有何特殊的要求？

试验研究和工程经验证明，在柱内设置矩形核心柱，具有良好的延性和耗能能力，不但可以提高柱的受压承载力，而且还可以提高柱的变形能力，在压、弯、剪共同作用下，当柱出现弯、剪裂缝时，在大变形情况下核心柱可以有效地减小柱的压缩，保持柱的外形和截面承载能力，特别对承受高轴压比的短柱，改善柱的抗震性能，更有利于提高变形能力，延缓倒塌。

（1）一般在短柱和超短柱中设置核心柱：

① 柱的净高与柱长边之比≤4 为短柱。

② 柱的净高与柱长边之比≤2 为超短柱。

（2）核心柱设置在框架柱的截面中心部位，应有足够的尺寸，截面尺寸不宜小于柱边长的 1/3（圆柱为 $D/3$），且不小于 250mm，且保证框架梁的纵向受力钢筋通过；核心柱的纵向钢筋应分别锚入上、下层柱内，其连接和锚固与框架柱的要求相同；核心柱的箍筋根据施工图要求，应单独设置，构造要求与框架柱相同，并在设计文件中注明。如图 3-10 所示。

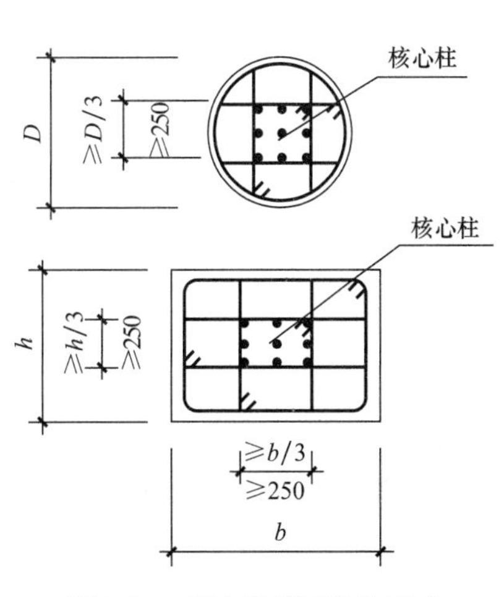

图 3-10　核心柱截面构造要求

【问题 11】框架柱变截面位置纵向钢筋构造有哪些做法？

框架柱变截面位置纵向钢筋构造如图 3-11 所示。

仔细看这五个图，我们可以发现，根据错台的位置及斜率比的大小，我们可以得出框架柱变截面处的纵筋构造要点，其中 Δ 为上下柱同向侧面错台的宽度，h_b 为框架梁的截面高度。

1. 变截面的错台在内侧

变截面的错台在内侧时，可分为两种情况：

（1）$\Delta/h_b>1/6$　图 3-11（*a*）、图 3-11（*c*）：下层柱纵筋断开，上层柱纵筋伸入下层；下层柱纵筋伸至该层顶 12*d*；上层柱纵筋伸入下层 $1.2l_{aE}$。

（2）$\Delta/h_b\leqslant 1/6$　图 3-11（*b*）、图 3-11（*d*）：下层柱纵筋斜弯连续伸入上层，

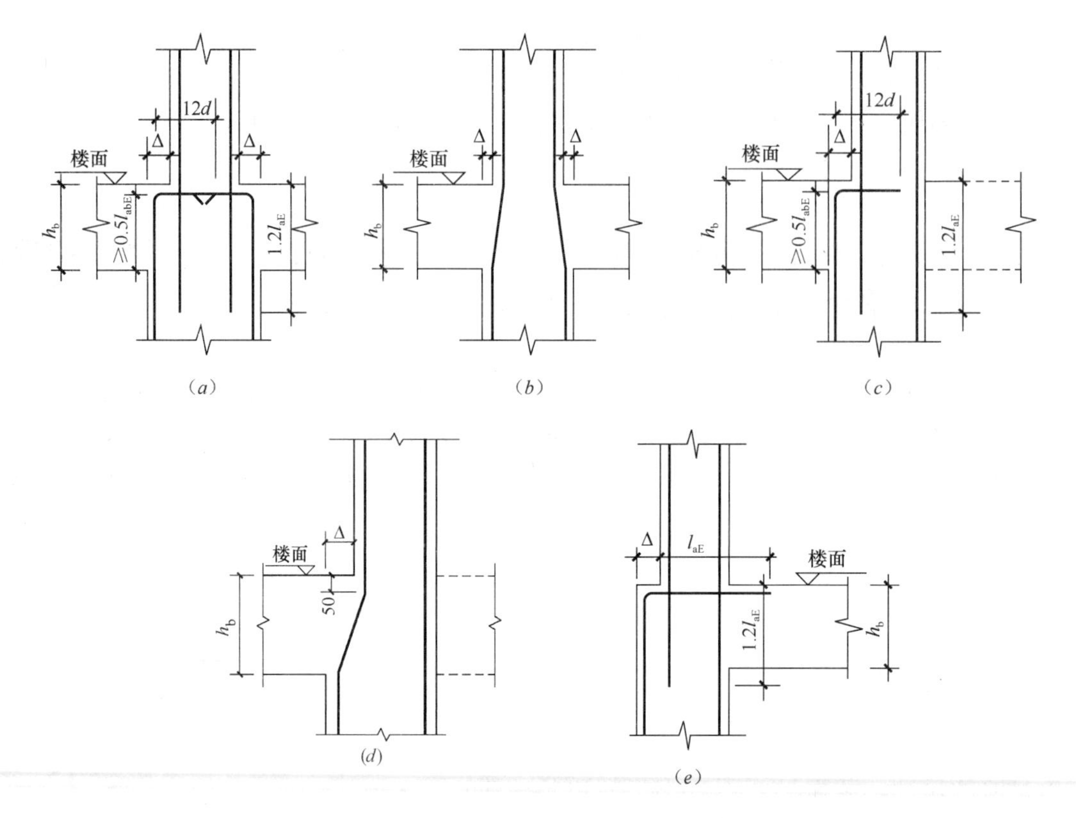

图 3-11 KZ柱变截面位置纵向钢筋构造

(a) $\Delta/h_b>1/6$；(b) $\Delta/h_b\leqslant1/6$；(c) $\Delta/h_b>1/6$；(d) $\Delta/h_b\leqslant1/6$；(e) 外侧错台

不断开。

2. 变截面的错台在外侧

变截面的错台在外侧时，构造如图 3-11 (e) 所示，端柱处变截面，下层柱纵筋断开，伸至梁顶后弯锚进框架梁内，弯折长度为：$\Delta+l_{aE}$－纵筋保护层，上层柱纵筋伸入下层 $1.2l_{aE}$。

【问题 12】框架柱、剪力墙上柱、梁上柱的箍筋加密区范围是如何规定的？

框架柱、剪力墙上柱、梁上柱的箍筋加密区即"框架柱纵向钢筋构造的非连接区"，如图 3-12 所示。

箍筋加密区范围包括：

(1) 底层柱根加密区$\geqslant H_n/3$（H_n是从基础顶面到顶板梁底的柱的净高）。

(2) 楼板梁上下部位的箍筋加密区：

① 梁底以下部分：$\geqslant \max(H_n/6, h_c, 500)$（$H_n$是当前楼层的柱净高；$h_c$为柱截面长边尺寸，圆柱为截面直径）；

② 楼板顶面以上部分：≥max（$H_n/6$，h_c，500）（H_n是上一层的柱净高；h_c为柱截面长边尺寸，圆柱为截面直径）；

③ 再加上一个梁截面高度。

（3）箍筋加密区直到柱顶。

另外，关于底层刚性地面上下的箍筋加密区构造，见图 3-13。

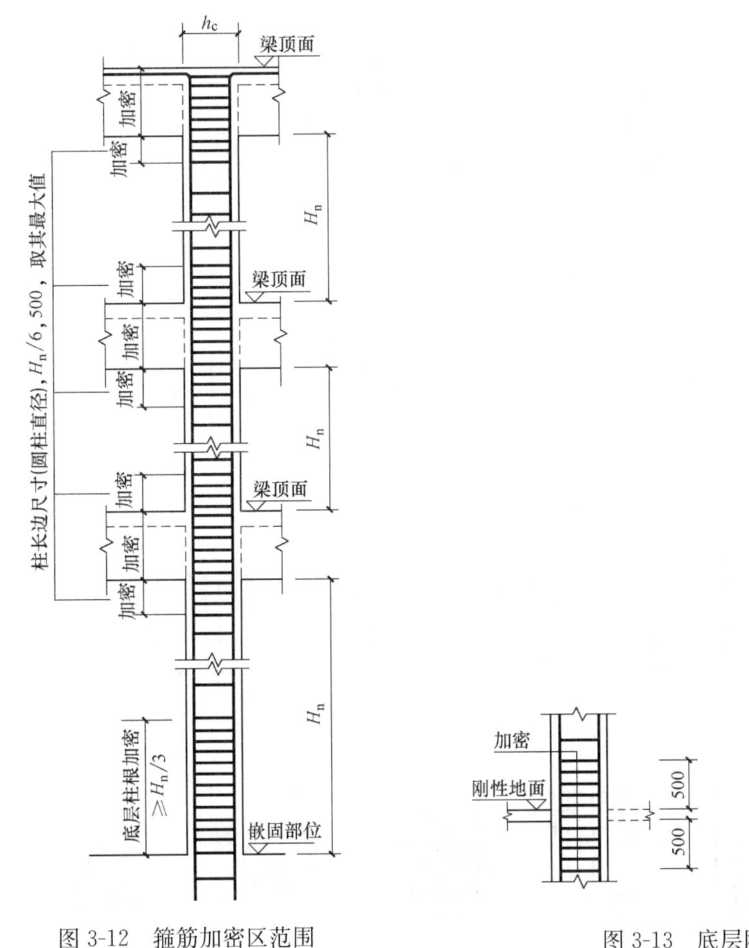

图 3-12 箍筋加密区范围

图 3-13 底层刚性地面上下的箍筋加密构造

16G01-1 图集中给出这样一句话“底层刚性地面上下各加密 500”，这种构造只适用于没有地下室或架空层的建筑，因为有地下室的情况下，底层（即一层）只能称之为“楼面”而非“地面”。除此之外，若“地面”的标高（±0.000）落在基础顶面 $H_n/3$ 的范围内，则这个上下 500 的加密区就与 $H_n/3$ 的加密区重合了，这两种箍筋加密区不必重复设置。

【问题 13】框架柱的复合箍筋应如何设置？

首先，我们先来了解一下矩形箍筋复合方式，图 3-14 列出了矩形箍筋的复合方式。

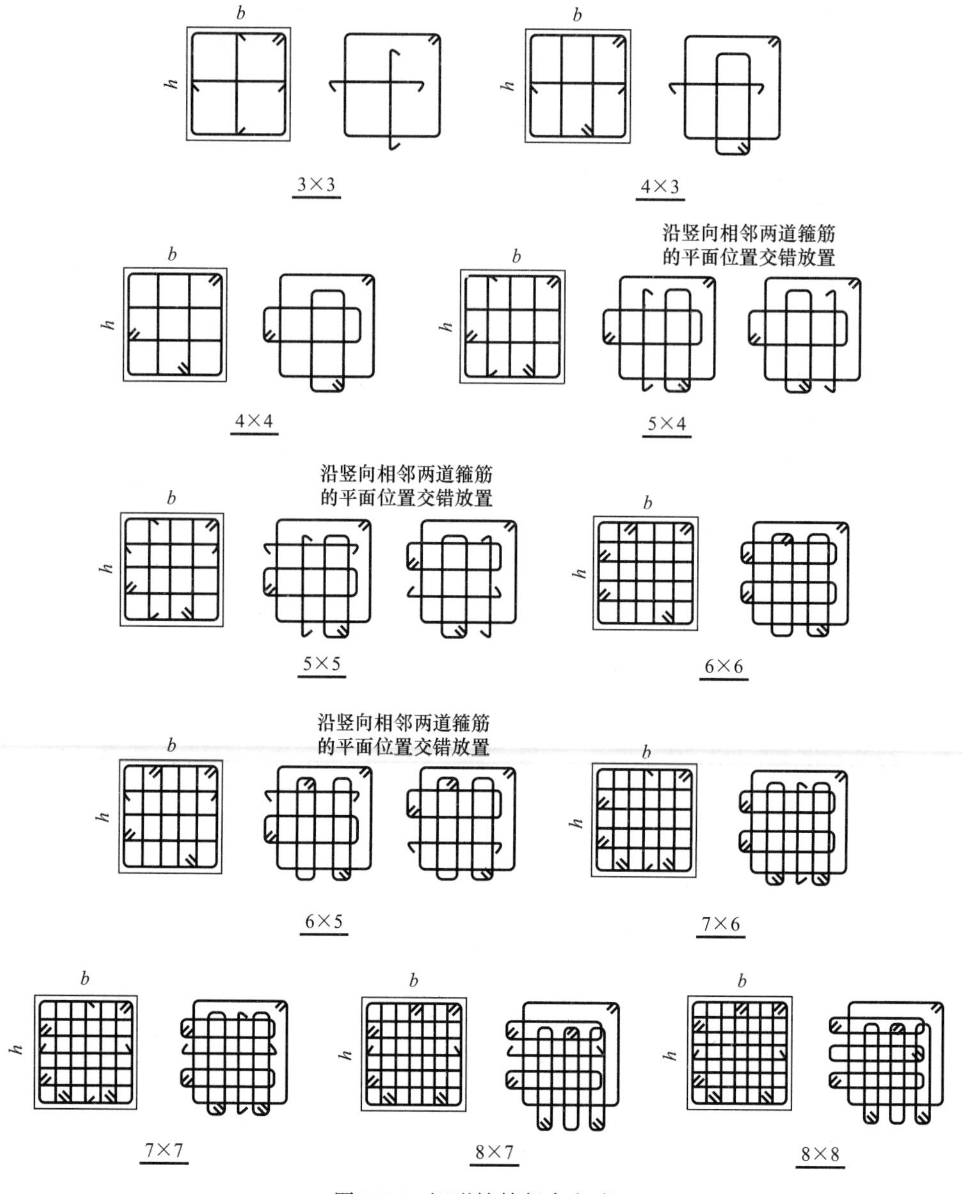

图3-14 矩形箍筋复合方式

根据构造要求，当柱截面短边尺寸大于400mm，且各边纵向钢筋多于3根时，或当截面短边尺寸不大于400mm，但各边纵向钢筋多于4根时，应设置复合箍筋。

设置复合箍筋要遵循下列原则；

（1）大箍套小箍。矩形柱的箍筋，都是采用“大箍套小箍”的方式。若为偶数肢数，则用几个两肢“小箍”来组合；若为奇数肢数，则用几个两肢“小箍”再加上一个“拉筋”来组合。

（2）内箍或拉筋的设置要满足“隔一拉一”。设置内箍的肢或拉筋时，要满足对柱纵筋至少“隔一拉一”的要求。这就是说，不允许存在两根相邻的柱纵筋同时没有钩住箍筋的肢或拉筋的现象。

（3）“对称性”原则。柱 b 边上箍筋的肢或拉筋都应该在 b 边上对称分布。

同时，柱 h 边上箍筋的肢或拉筋都应该在 h 边上对称分布。

（4）“内箍水平段最短”原则。在考虑内箍的布置方案时，应该使内箍的水平段尽可能的最短。（其目的是为了使内箍与外箍重合的长度为最短。）

（5）内箍尽量做成标准格式。当柱复合箍筋存在多个内箍时，只要条件许可，这些内箍都尽量做成标准的格式，即“等宽度”的形式，以便于施工。

（6）施工时，纵横方向的内箍（小箍）要贴近大箍（外箍）放置，柱复合箍筋在绑扎时，以大箍为基准；或者是纵向的小箍放在大箍上面、横向的小箍放在大箍下面；或者是纵向的小箍放在大箍下面、横向的小箍放在大箍上面。

【问题 14】框架边柱、角柱柱顶等截面伸出时纵向钢筋构造要求有哪些？

框架边柱、角柱柱顶等截面伸出时纵向钢筋构造如图 3-15 所示。

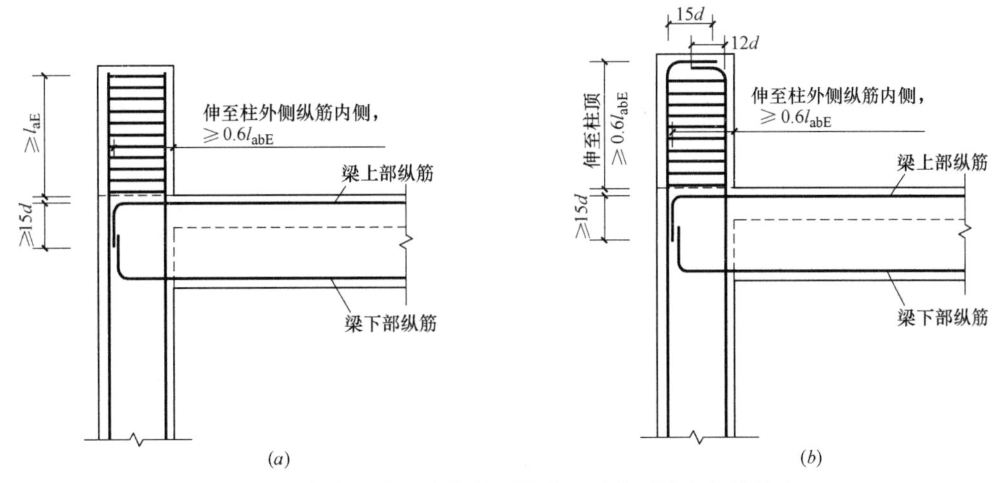

图 3-15 框架边柱、角柱柱顶等截面伸出时纵向钢筋构造

(a) 当伸出长度自梁顶算起满足直锚长度 l_{aE}时；(b) 当伸出长度自梁顶算起不能满足直锚长度 l_{aE}时

（1）箍筋规则及数量由设计指定，肢距不大于 400mm。

（2）本图所示为顶层边柱、角柱伸出屋面时的柱纵筋做法，设计时应根据具体伸出长度采取相应节点做法。

（3）当柱顶伸出屋面的截面发生变化时应另行设计。

【问题 15】为什么柱复合箍筋不能采用“大箍套中箍，中箍再套小箍”及“等箍互套”的形式？

柱复合箍筋的做法，在柱子的四个侧面上，任何一个侧面上只有两根并排重合的一小段箍筋，这样可以基本保证混凝土对每根箍筋不小于270°的包裹，这对保证混凝土对钢筋的有效粘结至关重要。

如果把“等箍互套”用于外箍上，就破坏了外箍的封闭性，这是很危险的；如果把“等箍互套”用于内箍上，就会造成外箍与互套的两段内箍有三段钢筋并排重叠在一起，影响了混凝土对每段钢筋的包裹，这是不允许的，而且还多用了钢筋。

如果采用“大箍套中箍、中箍再套小箍”的做法，柱侧面并排的箍筋重叠就会达到三根、四根甚至更多，这更影响了混凝土对每段钢筋的包裹，而且还浪费更多的钢筋。所以，“大箍套中箍、中箍再套小箍”的做法是最不可取的做法。

【问题16】新平法图集对柱根部加密区-嵌固端是如何说明的？

在《高层建筑混凝土结构技术规程》JGJ 3—2010中规定：底层柱柱根以上1/3柱净高的范围内是箍筋加密区，其目的是考虑“强柱弱梁”，增强底层柱的抗剪能力和提高框架柱延性的构造措施。确定柱根先要确定嵌固部位，嵌固部位是结构计算时底层柱计算长度的起始位置。

在16G101-1图集中第2.1.3说明：在柱平法施工图中，应按本规则第1.0.8条的规定注明各结构层的楼层标高、结构层高及相应的结构层号，尚应注明上部结构嵌固部位位置。

从16G101-1柱构造详图可知：无地下室情况底层柱根部系指基础顶面；有地下室时底层柱根部应按施工图设计文件规定，在满足一定条件时，为地下室顶板；梁上柱梁顶面、墙上柱墙顶面也属于结构嵌固部位。

(1) 地下室结构应能承受上部结构屈服超强及地下室本身的地震作用，地下室结构的侧移刚度与上部结构的刚度之比不宜小于2，一般地下室层不宜小于2层；地下室周边宜有与其顶板相连的抗震墙。

(2) 地下室顶板应避免开设大洞口，地下室在地上结构相关范围的顶板应采用现浇梁板结构，相关范围以外的地下室顶板宜采用现浇梁板结构；一般要求现浇板厚≥180mm，混凝土强度等级≥C30，双层双向配筋且配筋率≥0.25%。

(3) 地下室一层柱截面每侧纵向钢筋面积，除满足抗震计算要求外，不应小于地上一层柱对应位置每侧纵向钢筋面积的1.1倍；同时梁端顶面和底面的纵向钢筋面积均应比计算增大10%以上。

遇有下列情况，地下室上部结构嵌固部位位置发生变化：

(1) 条形基础、独立基础、桩基承台、箱形基础、筏形基础有一层地下室时，嵌固部位一般不在地下室顶面，而在基础顶面（如遇箱形基础，在箱形基础顶面）。

(2) 地下室顶板有较大洞口时，嵌固部位不在地下室顶面，应在地下一层以下位置。

(3) 有多层地下室，其地下室与地上一层的混凝土强度等级、层高、墙体位置厚度相同时，地下室顶板不是嵌固端，而嵌固位置在基础顶面。

由于基础顶面至首层板顶高度较大，并设置了地下框架梁，柱净高 H_n 应从地下框架梁顶面开始计算，但地下框架梁顶面以下至基础顶面箍筋全高加密。

底层柱根处（包括底层地下室柱根）箍筋加密区长度≥1/3该层柱净高（$H_n/3$）；中间层地下室框架柱的箍筋加密区长度应取柱截面长边尺寸、柱净高的1/6和500mm中的最大值。

地下一层增加钢筋在嵌固部位的锚固构造如图3-16所示，此方法仅用于按《建筑抗震设计规范》及2016年局部修订GB 50011—2011第6.1.14条，在地下一层增加10%钢筋。由设计指定，未指定时表示地下一层比上层柱多出的钢筋。图示分梁高大于纵筋锚长和小于锚长两项，当梁高小于锚长时，钢筋弯锚且平直段不小于0.5倍锚长，弯段12d；梁高大于锚长时，纵筋要伸到梁顶。

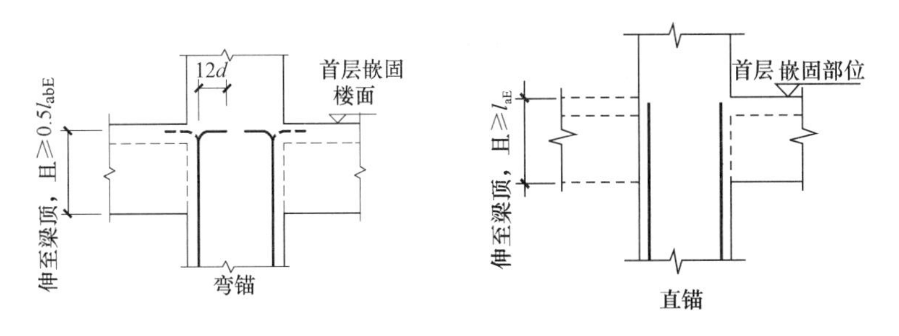

图3-16　地下一层增加钢筋在嵌固部位的锚固构造

【问题17】柱纵向钢筋的“非连接区”是如何规定的?

柱端箍筋的加密区就是纵向钢筋的非连接区，包括柱上端加密区、柱下端加密区、节点核心区，通通为纵向钢筋的非连接区。“非连接区”是一个连续的区域，节点区受力复杂，应避开“非连接区”连接，框架柱在非连接区不应采用搭接连接，当无法避开时，可采用机械连接，接头率不大于50%。为保证节点区的延性，保证“强剪弱弯”；对于非连接区的尺寸控制如下：其长度均取柱截面高度（圆柱直径）长边尺寸 H_c、柱净高 H_n 的1/6和500mm三者的最大值。

【问题18】框架梁上柱纵向钢筋如何构造?

框架梁上起柱，指一般框架梁上的少量起柱（例如：支撑层间楼梯梁的柱等），其构造不适用于结构转换层上的转换大梁起柱。

框架梁上起柱，框架梁是柱的支撑，因此，当梁宽度大于柱宽度时，柱的钢筋能比较可靠的锚固到框架梁中，当梁宽度小于柱宽时，为使柱钢筋在框架梁中锚固可靠，应在框架梁上加侧腋以提高梁对柱钢筋的锚固性能。

柱插筋伸至梁底且≥20d，竖直锚固长度应≥0.6l_{abE}，水平弯折15d，d 为柱插筋直径。

柱在框架梁内应设置两道柱箍筋，当柱宽度大于梁宽时，梁应设置水平加腋。其构造要求如图3-17所示。

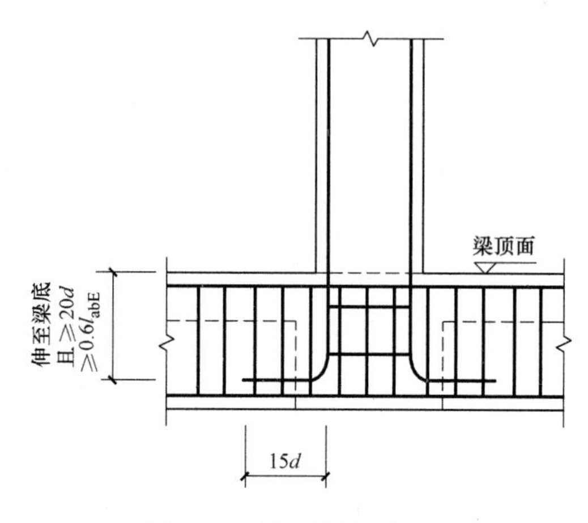

图3-17　梁上柱纵筋构造

第4章　剪力墙构造

【问题1】剪力墙包含哪些构件？

剪力墙结构包含“一墙、二柱、三梁”，即一种墙身、两种墙柱、三种墙梁。

1. 一种墙身

剪力墙的墙身（Q）就是一道混凝土墙，常见的墙厚度在200mm以上，一般配置两排钢筋网。当然，更厚的墙也可能配置三排以上的钢筋网。

剪力墙身的钢筋网设置水平分布筋和垂直分布筋（即竖向分布筋）。布置钢筋时，把水平分布筋放在外侧，垂直分布筋放在水平分布筋的内侧。所以，剪力墙的保护层是针对水平分布筋来说的。

剪力墙身采用拉筋把外侧钢筋网和内侧钢筋网连接起来。若剪力墙身设置三排或更多排的钢筋网，拉筋还要把中间排的钢筋网固定起来。剪力墙的各排钢筋网的钢筋直径和间距是一致的，这是为拉筋的连接创造了条件。

2. 两种墙柱

传统意义上的剪力墙柱分成两大类：暗柱和端柱。暗柱的宽度等于墙的厚度，因此暗柱是隐藏在墙内看不见的，这就是“暗柱”这个名称的来由。端柱的宽度比墙厚度要大，约束边缘端柱的长宽尺寸要大于等于两倍墙厚。

之所以把暗柱和端柱统称为“边缘构件”，是因为这些构件被设置在墙肢的边缘部位（墙肢可以理解为一个直墙段）。

这些边缘构件又划分为两大类：“构造边缘构件”和“约束边缘构件”。

3. 三种墙梁

三种剪力墙梁是连梁（LL）、暗梁（AL）和边框梁（BKL）。图4-1为三种墙梁侧面纵筋和拉筋构造示意图。

（1）连梁（LL）　连梁（LL）本身是一种特殊的墙身，它是上下楼层窗（门）洞口之间的那部分水平的窗间墙（而同一楼层相邻两个窗口之间的垂直窗间墙，一般是暗柱）。

连梁的截面高度一般都在2000mm以上，这表明这些连梁是从本楼层窗洞口的上边沿直到上一楼层的窗台处。

然而，有的工程设计的连梁截面高度只有几百毫米，也就是从本楼层窗洞口的上边沿直到上一楼层的楼面标高为止，而从楼面标高到窗台这个高度范围之内，是用砌砖来补齐，这为施工提供了某些方便，因为施工到上一楼面时，不必留下“半个连梁”的槎口，但由于砖砌体不如整体现浇混凝土结实，因此后一种设计形式对于高层建筑来说是十分危险的。

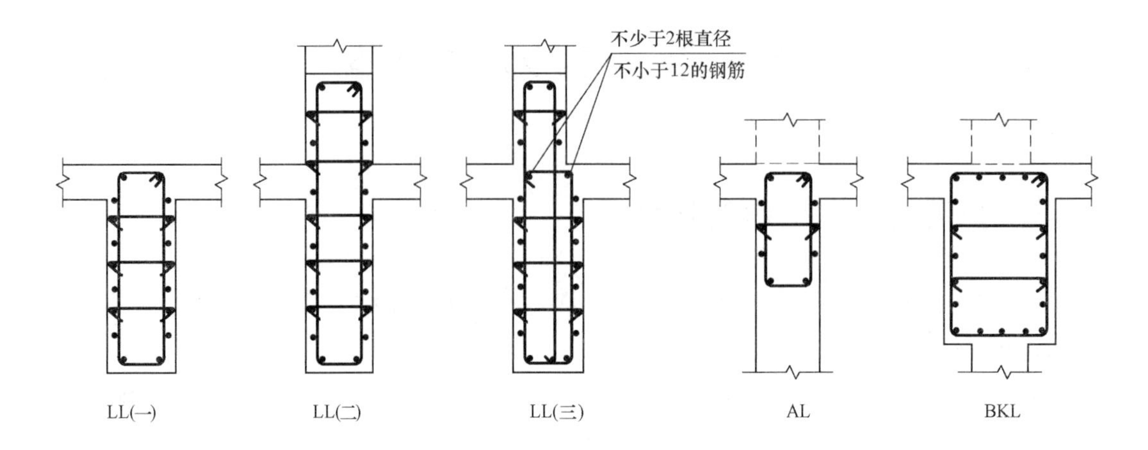

图 4-1　三种墙梁侧面纵筋和拉筋构造

（2）暗梁（AL）　暗梁（AL）与暗柱都是墙身的一个组成部分，有一定的相似性——它们都是隐藏在墙身内部看不见的构件。事实上，剪力墙的暗梁和砖混结构的圈梁的共同之处在于它们都是墙身的一个水平线性“加强带”。梁的定义是一种受弯构件的话，那么圈梁不是梁，暗梁也不是梁。认清暗梁的这种属性对研究暗梁的构造是十分有利的。暗梁的配筋是按照这个断面图所标注的钢筋截面全长贯通布置的，这与框架梁有上部非贯通纵筋和箍筋加密区，存在极大的差别。

剪力墙中存在大量的暗梁。如前文所述，剪力墙的暗梁和砖混结构的圈梁有些共同之处：圈梁一般设置在楼板之下，现浇圈梁的梁顶标高一般与板顶标高相齐；暗梁也一般是设置在楼板之下，暗梁的梁顶标高一般与板顶标高相齐（如图 4-1 中所示）。认识这一点很重要，有的人一提到“暗梁”就联想到门窗洞口的上方，其实，墙身洞口上方的暗梁是“洞口补强暗梁”，我们在后面讲到剪力墙洞口时会介绍补强暗梁的构造，与楼板底下的暗梁还是不一样的。暗梁纵筋也是“水平筋”，可以参考剪力墙墙身水平钢筋构造。

（3）边框梁（BKL）　边框梁（BKL）与暗梁有很多共同之处：边框梁也一般是设置在楼板以下的部位；边框梁也不是一个受弯构件，那么边框梁也不是梁。所以，边框梁的配筋就是按照这个断面图所标注的钢筋截面全长贯通布置的——这与框架梁有上部非贯通纵筋和箍筋加密区，存在极大的差异。

当然，边框梁毕竟和暗梁不一样，它的截面宽度比暗梁宽，也就是说，边框梁的截面宽度大于墙身厚度，因此形成了凸出剪力墙墙面的一个“边框”。因为边框梁与暗梁都设置在楼板以下的部位，所以，有了边框梁就可以不设暗梁。

例如，图 4-2 的左图有一个工程实例的“暗梁、边框梁布置简图”，在这个平面布置图中看似是把暗梁 AL1 和边框梁 BKL1 放在一起布置，实际上，从剪力墙梁表（图 4-2

右图）可以看出，暗梁 AL1 在第 2 层到第 16 层（指建筑楼层）上设置，而边框梁 BKL1 只是在“屋面”上设置（即仅在最高楼层的顶板处设置）。

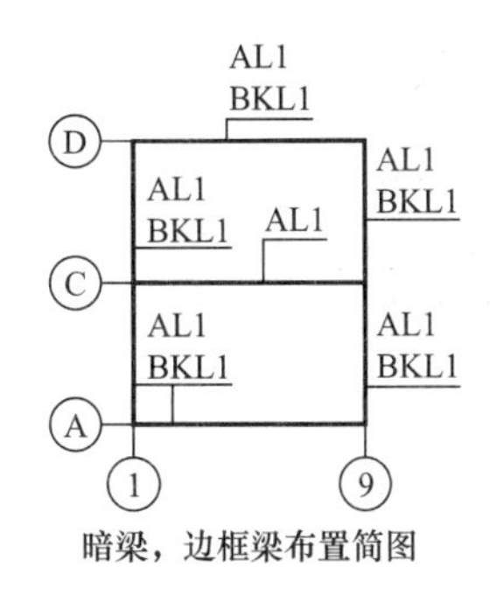

暗梁，边框梁布置简图

剪力墙梁表

编　号	楼层号	梁顶相对标高高差	梁截面 $b\times h$	上部纵筋	下部纵筋	箍　筋
AL1	2~9		300×600	3Φ18	3Φ18	Φ8@200(2)
	10~16		250×500	3Φ16	3Φ16	Φ8@200(2)
BKL1	屋面 1		450×700	4Φ25	4Φ25	Φ10@200(2)

注意：1.C轴上只有暗梁AL1，没有边框梁BKL1；
2.AL1与BKL1并不重叠（屋面是顶层，16层是顶层的下一层）。

图 4-2　暗梁、边框梁布置简图实例

【问题 2】底部加强区部位是如何确定的？剪力墙、暗柱底部加强区箍筋加密是如何规定的？

依据《混凝土结构设计规范（2015 年版）》GB 50010—2010、《建筑抗震设计规范》及 2016 年局部修订 GB 50011—2010、《高层建筑混凝土结构技术规程》JGJ 3—2010 的规定，底部加强区部位发生变化，取剪力墙高度的 1/10。

《建筑抗震设计规范》及 2016 年局部修订 GB 50011—2010 第 6. 1. 10 条：抗震墙底部加强部位的范围，应符合下列规定：

（1）底部加强部化的高度，应从地下室顶板算起。

（2）部分框支抗震墙结构的抗震墙，其底部加强部位的高度，可取框支层加框支层以上两层的高度及落地抗震墙总高度的 1/10 二者的较大值。其他结构的抗震墙，房屋高度大于 24m 时，底部加强部位的高度可取底部两层和墙体总高度的 1/10 二者的较大值；房屋高度不大于 24m 时，底部加强部位可取底部一层。

（3）当结构计算嵌固端位于地下一层的底板或以下时，底部加强部位尚宜向下延伸到计算嵌固端。

【问题 3】剪力墙连梁配筋如何构造？

剪力墙在洞口处设置的连梁 LL，其上、下纵筋的锚固以及箍筋的设置如图 4-3 所示。

（1）当端部洞口连梁的纵向钢筋在端支座的直锚长度$\geqslant l_{aE}$且$\geqslant$600mm 时，可不必往上（下）弯折。

（2）洞口范围内的连梁箍筋详见具体工程设计。

（3）连梁设有交叉斜筋、对角暗撑及集中对角斜筋的做法见图 4-4～图 4-6。

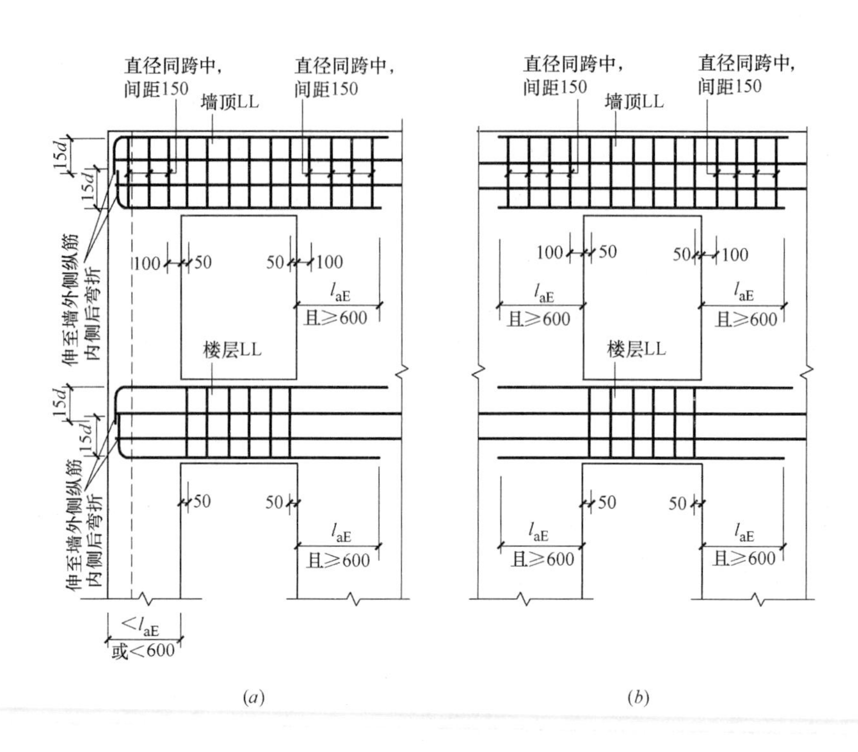

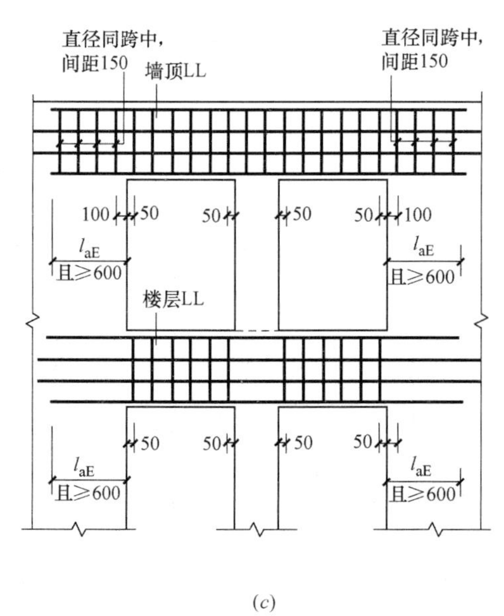

图 4-3　连梁 LL 配筋构造

(a) 小墙垛处洞口连梁（端部墙肢较短）；(b) 单洞口连梁（单跨）；(c) 双洞口连梁（双跨）

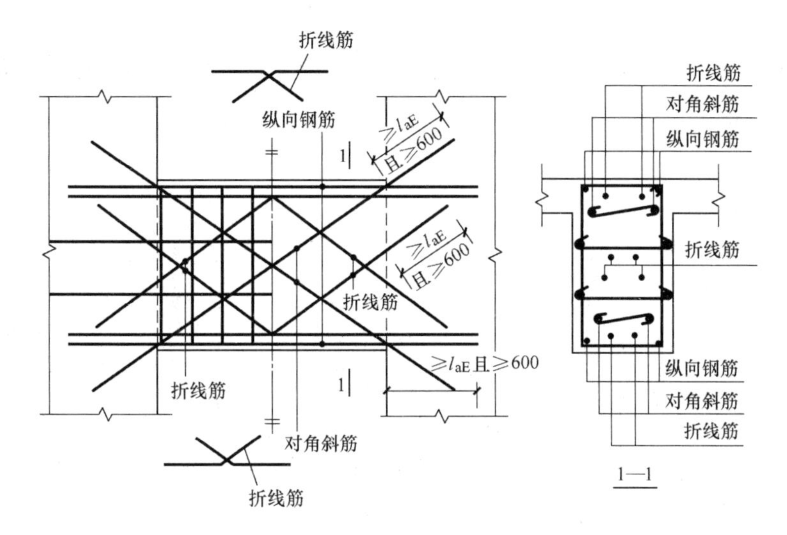

图 4-4　连梁交叉斜筋配筋构造

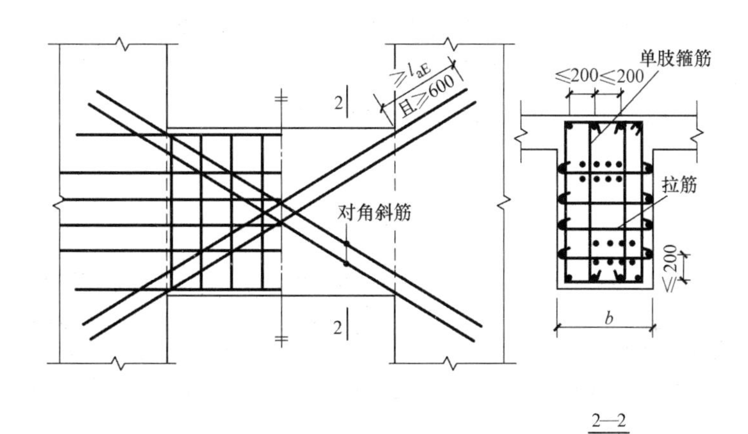

图 4-5　连梁集中对角斜筋配筋构造

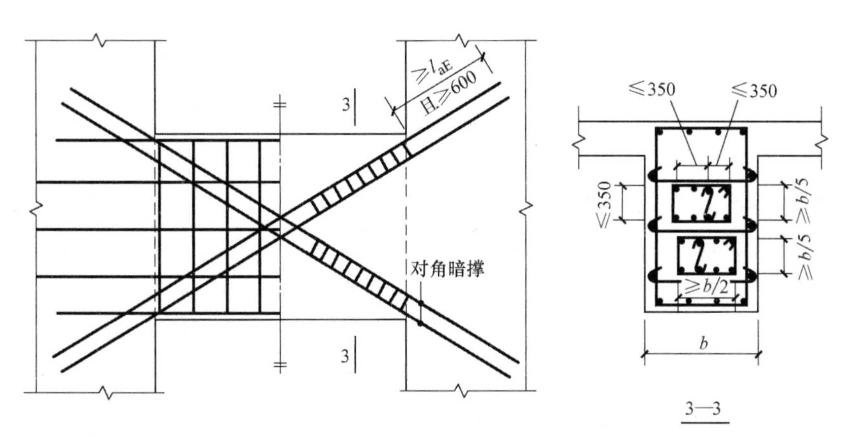

图 4-6　连梁对角暗撑配筋构造

（用于筒中筒结构时，l_{aE}均取为 1.15l_a）

【问题 4】剪力墙水平钢筋内、外侧在转角位置的搭接是如何规定的?

剪力墙结构的建筑设计，可以争取到更多的容积率，对于公共建筑，大都是采用框架剪力墙或筒体结构，高层住宅多数为剪力墙结构。剪力墙中的钢筋是分布钢筋，没有受力钢筋，只有边缘构件中有。

暗柱中的箍筋较密，遇有剪力墙厚度较薄时，剪力墙水平分布筋在阳角处搭接的钢筋会更加密集，影响到混凝土与钢筋之间“握裹力”，承载力下降，需要通过可靠的构造措施来保证。可采用图 4-8、图 4-9 的做法。

（1）在转角墙处，外墙外侧的水平分布钢筋应在墙端外角处弯入翼墙，并与翼墙外侧水平分布钢筋搭接，搭接长度不小于 $1.6l_{aE}$，如图 4-7 所示。

（2）内侧水平分布钢筋应伸至翼墙或转角边，并分别向两侧水平弯折 $15d$（中间排水平筋同内侧）如图 4-7 所示，剪力墙的水平分布钢筋在阳角处搭接。

（3）转角处水平分布钢筋应在边缘构件以外处搭接，且上下层应错开间距不小于 500mm；转角一侧搭接如图 4-8 所示，转角两侧搭接如图 4-9 所示。

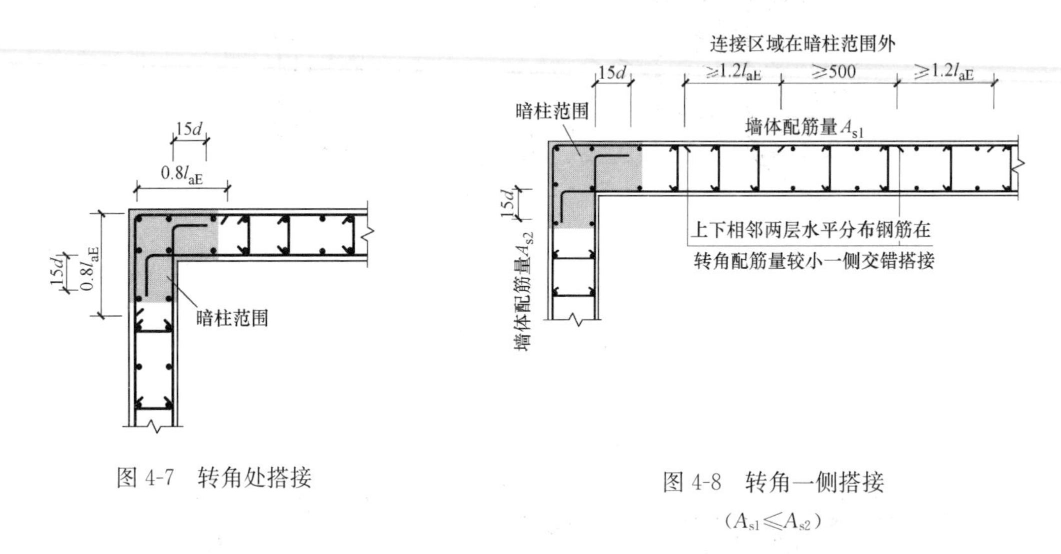

图 4-7　转角处搭接

图 4-8　转角一侧搭接
（$A_{s1} \leqslant A_{s2}$）

转角处水平分布钢筋在边缘构件以外处搭接，和转角处搭接不一样，在转角部位是 $1.6l_{aE}$，搭接百分率不能超过 50%。搭接百分率 25%搭接长度为 $1.2l_{aE}$，搭接百分率小于 50%搭接长度为 $1.4l_{aE}$，在转角以外处搭接，搭接长度为 $1.2l_{aE}$，且上下层应错开间距不小于 500mm（特指的）。

（4）非正交时，外侧水平钢筋连续配置，其搭接位置同正交剪力墙柱转角外搭接，内侧水平钢筋应伸至剪力墙的远端，水平段不小于 $15d$。如图 4-10 所示：在地下车库及造型不规则、奇特的建筑结构类型中经常出现这种非正交结构。

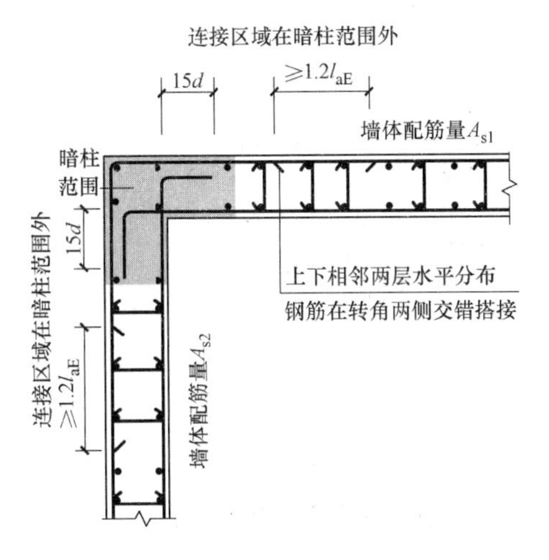

图 4-9　转角两侧搭接
($A_{s1}=A_{s2}$)

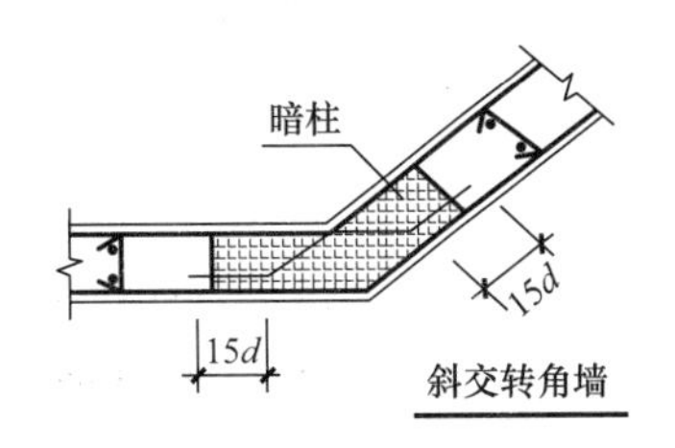

图 4-10　非正交搭接

【问题 5】剪力墙与暗梁、暗柱之间钢筋施工有什么关系？

剪力墙与暗梁之间钢筋施工的相互关系如下：

(1) 比较方便的钢筋施工位置（从外到内）

第一层：剪力墙水平钢筋。

第二层：剪力墙的竖筋和暗梁的箍筋（同层）。

第三层：暗梁的水平钢筋。

(2) 剪力墙的竖筋直钩位置在屋面板的上部。

(3) 边框梁的宽度大于墙厚时，墙中的竖向分布钢筋从边框梁中穿过，墙与边框梁分别满足各自的保护层厚度要求。

(4) 当剪力墙一侧与框架梁平齐时，平齐一侧按剪力墙的水平分布钢筋间距要求设置，另一侧不平齐按分布的构造要求设置梁的腰筋。

(5) 剪力墙的水平分布钢筋与暗柱的箍筋在同一层面上，暗柱的纵向钢筋和墙中的竖向分布钢筋在同一层面上，在水平分布钢筋的内侧。

如图 4-11～图 4-14 所示。

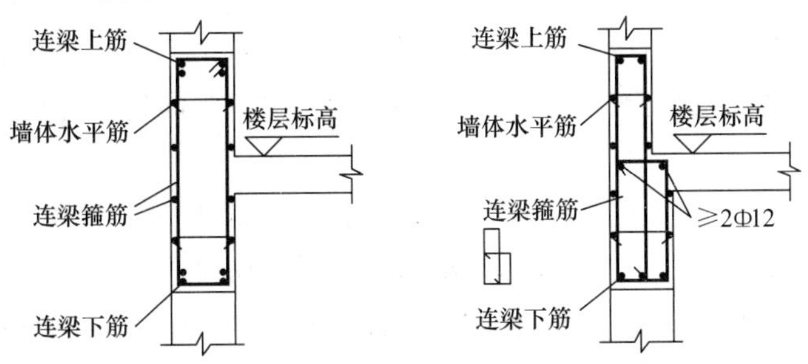

图 4-11　剪力墙跨层连梁配筋示意

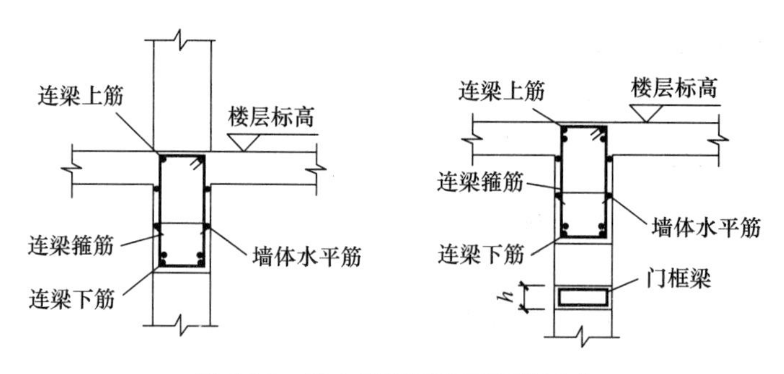

图 4-12　剪力墙楼层连梁配筋示意

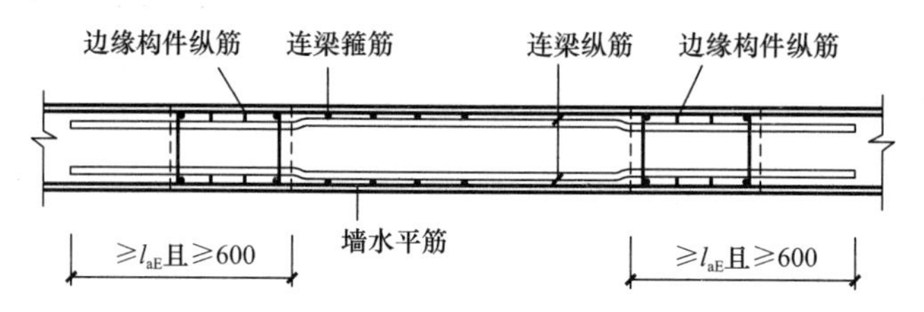

图 4-13　连梁纵筋与边缘构件钢筋细部关系

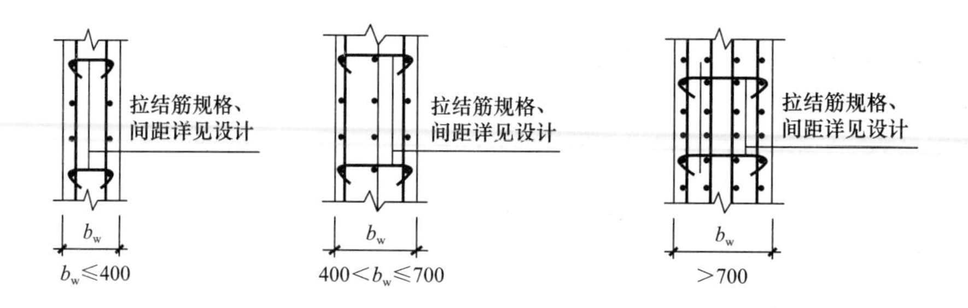

图 4-14　剪力墙配筋示意

【问题 6】剪力墙竖向钢筋在楼（顶）层遇暗梁或边框梁时，是否可以锚固在暗梁或边框梁内？

（1）剪力墙的竖筋伸入楼（屋面）板中，不是在板中的锚固，是完成板与墙的连接构造。

（2）暗梁不是梁，是剪力墙的一部分，是剪力墙的水平支座，没有锚固问题，剪力墙竖筋应穿过暗梁，这要区别于边框梁，剪力墙遇边框梁时竖向钢筋应锚入边框梁，锚入边框梁长度为 l_{aE}。

（3）竖向分布筋伸至剪力墙顶部后弯折，弯折长度为 12d（15d），（括号内数值是考虑屋面板上部钢筋与剪力墙外侧竖向钢筋搭接传力时的做法）。

（4）当一侧剪力墙有楼板时，墙柱钢筋均向楼板内弯折，当剪力墙两侧均有楼板时，竖向钢筋可分别向两侧楼板内弯折。

(5) 明梁、暗梁的设置情况：明梁宽度比墙宽，暗梁宽度同墙宽。

如图 4-15 所示。

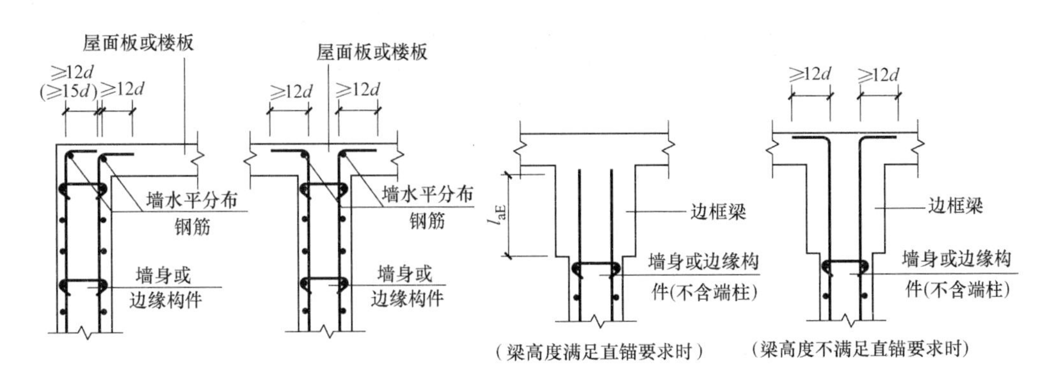

图 4-15　剪力墙竖向钢筋顶部构造

【问题 7】剪力墙连梁与暗梁或边框梁发生局部重叠时，两个梁的纵筋如何搭接？

暗梁或边框梁和连梁重叠的特点一般是两个梁顶标高相同，而暗梁的截面高度小于连梁，所以连梁的下部纵筋在连梁内部穿过，因此，搭接时主要应关注暗梁或边框梁与连梁上部纵筋的处理方式。

墙顶边框梁或暗梁与连梁重叠时配筋构造，见图 4-16。

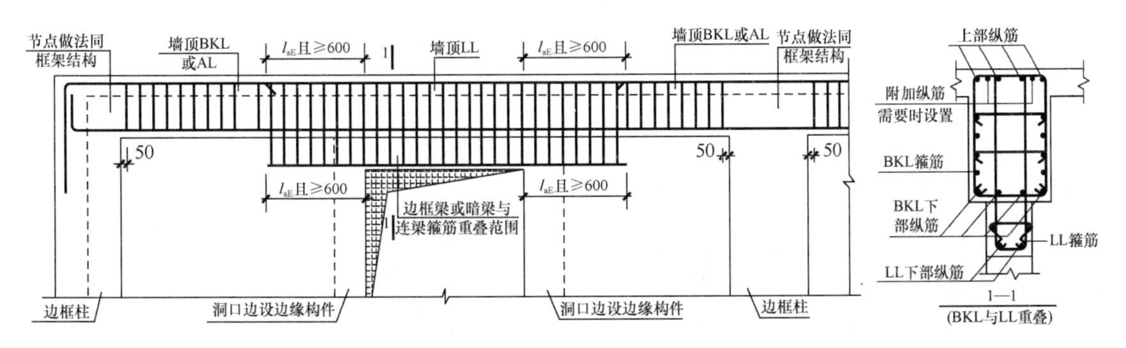

图 4-16　顶层边框梁或暗梁与连梁重叠时配筋构造

楼层边框梁或暗梁与连梁重叠时配筋构造，见图 4-17。

从“1—1”断面图可以看出重叠部分的梁上部纵筋：

第一排上部纵筋为 BKL 或 AL 的上部纵筋。

第二排上部纵筋为“连梁上部附加纵筋，当连梁上部纵筋计算面积大于边框梁或暗梁时需设置”。

连梁上部附加纵筋、连梁下部纵筋的直锚长度为“l_{aE}且≥600”。

以上是 BKL 或 AL 的纵筋与 LL 纵筋的构造。至于它们的箍筋：

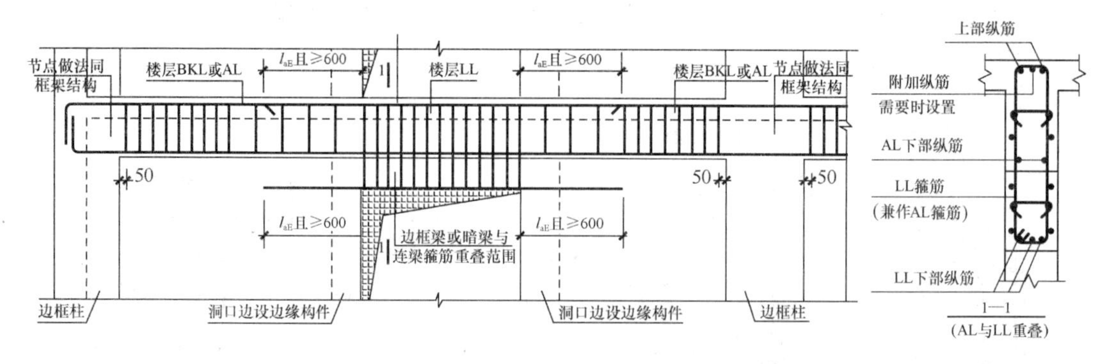

图 4-17　楼层边框梁或暗梁与连梁重叠时配筋构造

由于LL的截面宽度与AL相同（LL的截面高度大于AL），所以重叠部分的LL箍筋兼做AL箍筋。但是BKL就不同，BKL的截面宽度大于LL，所以BKL与LL的箍筋是各布各的，互不相干。

【问题 8】剪力墙水平分布钢筋伸入端部的构造是如何规定的？

（1）端部无暗柱：剪力墙水平分布筋在端部无暗柱时，可将墙身水平分布筋伸至端部弯折 $10d$，如图 4-18 所示。

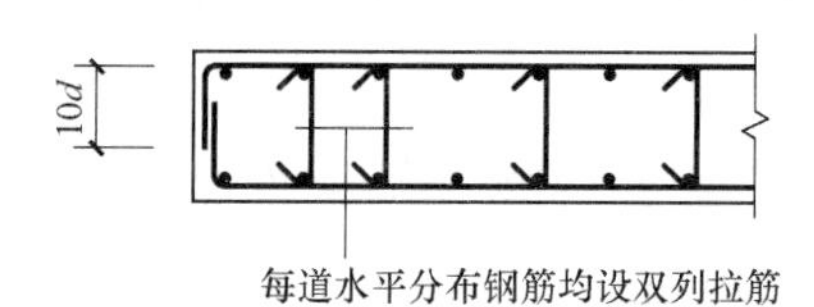

图 4-18　端部无暗柱时剪力墙水平分布钢筋端部做法

（2）端部有暗柱：剪力墙水平分布筋伸至边缘暗柱（L 形暗柱）角筋外侧，弯折 $10d$，如图 4-19 所示。

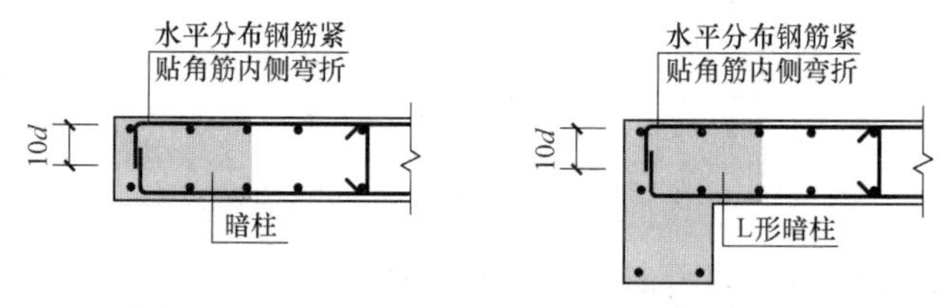

图 4-19　端部有暗柱（L 形暗柱）时剪力墙水平分布钢筋端部做法

（3）端部有翼墙：内端两侧水平分布钢筋，应伸至翼墙外边并分别向两侧水平弯折 $15d$（向外）；如图 4-20 所示。

（4）在端柱内锚固：剪力墙的水平分布钢筋应全部锚入柱内。一般情况下，剪力墙的水平分布钢筋直径不大，墙中竖向和水平分布钢筋直径不会大于墙厚的 1/10，水平分布钢筋伸入端柱内可以满足直锚长度要求时，端部可不必弯折，但必须伸至端柱对边竖向钢

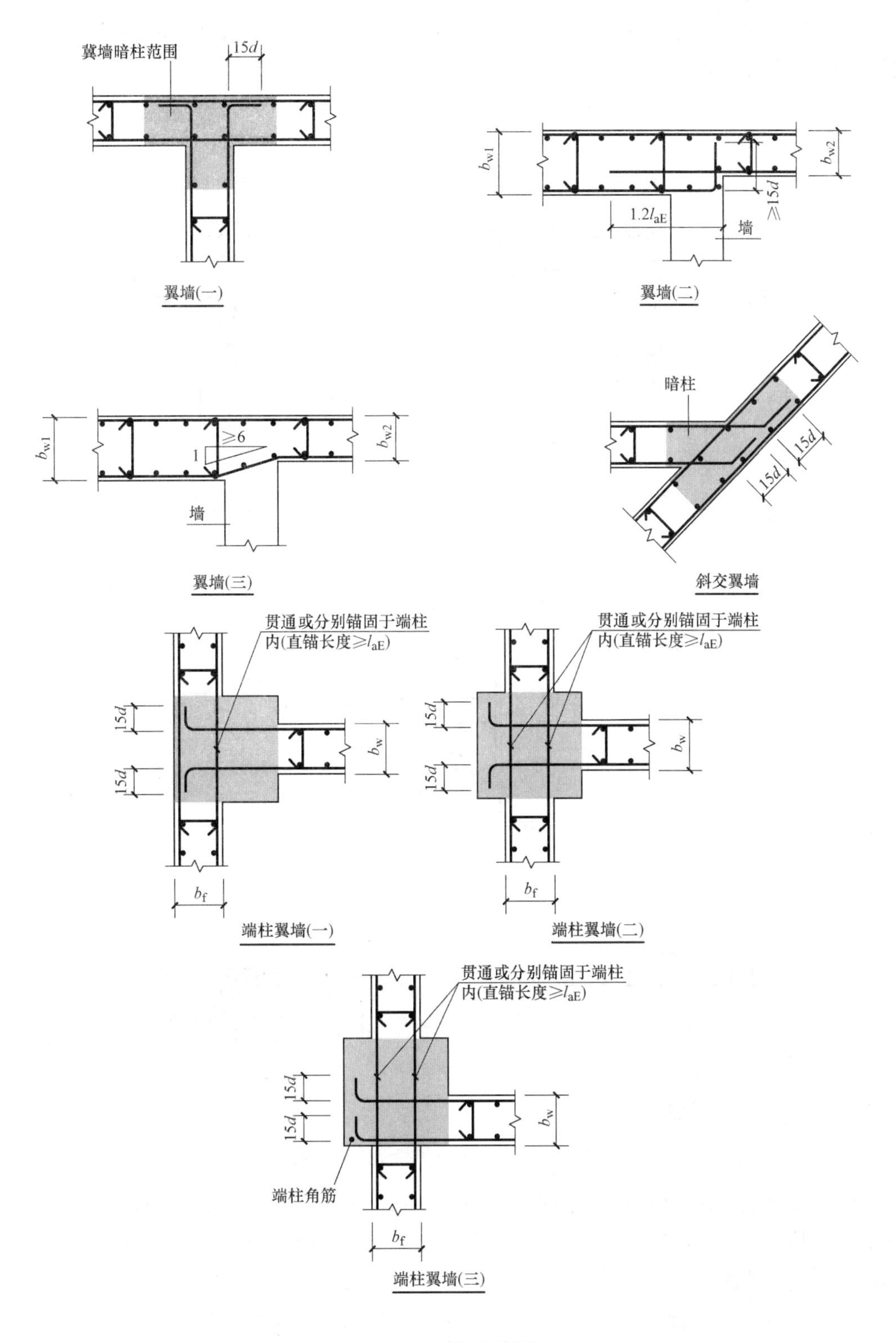
翼墙暗柱范围
15d
翼墙(一)
b_{w1}
b_{w2}
≥15d
$1.2l_{aE}$
墙
翼墙(二)
≥6
1
翼墙(三)
暗柱
15d
斜交翼墙
贯通或分别锚固于端柱内(直锚长度≥l_{aE})
b_w
b_f
端柱翼墙(一)
端柱翼墙(二)
端柱角筋
端柱翼墙(三)

图4-20 端部有翼墙

筋内侧位置；当水平钢筋直径较大且不满足直锚要求时，可采用弯折锚固，弯折前不小于 $0.6l_{abE}$ 且伸至远端，弯折后投影长度为 $15d$ 或采用伸至边框柱对边做机械锚固方法来满足锚固情况，如图 4-21 所示。

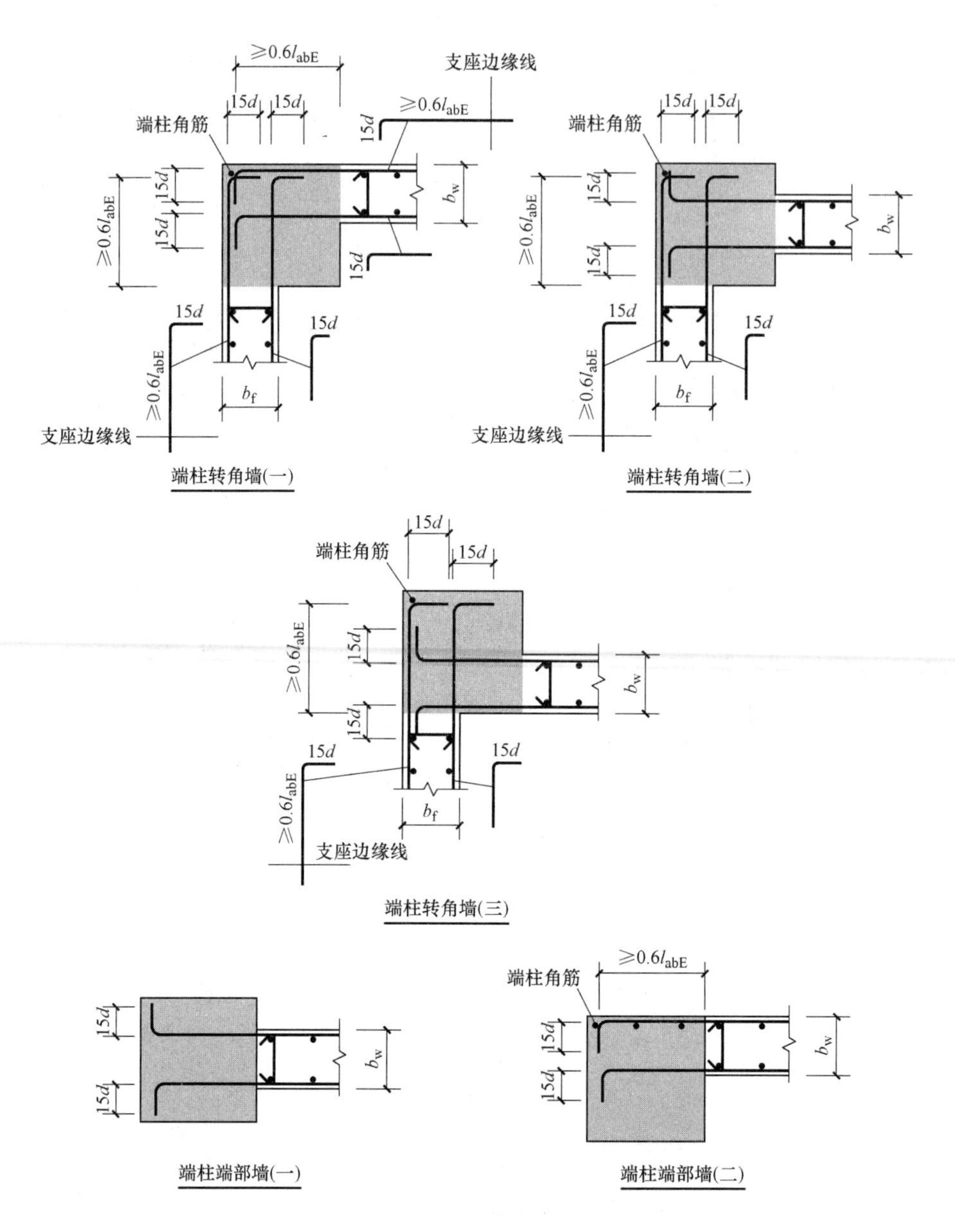

图 4-21　端柱转角墙和端柱端部墙

（5）满足钢筋在端柱中锚固的端柱尺寸：柱截面宽度≥$2b_w$ 墙厚。柱截面高度≥柱截面宽度，其足够的端柱尺寸可以满足对剪力墙的约束，在框架剪力墙结构中存在这种结构，通常端柱截面尺寸一般同本层的框架柱，所以不必担心锚长不够。

（6）对约束边缘构件的非阴影区的箍筋、拉筋、伸入此段墙身的水平分布筋，要求设计者注明布筋方式，对于在非阴影区用箍筋的，要将箍筋伸入阴影区内包住第二列竖向纵筋。

【问题9】剪力墙和暗柱中拉结钢筋的保护层厚度是如何规定的？

（1）《混凝土结构设计规范（2015年版）》GB 50010—2010 最小保护层厚度不应小于15mm，大于50mm应采取防裂措施，并以C30为分界。

（2）拉结钢筋应拉住最外侧钢筋，在边缘构件中，拉结钢筋有代替箍筋的作用，不是简单地拉住受力钢筋，要同时拉住箍筋和纵向钢筋。

【问题10】剪力墙竖向分布钢筋在楼面处是如何连接的？

（1）剪力墙抗震等级为一、二级时，底部加强区部位采用搭接连接，应错开搭接；采用HPB300钢筋端部加180°钩，如图4-22（*a*）所示。

（2）剪力墙抗震等级为一、二级的非底部加强区部位或三、四级时，采用搭接连接，可在同一部位搭接（齐头），采用HPB300钢筋端部加180°钩，如图4-19（*b*）所示。

（3）各级抗震等级，当采用机械连接时，连接点应在结构面500mm高度以上，相邻钢筋应交错连接，错开净距不小于35*d*，如图4-19（*c*）所示。

（4）各级抗震等级，当采用焊接连接时，连接点应在结构面500mm高度以上，相邻钢筋应交错连接，错开净距不小于35*d*且不小于500mm，如图4-19（*d*）所示。

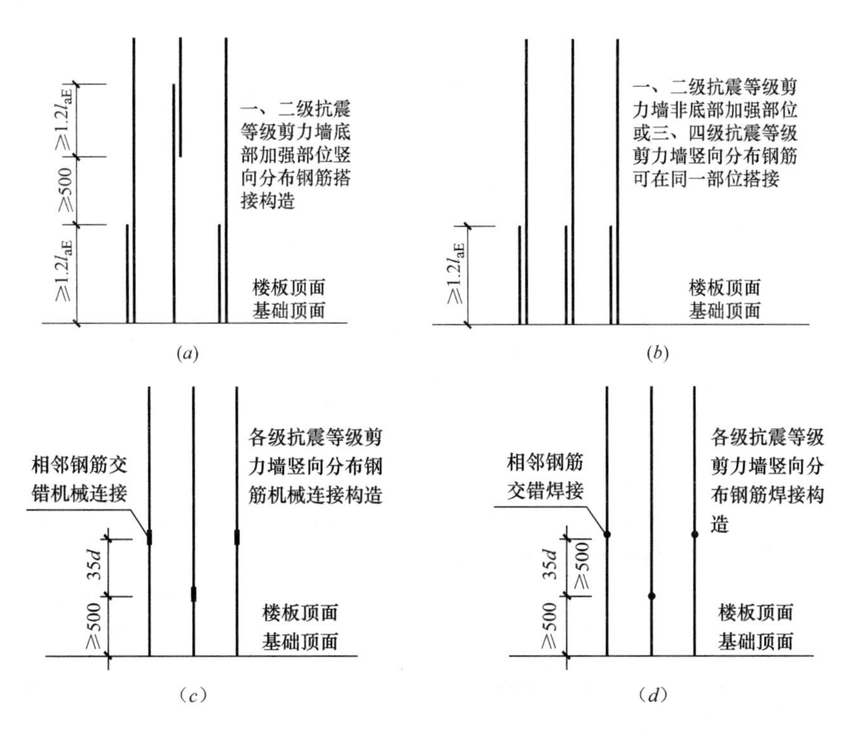

图4-22 剪力墙身竖向分布钢筋连接构造

（*a*）底部加强区绑扎连接；（*b*）非底部加强区绑扎连接；（*c*）机械连接；（*d*）焊接

（5）在剪力墙的底部加强区与非加强区的交接部位，遇到楼层上、下层的交接部位出现钢筋的直径或间距不同时，应本着“能通则通”的原则。

竖向分布钢筋的间距相同而上层直径小于下层直径时，可根据抗震等级和连接方式在楼板以上处连接，搭接长度按上部竖向分布钢筋直径计算；竖向分布钢筋的间距不相同而直径相同时，上层竖向分布钢筋应在下层剪力墙中锚固，其锚固长度不小于 $1.2l_{aE}$，下层竖向分布钢筋在楼板上部处水平弯折，弯折后的水平段长度为 $15d$（投影长度）。

【问题 11】剪力墙端柱和小墙肢在顶层是如何锚固的？

（1）《建筑抗震设计规范》及2016年局部修订 GB 50011—2010 第6.4.6条规定：抗震墙的墙肢长度不大于墙厚的3倍时，应按柱的有关要求进行设计；矩形墙肢的厚度不大于300mm时，尚宜全高加密箍筋。

表4-1是抗震框架柱和小墙肢箍筋加密区高度选用表：小墙肢即墙肢长度（截面高度）不大于墙厚（宽度）4倍的剪力墙，矩形小墙肢的厚度不大于300mm时，箍筋全高加密。

抗震框架柱和小墙肢箍筋加密区高度选用表（mm）　　表4-1

柱净高 H_n（mm）	柱截面长边尺寸 h_c 或圆柱直径 D																		
	400	450	500	550	600	650	700	750	800	850	900	950	1000	1050	1100	1150	1200	1250	1300
1500																			
1800	500																		
2100	500	500	500																
2400	500	500	500	550															
2700	500	500	500	550	600	650							箍筋全高加密						
300	500	500	500	550	600	650	700												
3300	550	550	550	550	600	650	700	750	800										
3600	600	600	600	600	600	650	700	750	800	850									
3900	650	650	650	650	650	650	700	750	800	850	900	950							
4200	700	700	700	700	700	700	700	750	800	850	900	950	1000						
4500	750	750	750	750	750	750	750	750	800	850	900	950	1000	1050	1100				
4800	800	800	800	800	800	800	800	800	800	850	900	950	1000	1050	1100	1150			
5100	850	850	850	850	850	850	850	850	850	850	900	950	1000	1050	1100	1150	1200	1250	
5400	900	900	900	900	900	900	900	900	900	900	900	950	1000	1050	1100	1150	1200	1250	1300
5700	950	950	950	950	950	950	950	950	950	950	950	950	1000	1050	1100	1150	1200	1250	1300
6000	1000	1000	1000	1000	1000	1000	1000	1000	1000	1000	1000	1000	1000	1050	1100	1150	1200	1250	1300
6300	1050	1050	1050	1050	1050	1050	1050	1050	1050	1050	1050	1050	1050	1050	1100	1150	1200	1250	1300
6600	1100	1100	1100	1100	1100	1100	1100	1100	1100	1100	1100	1100	1100	1100	1100	1150	1200	1250	1300
6900	1150	1150	1150	1150	1150	1150	1150	1150	1150	1150	1150	1150	1150	1150	1150	1150	1200	1250	1300
7200	1200	1200	1200	1200	1200	1200	1200	1200	1200	1200	1200	1200	1200	1200	1200	1200	1200	1250	1300

注：1. 表内数值未包括框架嵌固部位箍筋加密区范围。
2. 柱净高（包括因嵌砌填充墙等形成的柱净高）与柱截面长边尺寸（圆柱为截面直径）的比值 $H_n/h_c \leqslant 4$ 时，箍筋沿柱全高加密。
3. 小墙肢即墙肢长度不大于墙厚4倍的剪力墙。矩形小墙肢的厚度不大于300时，箍筋全高加密。

（2）端柱及小墙肢纵向钢筋在顶层连接及锚固按框架结构构造。

在框架-剪力墙结构体系中，部分剪力墙的端部设有端柱，当顶层设有边框梁时，剪力墙中的端柱应按框架柱在顶层的连接做法；由于剪力墙的开洞，部分剪力墙形成了小墙肢，小墙肢中的纵向钢筋与水平构件楼板可靠连接，按剪力墙竖向分布钢筋在顶部的构造做法处理。

（3）中部小墙肢当顶层有框架梁时，伸入梁内满足直锚长度时，可不弯折锚固，否则按弯锚要求。

【问题12】剪力墙连梁LLk纵向钢筋、箍筋加密区如何构造？加密范围如何规定？

剪力墙连梁LLk纵向配筋构造如图4-23所示，箍筋加密区构造如图4-24所示。

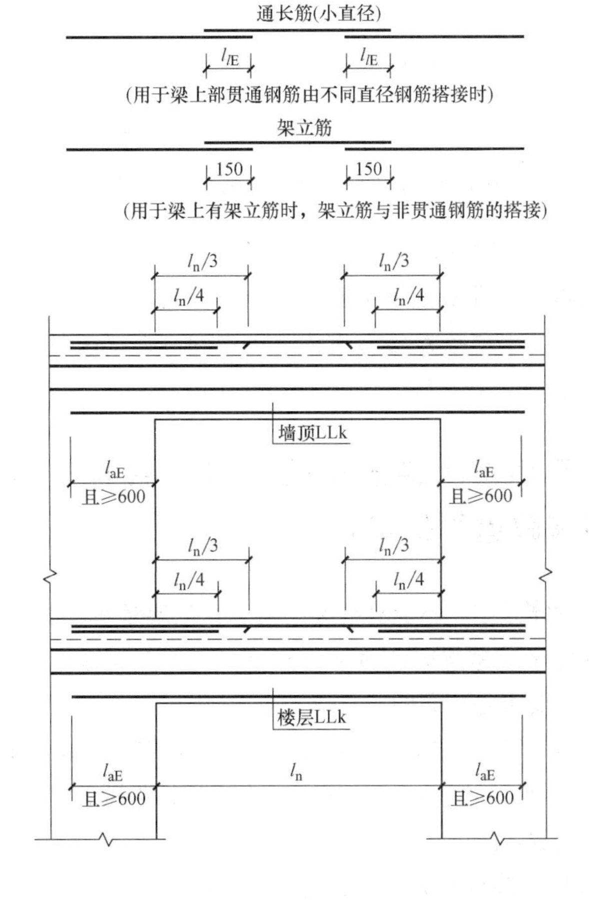

图4-23 剪力墙连梁LLk纵向配筋构造

（1）箍筋加密范围

一级抗震等级：加密区长度为max（$2h_b$，500）；

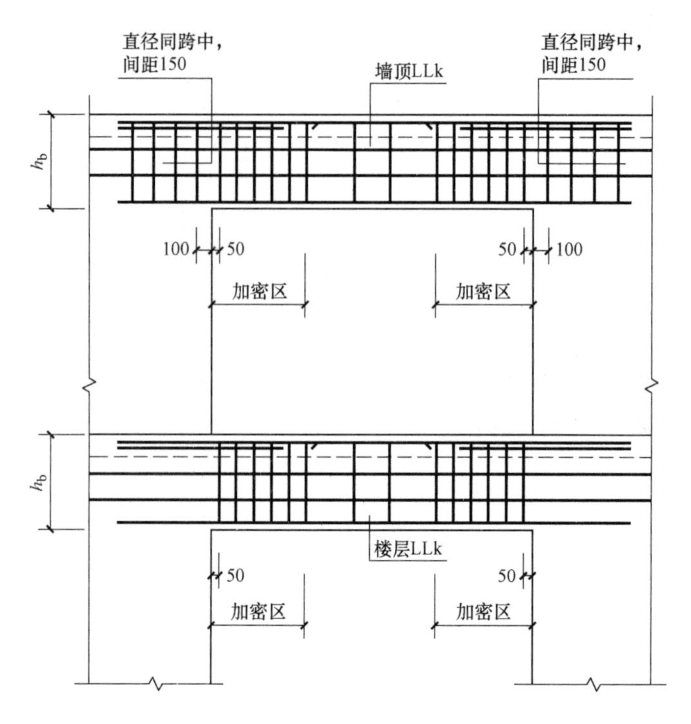

图 4-24 剪力墙连梁 LLk 箍筋加密区构造

二至四级抗震等级：加密区长度为 max（1.5h_b，500）。其中，h_b 为梁截面高度。

（2）梁上部通长钢筋与非贯通钢筋直径相同时，连接位置宜位于跨中 l_n/3 范围内；梁下部钢筋连接位置宜位于支座 l_n/3 范围内；且在同一连接区段内钢筋接头面积百分率不宜大于 50%。

【问题 13】施工图中剪力墙的连梁（LL）被标注为框架梁（KL），如何理解这样的梁？

（1）在剪力墙结构体系中，不应有框架的概念，框架必须有框架柱、框架梁；剪力墙由于开洞而形成上部的梁应是连梁，而不是框架梁，连梁和框架梁受力钢筋在支座的锚固、箍筋的加密等构造要求是不同的。

（2）剪力墙的连梁（LL）被标注为框架梁（KL），也是连梁，在《高层建筑混凝土结构技术规程》JGJ 3—2010 中有这样的规定，也应按框架梁构造措施设计。根据《高层建筑混凝土结构技术规程》JGJ 3—2010 中的规定：

① 高跨比小于 5 的梁按连梁设计（由于竖向荷载作用下产生的弯矩所占比例较小，水平荷载作用下产生的反弯使它对剪切变形十分敏感，容易出现斜向剪切裂缝）。

② 高跨比不小于 5 的梁宜按框架梁设计（竖向荷载下作用下产生的弯矩比例较大）。

在实务中不能仅凭 LL 和 KL 编号，判定一定为框架梁。

（3）按连梁标注时箍筋应全长加密：

由于反复的水平荷载作用，会有塑性铰的出现，所以要有箍筋加密区，楼板的嵌固面积不应大于30%，否则应采取措施，楼板在平面内的刚度是非常大的，是可以传力的，在这种状况下的框架梁与实际框架结构中的框架梁，受力状况是不一样的。

（4）按框架梁标注时，应有箍筋加密区（或全长加密）。

（5）框架梁与连梁纵向受力钢筋在支座内的锚固要求是不同的，洞口上边构件编号是框架梁（KL），纵向受力钢筋在支座内的锚固应按连梁（LL）的构造要求，采用直线锚固而不采用弯折锚固。

（6）顶层按框架梁标注时，要注意箍筋在支座内的构造要求。

特别强调：如果顶层按框架梁标注时，顶层连梁和框架梁在支座内箍筋的构造要求是不同的，应按连梁构造要求施工，在支座内配置相应箍筋的加强措施，框架梁没有此项要求。到顶部，地震作用力比较大，会在洞边产生斜向破坏，所以在此要注明箍筋在支座内的构造。

【问题14】哪些部位设置的是剪力墙约束边缘构件？有何要求？

剪力墙约束边缘构件（以Y字开头），包括约束边缘暗柱、约束边缘端柱、约束边缘翼墙、约束边缘转角墙四种，如图4-25所示。

（1）约束边缘构件的设置：

《建筑抗震设计规范》及2016年局部修订GB 50011—2011第6.4.5条规定：底层墙肢底截面的轴压比大于表4-2规定的一～三级抗震墙，以及部分框支抗震结构的抗震墙，应在底部加强部位及相邻上一层设置。

抗震墙设置构造边缘构件的最大轴压比　　　表4-2

抗震等级或烈度	一级(9度)	一级(7、8度)	二、三级
轴压比	0.1	0.2	0.3

《建筑抗震设计规范》及2016年局部修订GB 50011—2011第6.1.14条：地下室顶板作为上部结构的嵌固部位时，地下一层抗震墙墙肢端部边缘构件纵向钢筋的截面面积，不应少于地下一层对应墙肢边缘构件纵向钢筋的截面积。

（2）约束边缘构件的纵向钢筋，配置在阴影范围内；图4-25中 l_c 为约束边缘构件沿墙肢长度，与抗震等级、墙肢长度、构件截面形状有关。

① 不应小于墙厚和400mm。

② 有翼墙和端柱时，不应小于翼墙厚度或端柱沿墙肢方向截面高度加300mm。

剪力墙平面布置图中应注明约束边缘构件沿墙肢长度 l_c，当约束边缘翼墙中沿墙肢长度尺寸为 $2b_f$ 时可不注。

（3）《建筑抗震设计规范》及2016年局部修订（GB 50011—2011）第6.4.5条：抗震墙的长度小于其3倍厚度，或端柱截面边长小于2倍墙厚时，按无翼墙、无端柱考虑。

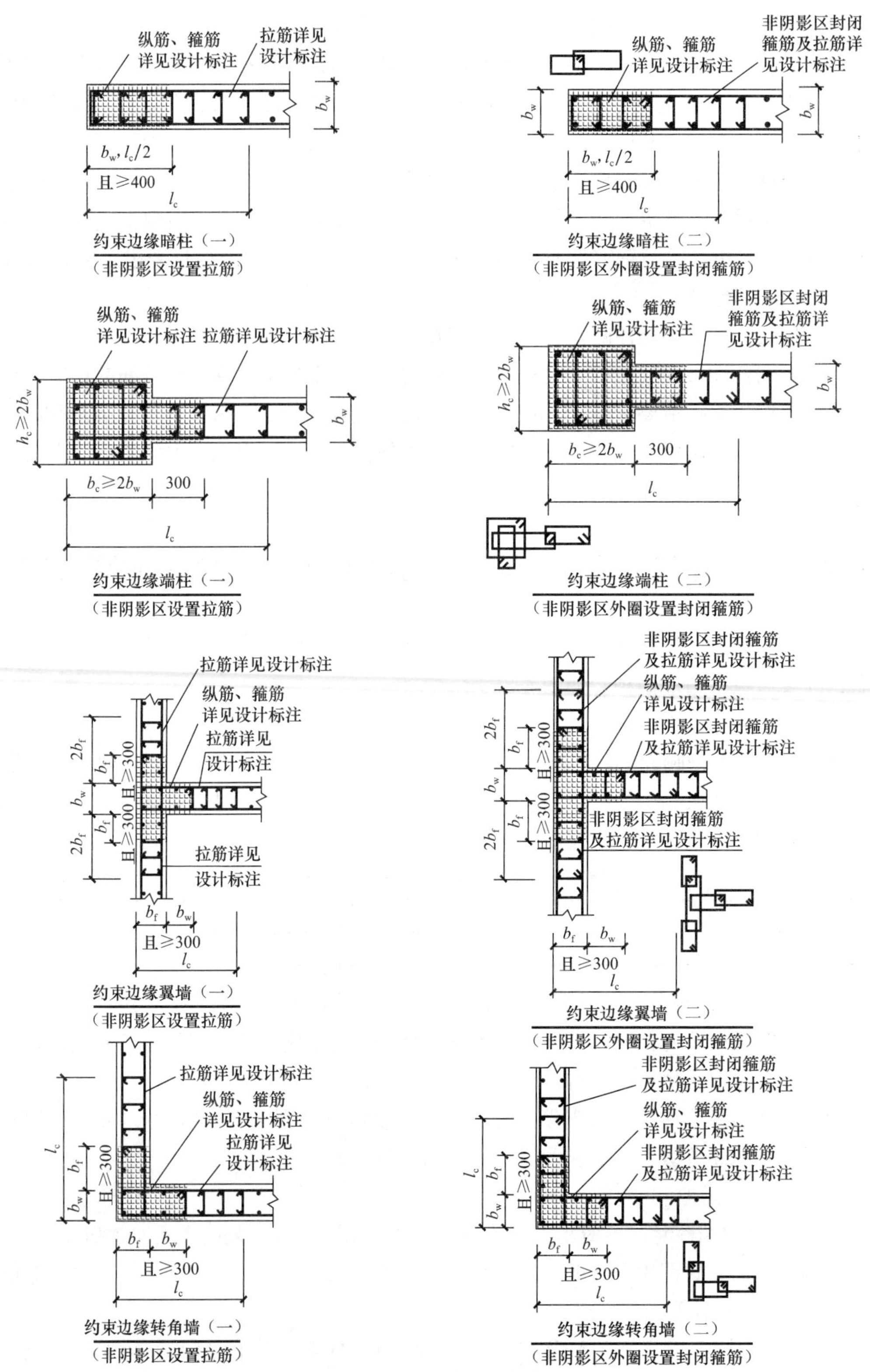

图4-25　剪力墙约束边缘构件构造

（4）沿墙肢长度 L_c 范围内箍筋或拉筋由设计文件注明，其沿竖向间距：

① 一级抗震（8、9度）为100mm。

② 二、三级抗震为150mm。

约束边缘构件墙柱的扩展部位是与剪力墙身的共有部分，该部位的水平筋是剪力墙的水平分布筋，竖向分布筋的强度等级和直径按剪力墙身的竖向分布筋，但其间距小于竖向分布筋的间距，具体间距值相应于墙柱扩展部位设置的拉筋间距。设计不注写明，具体构造要求见平法详图构造。

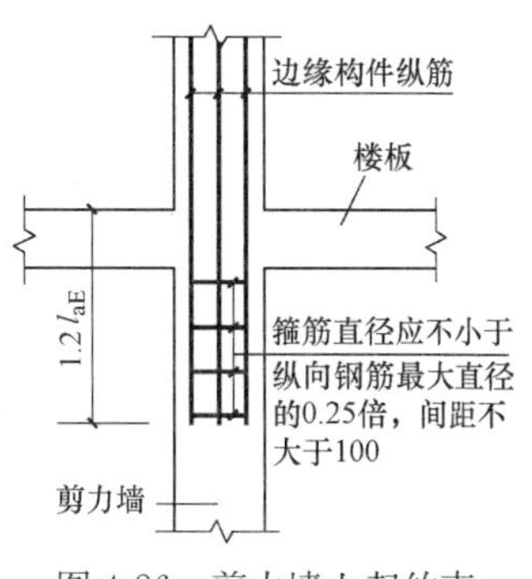

图4-26　剪力墙上起约束边缘构件纵筋构造

（5）剪力墙上起约束边缘构件的纵向钢筋，应伸入下部墙体内锚固 $1.2l_{aE}$，如图4-26所示。

【问题15】哪些部位设置的是剪力墙构造边缘构件？有何要求？

剪力墙构造边缘构件（以G字开头）包括构造边缘暗柱、构造边缘端柱、构造边缘翼墙、构造边缘转角墙四种，如图4-27所示。

（1）构造边缘构件的设置位置：

剪力墙的端部和转角等部位设置边缘构件，目的是改善剪力墙肢的延性性能。

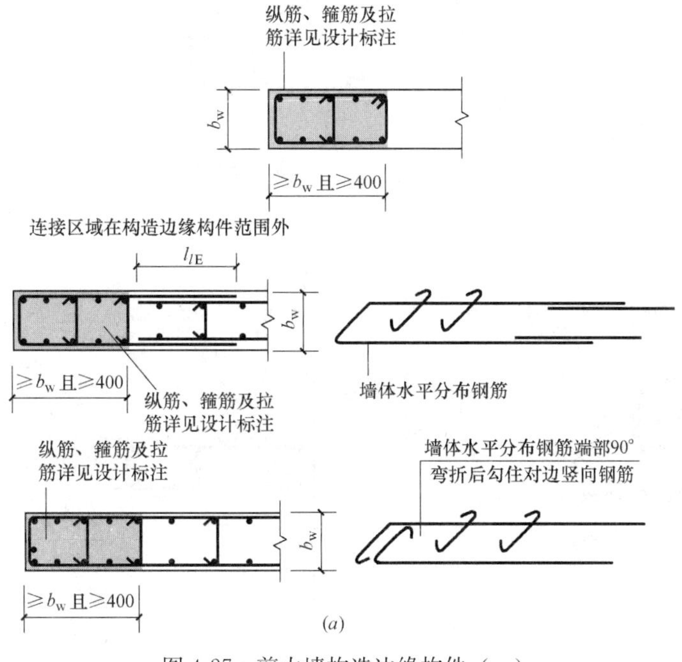

图4-27　剪力墙构造边缘构件（一）

（a）构造边缘暗柱

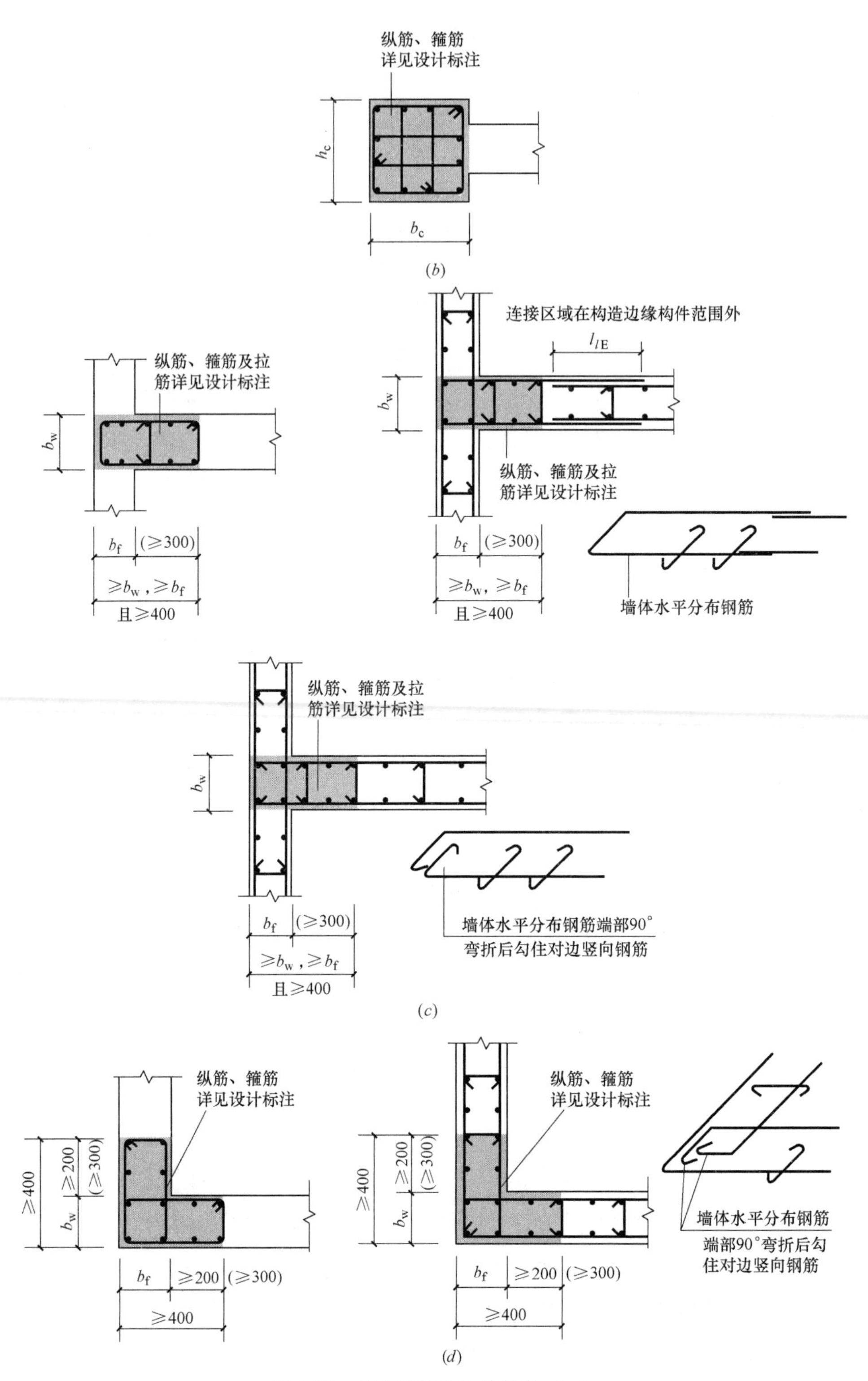

图4-27 剪力墙构造边缘构件（二）

（b）构造边缘端柱；（c）构造边缘翼墙；（d）构造边缘转角墙

《建筑抗震设计规范》及2016年局部修订GB 50011—2011第6.4.5条：对于抗震墙结构，底层墙肢底截面的轴压比不大于表4-2规定的一、二、三级抗震墙及四级抗震墙，墙肢两端可设置构造边缘构件。

抗震墙的构造边缘构件范围如图4-28所示。

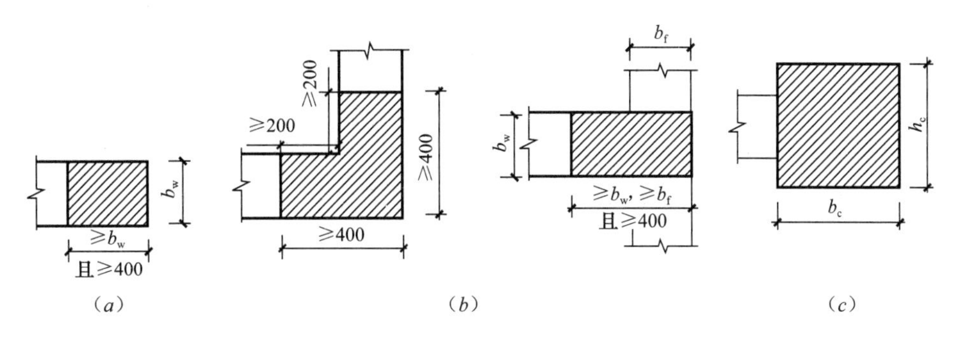

图4-28 抗震墙的构造边缘构件范围

(a) 暗柱；(b) 翼墙；(c) 端柱

(2) 底部加强部位的构造边缘构件，与其他部位的构造边缘构件配筋要求不同（底部加强区的剪力墙构造边缘构件配筋率为0.7%，其他部位的边缘约束构件的配筋率为0.6%）。

《高层建筑混凝土结构技术规程》JGJ 3—2010第7.2.16条剪力墙构造边缘构件箍筋及拉结钢筋的无支长度（肢距）不宜大于300mm；箍筋及拉结钢筋的水平间距不应大于竖向钢筋间距的2倍。

有抗震设防要求时，对于复杂的建筑结构中剪力墙构造边缘构件，不宜全部采用拉结筋，宜采用箍筋或箍筋和拉筋结合的形式。

当构造边缘构件是端柱时，端柱承受集中荷载，其纵向钢筋和箍筋应满足框架柱的配筋及构造要求。构造边缘构件的钢筋宜采用高强钢筋，可配箍筋与拉筋相结合的横向钢筋。

(3) 剪力墙受力状态，平面内的刚度和承载力较大，平面外的刚度和承载力较小，当剪力墙与平面外方向的梁相连时，会产生墙肢平面外的弯矩，当梁高大于2倍墙厚时，梁端弯矩对剪力墙平面外不利。因此，当楼层梁与剪力墙相连时会在墙中设置扶壁柱或暗柱；在非正交的剪力墙中和十字交叉剪力墙中，除在端部设置边缘构件外，在非正交墙的转角处及十字交叉处也设有暗柱。

如果施工设计图未注明具体的构造要求时，扶壁柱按框架柱，暗柱应按构造边缘构件的构造措施（扶壁柱及暗柱的尺寸和配筋是根据设计确定）。

【问题16】剪力墙水平钢筋计入约束边缘构件体积配箍率的构造是如何规定的?

剪力墙水平钢筋计入约束边缘构件体积配箍率的构造做法如图4-29所示。

约束边缘阴影区的构造特点为：水平分布筋和暗柱箍筋“分层间隔”布置，及一层水平分布筋、一层箍筋，再一层水平分布筋、一层箍筋……依次类推。计入的墙水平分布钢筋的体积配箍率不应大于总体积配箍率的30％。

约束边缘非阴影区构造做法同上。

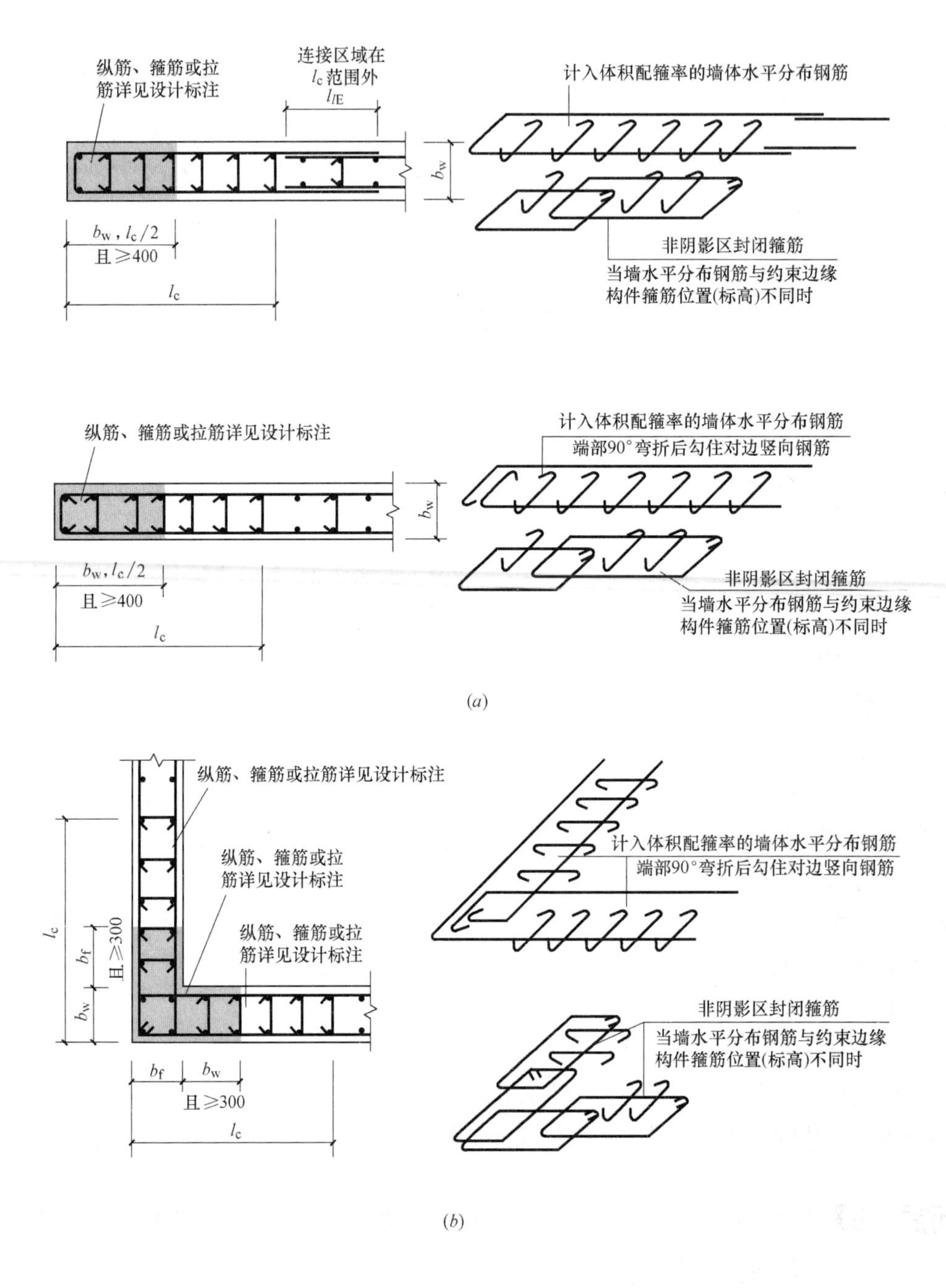

图4-29　剪力墙水平钢筋计入约束边缘构件体积配箍率的构造做法（一）

（a）约束边缘暗柱；（b）约束边缘转角墙

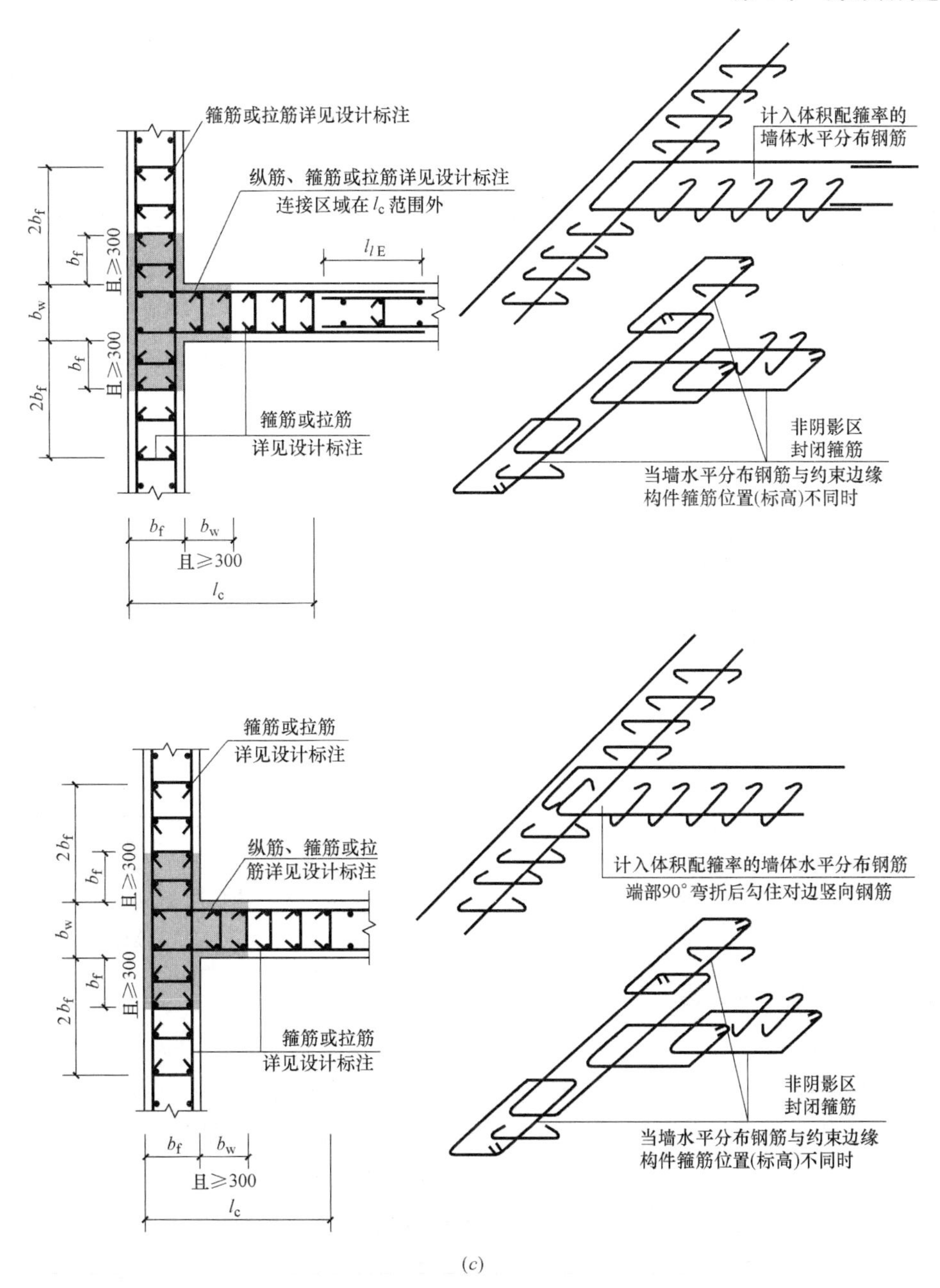

(c)

图 4-29 剪力墙水平钢筋计入约束边缘构件体积配箍率的构造做法（二）

(c) 约束边缘翼墙

【问题 17】剪力墙洞口补强构造有哪几种情况?

1. 补强钢筋构造

(1) 连梁圆形洞口 连梁中部圆形洞口补强钢筋构造，见图 4-30。

连梁圆形洞口直径不能大于300mm，且不能大于连梁高度的1/3。而且，连梁圆形洞口必须开在连梁的中部位置，洞口到连梁上下边缘的净距离不能小于200mm和不能小于1/3的梁高。

【例4-1】 YD1 200　−0.800　2Φ14　ϕ12@100(2)

【解】 标注中补强钢筋“2Φ14”是指洞口一侧的补强钢筋，所以，补强钢筋的总根数和规格为4Φ14。

$$补强钢筋的长度=洞口直径+2\times l_{aE}$$

（2）矩形洞口　矩形洞宽和洞高均不大于800mm时洞口补强钢筋的构造，如图4-31所示。

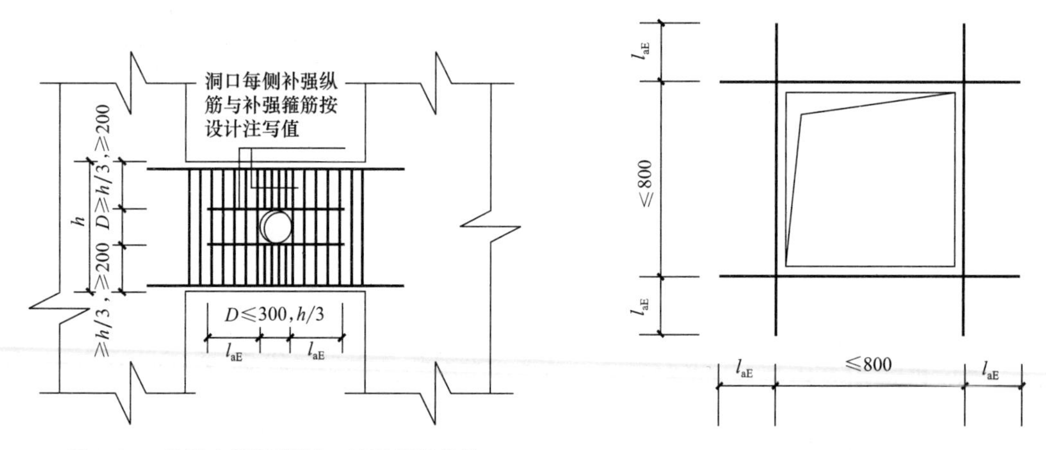

图4-30　连梁中部圆形洞口补强钢筋构造

图4-31　矩形洞宽和洞高均不大于800mm时洞口补强钢筋构造

洞口每侧补强钢筋按设计注写值。

（3）圆形洞口

1）剪力墙圆形洞口直径不大于300mm时补强钢筋的构造，见图4-32。

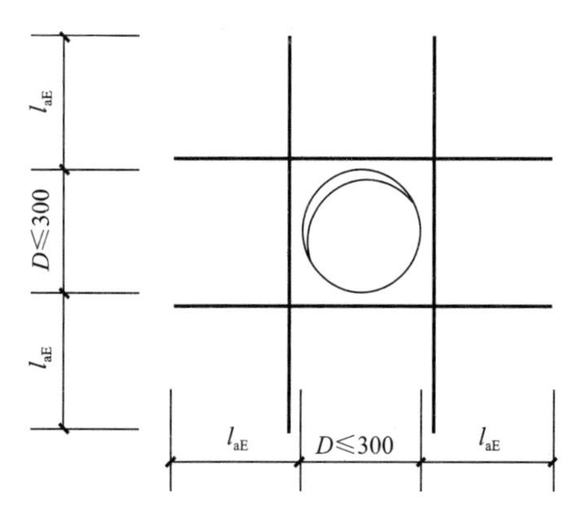

图4-32　剪力墙圆形洞口直径不大于300mm时补强钢筋构造

洞口补强钢筋每边直锚l_{aE}。

补强钢筋长度$=D+2\times l_{aE}$。

【例4-2】 YD1 300　3.100　2Φ14

【解】 由标注可以看出，洞口一侧的补强钢筋为2Φ14，全部补强钢筋为8Φ12。

补强钢筋长度$=D+2\times l_{aE}=300+2\times l_{aE}$

2）剪力墙圆形洞口直径大于300mm且小于等于800mm时补强钢筋的构造如图4-33所示。

洞口补强钢筋每边直锚l_{aE}。

补强钢筋长度$=D+2\times l_{aE}$（根据抗震要求计算）。

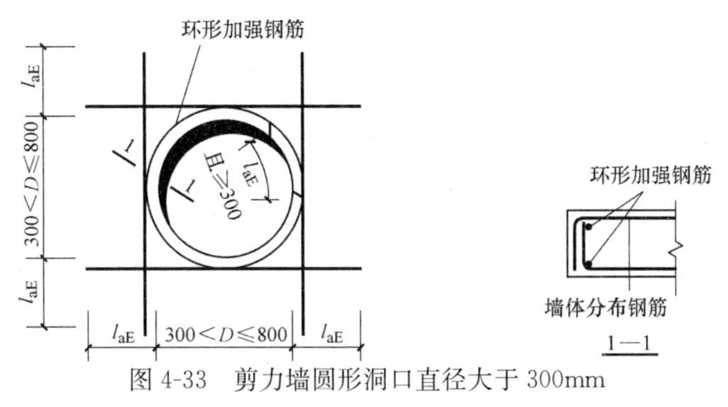

图 4-33 剪力墙圆形洞口直径大于 300mm 且小于等于 800mm 时补强纵筋构造

【例 4-3】 YD1 4003.100 3⌀12

【解】 由标注可以看出，洞口一侧的补强钢筋为 3⌀12，全部补强钢筋为 12⌀12。

$$补强钢筋长度=D+2\times l_{aE}=400+2\times l_{aE}$$

3）剪力墙圆形洞口直径大于 800mm 时补强钢筋的构造如图 4-34 所示。

墙体分布钢筋延伸至洞口边弯折。洞口上下补强暗梁配筋按设计标注。当洞口上边或下边为剪力墙连梁时，不再重复设置补强暗梁。

2. 补强暗梁构造

矩形洞口直径大于 800mm 时补强纵筋的构造，见图 4-35。

洞口上下补强暗梁配筋按设计标注。当洞口上边或下边为剪力墙连梁时，不再重复设置补强暗梁。

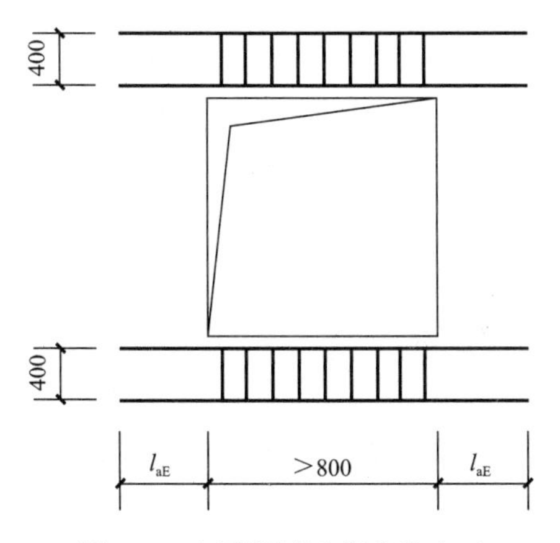

图 4-34 矩形洞宽和洞高均大于 800mm 时洞口补强暗梁构造

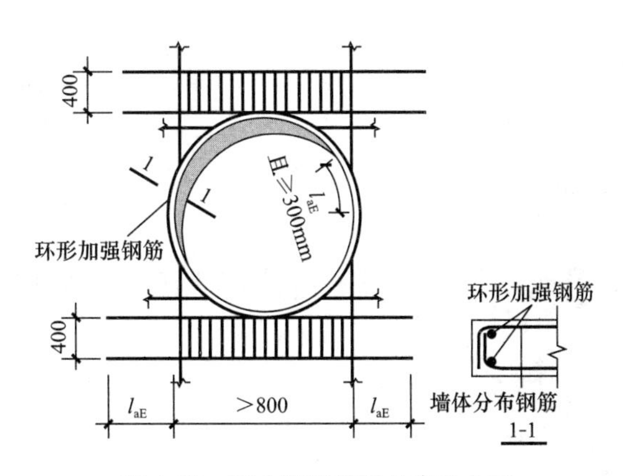

图 4-35 剪力墙圆形洞口直径大于 800mm 时补强钢筋构造

第5章　梁　构　造

【问题1】在梁的集中标注中，为什么"上部通长纵筋"为必注项而"下部通长筋"为选注值?

1. "上部通长筋为梁集中标注的必注项"的原因

框架梁不可能没有"上部通长筋"。这是因为框架梁在设计时要考虑抗震作用，根据抗震规范要求至少配置两根直径不小于14mm的上部通长筋（这两根上部通长筋绑扎在箍筋角部）。

因此，上部通长筋系为抗震而设，基本上与跨度及所受竖向荷载无关。

2. "下部通长筋为梁集中标注的选注项"的原因

下部通长筋系为抵抗正弯矩而设，与竖向荷载和跨度有直接的关系。这与梁的支座负弯矩筋相似，支座负弯矩筋是为抵抗负弯矩而设的。

因此，下部通长筋与上部支座负弯矩筋属于同一类，而与上部通长筋不属一类。因此，要将下部纵筋定为"原位标注"的必注项、"集中标注"的有条件的选注项。

在实际工程中，各跨梁的下部纵筋的钢筋规格和根数不一定相同，所以当它们各跨不同的时候，就不可能存在"下部通长筋"，仅在各跨梁的下部纵筋存在"相同部分"时，才会有可能在集中标注中定义"下部通长筋"。

【问题2】梁支座上部纵筋的长度是如何规定的?

(1) 为方便施工，凡框架梁的所有支座和非框架梁（不包括井字梁）的中间支座上部纵筋的伸出长度a_0值在标准构造详图中统一取值为：第一排非通长筋及与跨中直径不同的通长筋从柱（梁）边起伸出至$l_n/3$位置；第二排非通长筋伸出至$l_n/4$位置。l_n的取值规定为：对于端支座，l_n为本跨的净跨值；对于中间支座，l_n为支座两边较大一跨的净跨值。

(2) 悬挑梁（包括其他类型梁的悬挑部分）上部第一排纵筋伸出至梁端头并下弯，第二排伸出至$3l/4$位置，l为自柱（梁）边算起的悬挑净长。当具体工程需要将悬挑梁中的部分上部钢筋从悬挑梁根部开始斜向弯下时，应由设计者另加注明。

(3) 设计者在执行第（1）、（2）条关于梁支座端上部纵筋伸出长度的统一取值规定时，特别是在大小跨相邻和端跨外为长悬臂的情况下，还应注意按《混凝土结构设计规范》（2015 年版）（GB 50010—2010）的相关规定进行校核，若不满足时应根据规范规定进行变更。

【问题 3】梁在什么情况下需要使用架立筋？架立筋的根数如何决定？

如果该梁的箍筋是“两肢箍”，则两根上部通长筋已经充当架立筋，因此就不需要再另加“架立筋”了。所以，对于“两肢箍”的梁来说，上部纵筋的集中标注“2 Φ 25”这种形式应完全足够了。

但是，当该梁的箍筋是“四脚箍”时，集中标注的上部钢筋就不能标注为“2 Φ 25”这种形式，必须把“架立筋”也标注上，这时的上部纵筋应该标注成“2 Φ 25＋(2ϕ12)”这种形式，圆括号里面的钢筋为架立筋。

架立筋的根数＝箍筋的肢数－上部通长筋的根数　　　　(5-1)

【问题 4】架立筋与支座负筋的搭接长度是多少？架立筋的长度如何计算？

当梁的上部既有通长筋又有架立筋时，其中架立筋的搭接长度为 150，如图 5-1 所示。

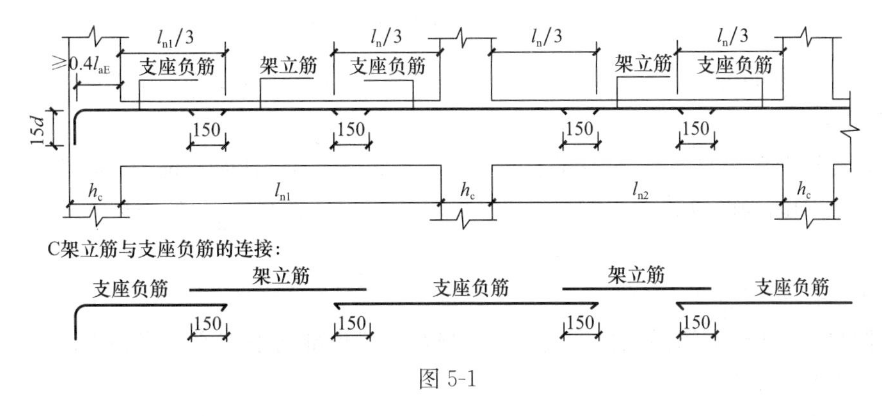

图 5-1

架立筋的长度是逐跨计算的。每跨梁的架立筋长度计算公式为：

架立筋的长度＝梁的净跨长度－两端支座负筋的延伸长度＋150×2　　　　(5-2)

【问题 5】悬挑梁钢筋构造要求有哪些？

（1）纯悬挑梁钢筋构造如图 5-2 所示。

1）上部纵筋构造

① 第一排上部纵筋，“至少 2 根角筋，并不少于第一排纵筋的 1/2”的上部纵筋一直伸到悬挑梁端部，再拐直角弯直伸到梁底，“其余纵筋弯下”（即钢筋在端部附近下完 90°

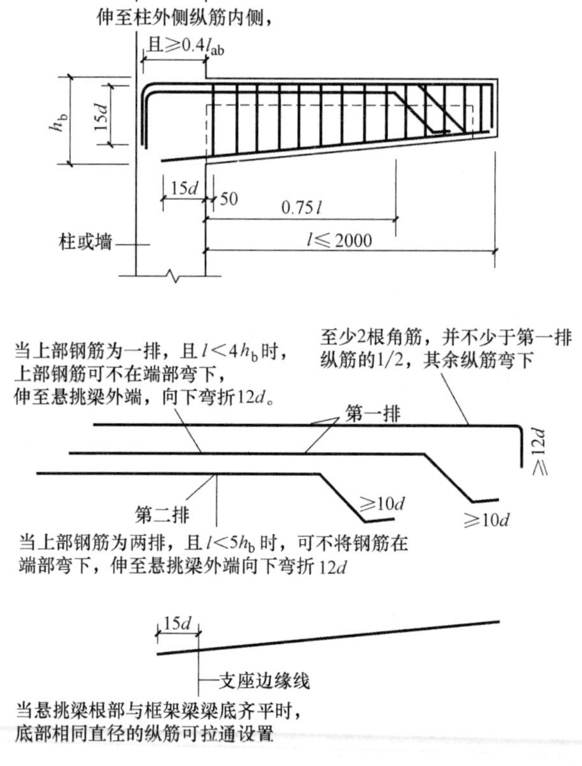

图 5-2　纯悬挑梁钢筋构造

斜坡）。当上部钢筋为一排，且 $l<4h_b$ 时，上部钢筋可不在端部弯下，伸至悬挑梁外端，向下弯折 12d。

② 第二排上部纵筋伸至悬挑端长度的 0.75 处，弯折到梁下部，再向梁尽端弯折≥10d。当上部钢筋为两排，且 $l<5h_b$ 时，可不将钢筋在端部弯下，伸至悬挑梁外端向下弯折 12d。

2）下部纵筋构造

下部纵筋在制作中的锚固长度为 15d。当悬挑梁根部与框架梁梁底齐平时，底部相同直径的纵筋可拉通设置。

（2）楼层框架梁悬挑端构造如图 5-3 所示。

楼层框架梁悬挑端共给出了 5 种构造做法：

节点①：悬挑端有框架梁平伸出，上部第二排纵筋在伸出 0.75l 之后，弯折到梁下部，再向梁尽端弯出≥10d。下部纵筋直锚长度 15d。

节点②：当悬挑端比框架梁低 Δ_h ［$\Delta_h/(h_c-50)>1/6$］时，仅用于中间层；框架梁弯锚水平段长度≥0.4l_{ab}（0.4l_{abE}），弯钩 15d；悬挑端上部纵筋直锚长度≥l_a 且≥0.5h_c+5d。

节点③：当悬挑端比框架梁低 Δ_h ［$\Delta_h/(h_c-50)\leq1/6$］时，上部纵筋连续布置，用于中间层，当支座为梁时也可用于屋面。

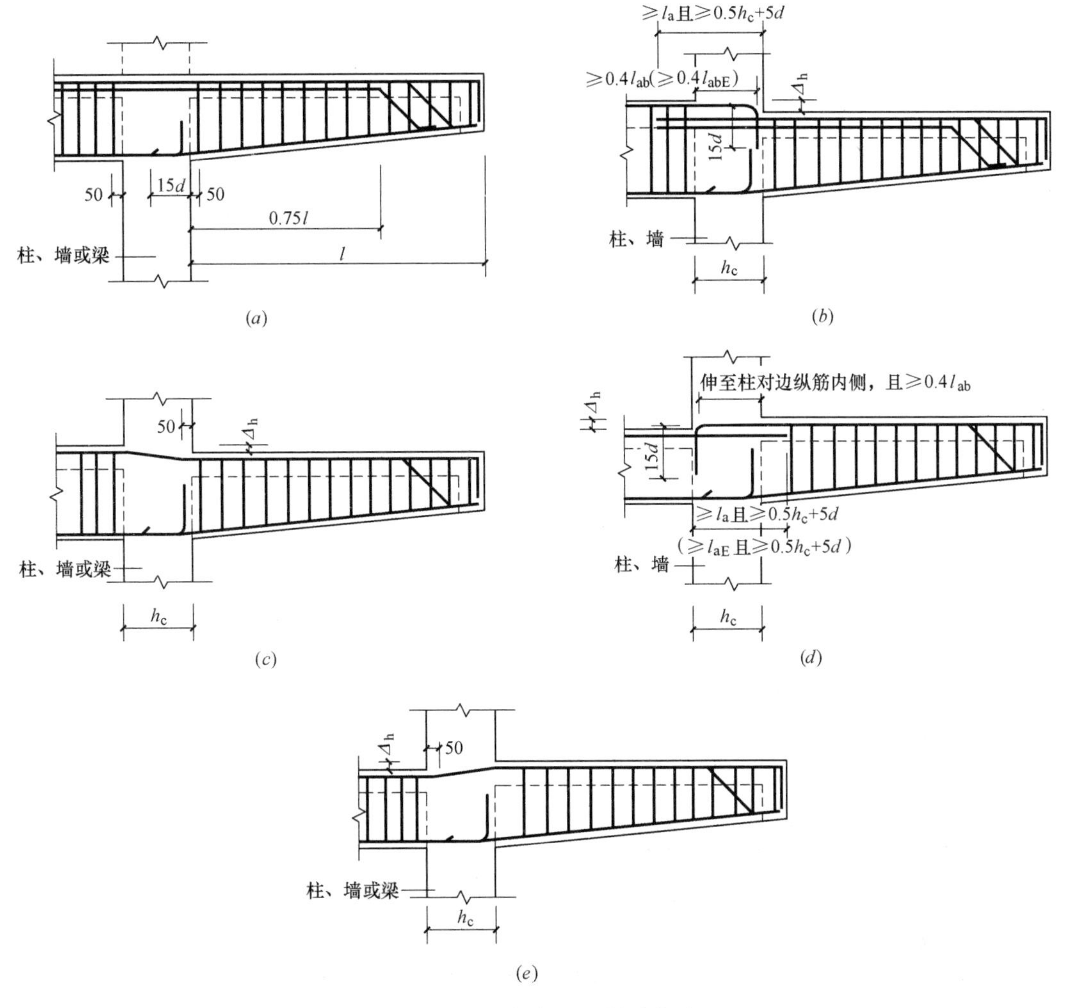

图 5-3 楼层框架梁悬挑端构造

(*a*) 节点①；(*b*) 节点②；(*c*) 节点③；(*d*) 节点④；(*e*) 节点⑤

节点④：当悬挑端比框架梁低 Δ_h [$\Delta_h/(h_c-50)>1/6$] 时，仅用于中间层；悬挑端上部纵筋弯锚，弯锚水平段伸至对边纵筋内侧，且$\geqslant 0.4l_{ab}$，弯钩 $15d$；框架梁上部纵筋直锚长度$\geqslant l_a$ 且$\geqslant 0.5h_c+5d$（l_{aE}且$\geqslant 0.5h_c+5d$）。

节点⑤：当悬挑端比框架梁高 Δ_h [$\Delta_h/(h_c-50)\leqslant 1/6$] 时，上部纵筋连续布置，用于中间层，当支座为梁时也可用于屋面。

（3）屋面框架梁悬挑端构造如图 5-4 所示。

屋面框架梁悬挑端共给出了 2 种构造做法：

节点⑥：当悬挑端比框架梁低 Δ_h（$\Delta_h\leqslant h_b/3$）时，框架梁上部纵筋弯锚，直钩长度$\geqslant l_a$（l_{aE}）且伸至梁底，悬挑端上部纵筋直锚长度$\geqslant l_a$ 且$\geqslant 0.5h_c+5d$，可用于屋面，当支座为梁时，也可用于中间层。

节点⑦：当悬挑端比框架梁高 Δ_h（$\Delta_h\leqslant h_b/3$）时，框架梁上部纵筋直锚长度$\geqslant l_a$（l_{aE}

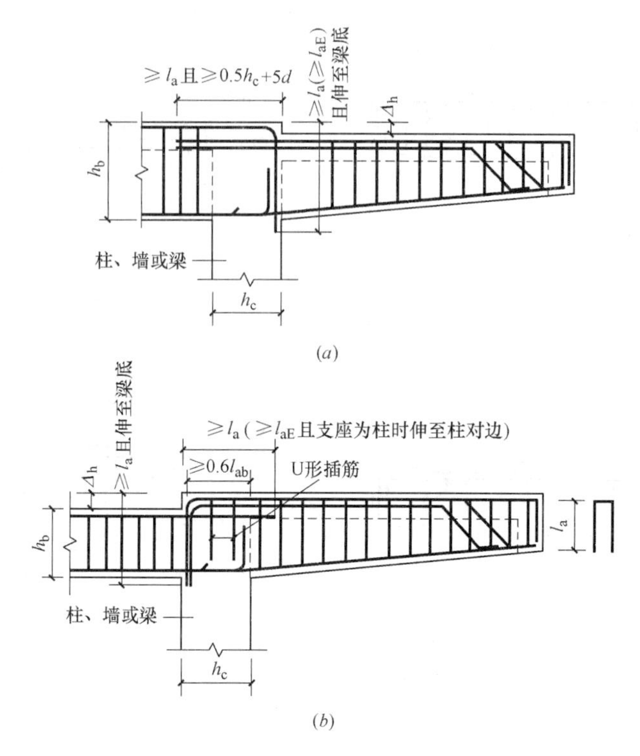

图5-4 屋面框架梁悬挑端构造

(a) 节点⑥；(b) 节点⑦

且支座为柱时伸至柱对边)，悬挑端上部纵筋弯锚，弯锚水平段长度≥$0.6l_{ab}$，直钩长度≥l_a且伸至梁底，可用于屋面，当支座为梁时，也可用于中间层。

【问题6】梁中纵向受力钢筋的水平最小净距，双层钢筋时，上下层的竖向最小净距是如何规定的?

梁纵向钢筋的水平和竖向最小净距是为了保证混凝土对钢筋有足够的握裹力，使两种材料能共同工作，方便混凝土的浇筑，同时要符合设计计算时确定的截面有效高度，竖向间距加大，会影响钢筋混凝土的抗弯承载力。

《混凝土结构设计规范》(2015年版) GB 50010—2010第9.2.1条规定：

梁的纵向受力钢筋应符合下列规定：

(1) 伸入梁支座范围内的钢筋不应少于两根。

(2) 梁高不小于300mm时，钢筋直径不应小于10mm；梁高小于300mm时，钢筋直径不应小于8mm。

(3) 梁上部钢筋水平方向的净间距不应小于30mm和1.5d；梁下部钢筋水平方向的净间距不应小于25mm和d。当下部钢筋多于2层时，2层以上钢筋水平方向的中距应比下面2层的中距增大一倍；各层钢筋之间的净间距不应小于25mm和d，d为钢筋的最大直径。

（4）在梁的配筋密集区域可采用并筋的配筋形式。

【问题7】当梁的下部作用有均匀荷载时，如何设置附加钢筋？

《混凝土结构设计规范（2015年版）》GB 50010—2010第9.2.11条条文说明：位于梁下部或梁截面高度范围内的集中荷载，应全部由附加横向钢筋承担，以防止集中荷载影响区下部混凝土的撕裂与裂缝，并弥补间接加载导致的梁斜截面受剪承载力的降低，在集中荷载影响区范围内配置附加横向钢筋；不允许用集中荷载区的受剪箍筋代替附加横向钢筋，附加横向钢筋宜采用箍筋，当采用附加吊筋时，弯起段应伸到梁的上边缘，其尾部按规定设置水平锚固段，承担均布荷载的剪力，如图5-5所示。

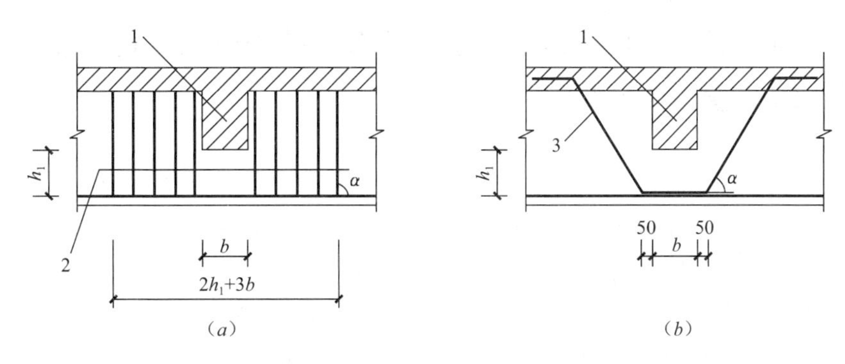

图5-5　梁截面高度范围内有集中荷载作用时附加横向钢筋的布置

(*a*) 附加箍筋；(*b*) 附加吊筋

1—传递集中荷载的位置；2—附加箍筋；3—附加吊筋

由于悬臂梁剪力较大且全长承受负弯矩，“斜弯作用”及“沿筋劈裂”及引起的受力状态更为不利，悬臂梁的负弯矩纵向受力钢筋不宜切断，且必须有不少于两根上部钢筋（不少于第一排纵筋的1/2）伸到梁端，并向下弯折锚固不小于$12d$；其余梁的钢筋不应在上部截断，按规定的弯起点（$0.75l$）向下弯折，弯折后的水平段不小于$10d$。在悬臂梁伸出尽端与梁交叉处增加附加箍筋，如图5-6所示。

当梁下部有悬挑跨度较大的悬挑板，有抗震设防要求时，悬挑板下部设置构造钢筋，通常在施工图设计文件中会有明确的要求。梁中箍筋仅考虑承担扭矩和剪力，不作为横向附加抗剪钢筋考虑，需要增设附加竖向钢筋来承担剪力。

7度设防，2m长的悬挑构件；8度设防，1m长的悬挑构件，要进行竖向地震力的验算。当悬臂板的跨度≥1000mm时应设置附加悬吊钢筋；当有抗震设防要求时，较大悬挑板（长度≥1000mm）的下部应设置构造钢筋，这种构造不能按连续板、简支板进行设计，因为连续板、简支板支座处锚固要求是$5d$、至少过中心线，对悬臂板是不可以这样要求的；长悬挑结构的下部钢筋为受力钢筋，其构造应满足锚固长度的要求（l_a+12d）；楼（屋）面板与梁下皮平时，应设置附加悬吊钢筋承担均布荷载的剪力，由计算确定数量。必要时可加腋。

如图5-7所示，吊筋伸入梁和板内的锚固长度弯折段，不宜小于20d，d为吊筋的直径。

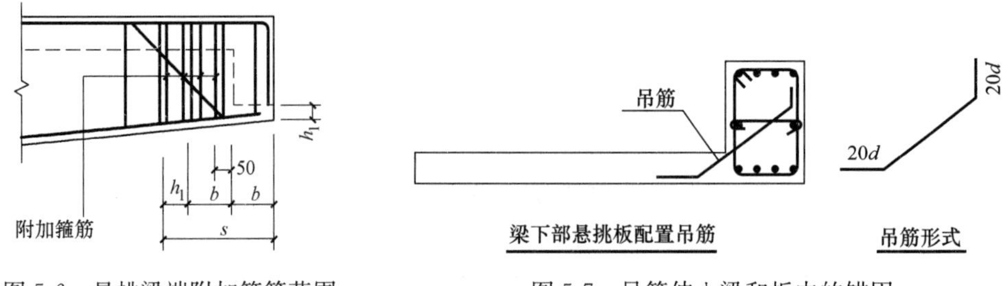

图5-6 悬挑梁端附加箍筋范围　　图5-7 吊筋伸入梁和板内的锚固

【问题8】当框架梁和连续梁的相邻跨度不相同时，上部非通长钢筋的长度是如何确定？

（1）上部非通长钢筋向两跨内延伸的长度是按弯矩包络图计算配置确定的。

（2）相邻跨度相同或接近时（净跨跨度相差不大于20%时，认为是等跨的）钢筋的截断长度，按相邻较大跨度计算。

（3）相邻跨长度相差较大时的作法，根据弯矩包络图，短跨是正弯矩图，所以较小跨的上部通长钢筋应通长设置，原位标注优先，设计上应标注，集中标注满足要求时，不需要进行原位标注。

（4）对不等跨的框架梁和连续梁，相对较小跨内的支座和跨中往往有负弯矩，在较小跨的上部通长钢筋应按图中的原位标注设置，按两支座中较大纵向受力钢筋的面积贯通，如果按本跨净跨长度的1/3截断，是不安全的。

【问题9】框架梁上部钢筋、下部纵向受力钢筋在端支座的锚固是如何规定的？

1. 框架梁上部钢筋在端支座的锚固

（1）直锚的长度应不小于l_{aE}要求，且应伸过柱中心线5d，取0.5h_c+5d和l_{aE}较大值。

（2）直锚的长度不足时，梁上部钢筋可采用90°弯折锚固，水平段应伸至柱外侧钢筋内侧并向节点内弯折，含弯弧在内的水平投影长度≥0.4l_{abE}且包括弯弧在内的投影长度不应小于15d的竖向直线段。如图5-8所示。

（3）水平长度不满足0.4l_{abE}时，不能用加长直钩达到总长度满足l_{abE}的做法，在实际工程中，由于框架梁的纵向钢筋直径较粗，框架柱的截面宽度较小，会出现水平段长度不满足要求的情况，这种情况不得采用通过增加垂直段的长度来补偿使总长度满足锚固要求

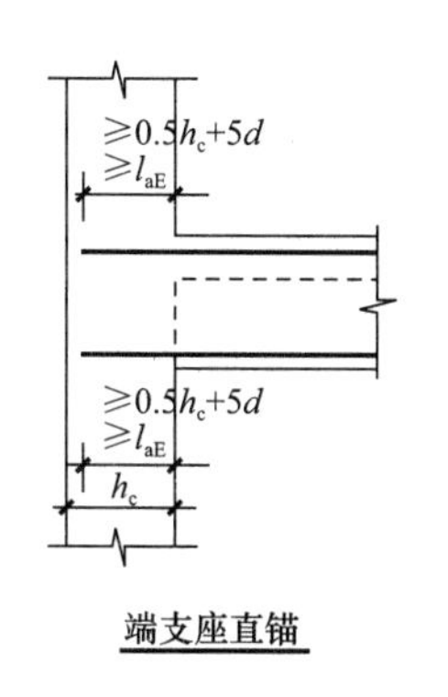

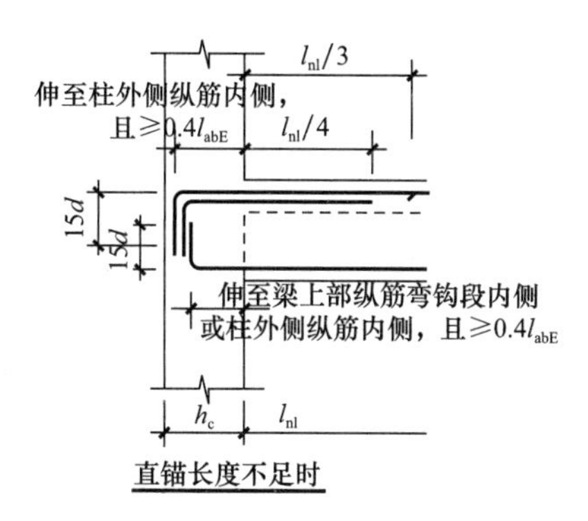

图5-8　端支座锚固

的做法，这些都是通过框架节点试验证明。

（4）柱截面尺寸不足时，可以采用减小主筋的直径，或采用钢筋端部加锚头（锚板，按预埋铁件考虑）的锚固方式；钢筋宜伸至柱外侧钢筋内侧，含机械锚头在内的水平投影长度应≥0.4l_{abE}，过柱中心线水平尺寸不小于5d，如图5-9所示。

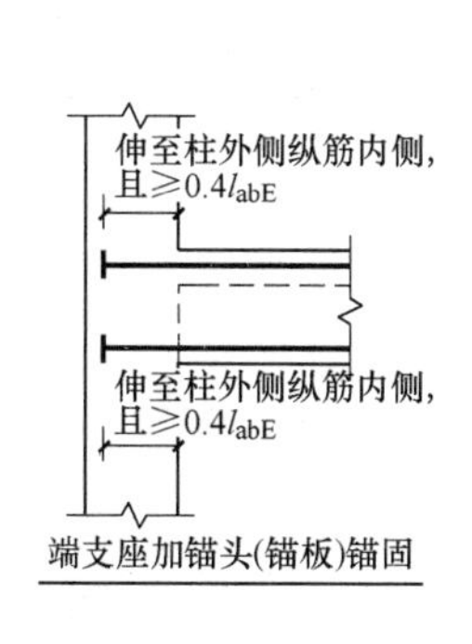

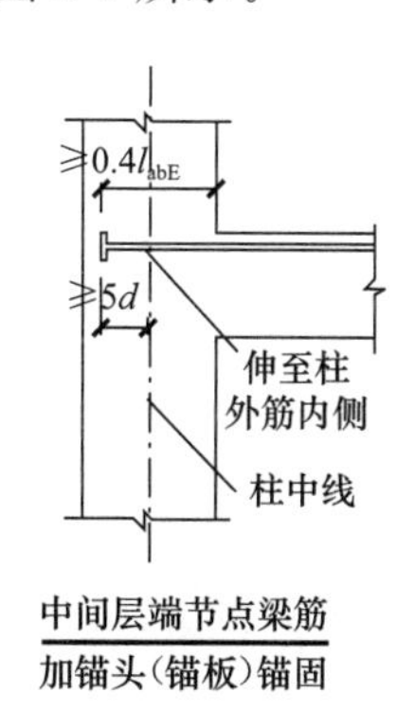

图5-9　加锚头锚固

（5）在框剪结构中，框架梁端支座为剪力墙时，支承在翼墙、端柱、转角墙处应为主梁（编号为KL××），支承在其他部位为次梁（编号为L××）。当次梁与剪力墙垂直相交为端支座时，墙内设置扶壁柱或暗柱，次梁端支座按简支考虑。

2. 框架梁下部纵向受力钢筋在端支座的锚固

框架梁在支座处，正弯矩在上方，在地震作用下，竖向荷载与水平地震力作用产生的弯矩叠加，柱端在竖向荷载弯矩比例小的话，梁端的下部是不会产生正弯矩，上部钢筋要满足水平锚固要求，下部钢筋可以少些但也要满足锚固的要求。

（1）直线锚固长度不应小于l_{aE}时，且过柱中心线5d。

（2）柱截面尺寸不足时，也可以采用减小钢筋直径或采用钢筋端部加锚头的锚固方式，其水平段投影长度不小于0.4l_{abE}，伸至柱纵向钢筋的内侧。

（3）不可以使总锚固长度满足l_{aE}的要求，而减少水平段的长度。

（4）弯折锚固时，伸至上部下弯纵向钢筋的内侧或柱纵筋内侧上弯，水平段投影长度不小于0.4l_{abE}时，竖直段投影长度不应小于15d。

（5）水平段应伸至支座对边柱钢筋内侧，不可以在满足 $0.4l_{abE}$后就向上弯折，要过柱中心线，向上弯折要弯折在节点核心区，不要弯折在竖向构件中，不宜向下弯折锚固。如图 5-10～图 5-12 所示。

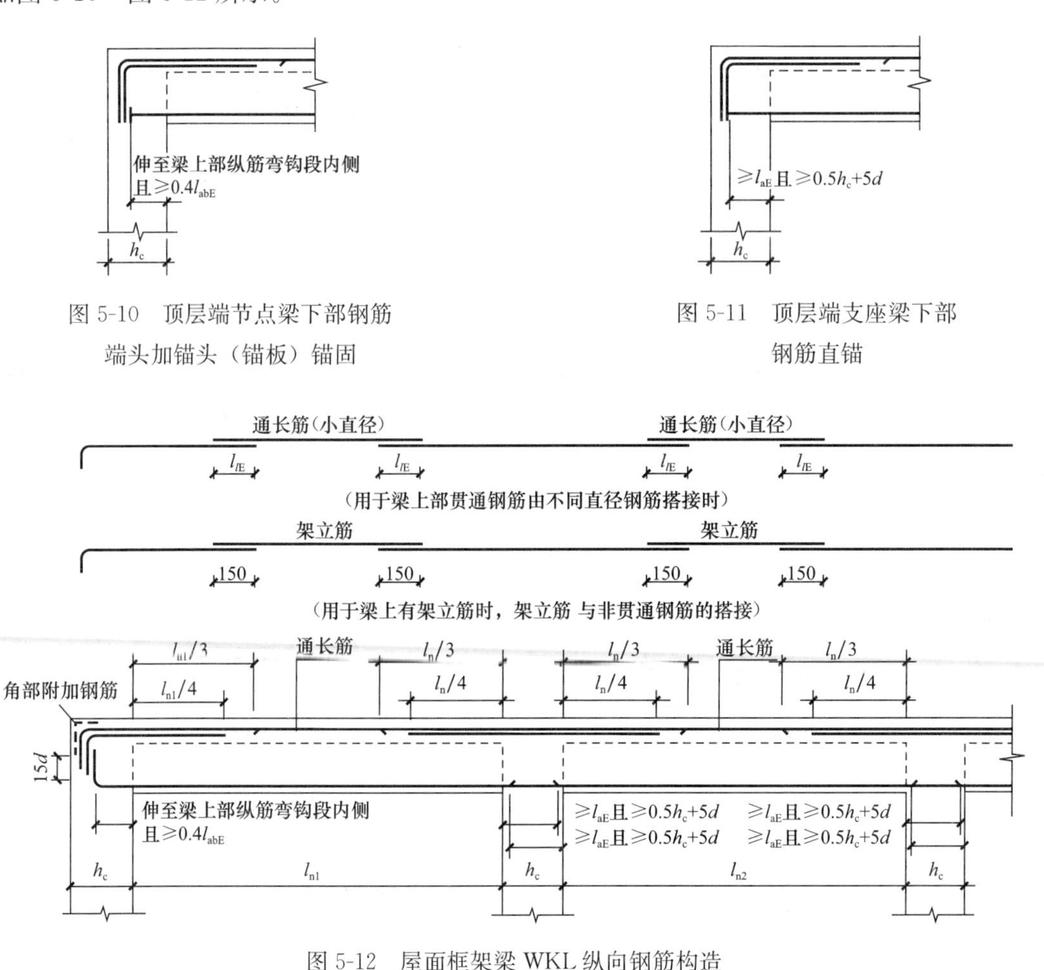

图 5-10　顶层端节点梁下部钢筋端头加锚头（锚板）锚固

图 5-11　顶层端支座梁下部钢筋直锚

图 5-12　屋面框架梁 WKL 纵向钢筋构造

【问题 10】抗震设防框架梁上部钢筋通长钢筋直径不相同时的搭接，通长钢筋与架立钢筋的搭接是如何规定的?

（1）通长钢筋通常在集中标注中列示，对于短跨梁在原位标注中标明，抗震设防的框架梁均应设置上部通长钢筋，通长钢筋会在集中标注现原位标注列示出现（支座与跨中配筋会不同），由于通长钢筋直径不同，如支座是 4 Φ 25，通长筋是 2 Φ 22，可考虑在跨中 1/3 搭接范围内进行搭接连接，满足抗震搭接长度为 l_{le}且不小于 300mm。

（2）框架梁上部非通长钢筋（支座纵筋）现架立钢筋搭接长度为 150mm，要满足截断长度。

（3）受力钢筋的搭接长度与钢筋的直径、混凝土强度等级有关，并注意搭接位置及箍筋加密的要求，梁上部通长钢筋与非贯通筋直径相同时，连接位置宜位于跨中 $l_{n1}/3$ 范围内且在同一连接区段内钢筋接头面积百分率不宜大于50%；一级框架梁宜采用机械连接，二、三、四级可采用绑扎搭接或焊接连接；梁端加密区的箍筋肢距，一级不宜大于200mm和20倍箍筋直径的较大值，二、三级不宜大于250mm和20倍箍筋直径的较大值，四级不宜大于300mm。

(4) 框架梁纵向受力钢筋规定：

① 梁端纵向受拉钢筋配筋率不宜大于2.5%。

② 沿梁全长顶面、底面配筋：

抗震等级为一、二级不应少于2ϕ14，且分别不应少于梁顶面、底面两端纵向配筋中较大截面面积的1/4。

抗震等级为三、四级不应少于2ϕ12。

通长钢筋和架立钢筋一般都设在箍筋的角部，通长钢筋是为抗震设防构造的要求而设置，无抗震设防要求的框架梁和次梁，除计算需要配置上部纵向钢筋外，没有通长设置的要求。架立钢筋是为固定箍筋而设置。

(5) 由于很多的宽扁梁的存在，配筋率放宽，并不是强度控制，而是裂缝宽度与挠度控制，梁端配筋高，钢筋多，施工难度大，对于设计院设计时要满足支座处的强剪弱弯，因为宽扁梁断面尺寸小，抗剪能力弱，此处要求防止脆性破坏，通常通过构造解决，吸收能量与抵抗变形的能力，这也是设计者易忽略的地方。

所以通常在梁中配置大直径的钢筋，在柱中配置较小直径的钢筋，便于在节点区钢筋的绑扎与贯通。框架梁内贯通中柱纵向钢筋直径规定（设计者易忽略）：

① 一、二、三级框架梁内贯通中柱的每根纵向钢筋直径．对框架结构不应大于矩形截面柱在该方向截面尺寸的1/20，或纵向钢筋所在位置圆形截面柱弦长的1/20。

② 对其他结构类型的框架不宜大于矩形截面柱在该方向截面尺寸的1/20，或纵向钢筋所在位置圆形截面柱弦长的1/20。

【问题11】非框架梁就是次梁吗？

非框架梁是相对于框架梁而言；次梁是相对于主梁而言。这是两个不同的概念。

在框架结构中，次梁一般是非框架梁。因为次梁以主梁为支座，非框架梁以框架或非框架梁为支座。但是，也有特殊的情况，如图5-13左图所示的框架梁KL3就以KL2为中间支座，因此KL2就是主梁，而框架梁KL3就

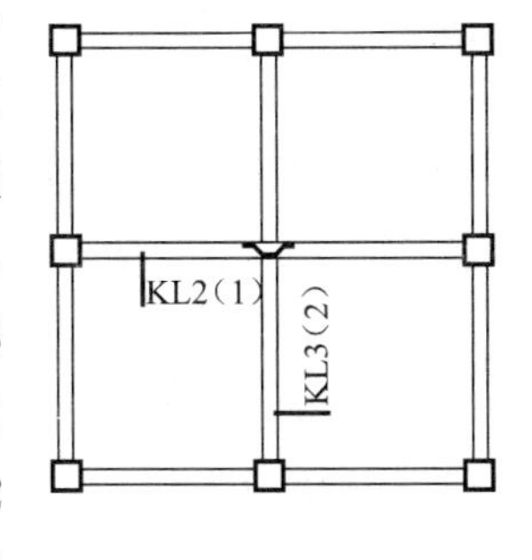

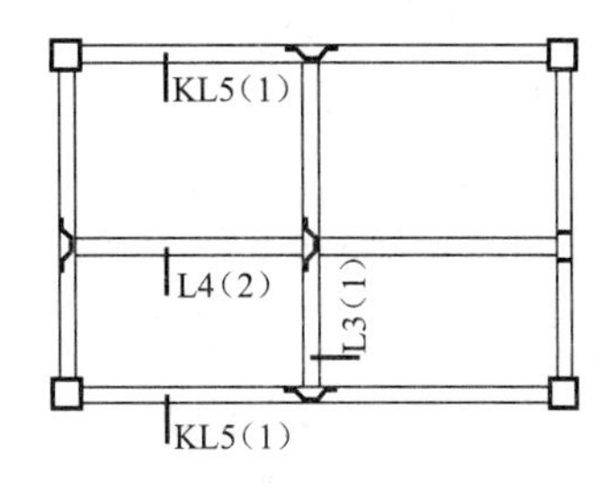

图5-13

成为次梁了。

此外，次梁也有一级次梁和二级次梁之分。例如图5-13右图所示的L3是一级次梁，它以框架梁KL5为支座；而L4为二级次梁，它以L3为支座。

【问题12】非框架梁纵向受力钢筋在支座的锚固长度应如何考虑？

如图5-14所示，非框架梁的下部纵向钢筋在中间支座和端支座的锚固长度，是按照不利用钢筋的抗拉强度考虑的，规定对于带肋钢筋应满足12d，对于光圆钢筋应满足15d（此处无过柱中心线的要求）。当计算中充分利用下部纵向钢筋的抗压强度或抗拉强度，或具体工程有特殊要求时，其锚固长度由设计者按照《混凝土结构设计规范（2015年版）》GB 50010—2010的相关规定进行变更。

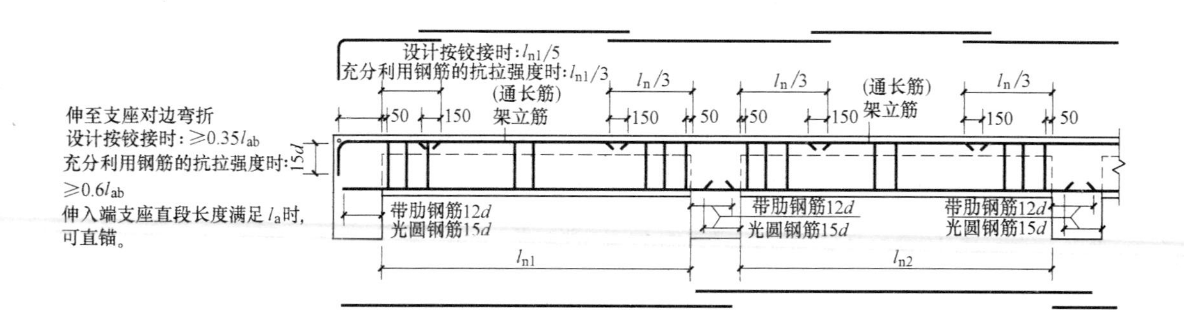

图5-14 非框架梁配筋构造

（1）非框架梁在支座的锚固长度按一般梁考虑。

（2）次梁不需要考虑抗震构造措施，包括锚固、不设置箍筋加密区、有多少比例的上部通长筋的确定；在设计上考虑到支座处的抗剪力较大，需要加密处理，但这不是框架梁加密的要求。

（3）上部钢筋满足直锚长度l_a可不弯折，不满足时，可采用90°弯折锚固，弯折时含弯钩在内的投影长度可取0.6l_{ab}（当设计按铰接时，不考虑钢筋的抗拉强度，取0.35l_{ab}），弯钩内半径不小于4d，弯后直线段长度为12d（投影长度为15d）（在砌体结构中，采用135°弯钩时，弯后直线长度为5d）。

（4）对于弧形和折线形梁，下部纵向受力钢筋在支座的直线锚固长度应满足l_a，也可以采用弯折锚固；注意弧形和折线形梁下部纵向钢筋伸入支座的长度与直线形梁的区别，直线形梁下部纵向钢筋伸入支座的长度：对于带肋钢筋应满足12d，对于光圆钢筋应满足15d；弧形和折线形梁下部纵向钢筋伸入支座的长度同上部钢筋。

（5）锚固长度在任何时候均不应小于基本锚固长度l_{ab}的60%及200mm（受拉钢筋锚固长度的最低限度）。

【问题13】为什么要采用“大箍套小箍”?

在多肢复合箍的施工中采用“大箍套小箍”的方法（图5-15左图）。

过去，在进行四肢箍的施工中，很多人都采用过“等箍互套”的方法。这就是采用两个形状、大小都一样的二肢箍，通过把其中的一段水平边重合起来，而构成一个“四肢箍”（图5-15右图）。

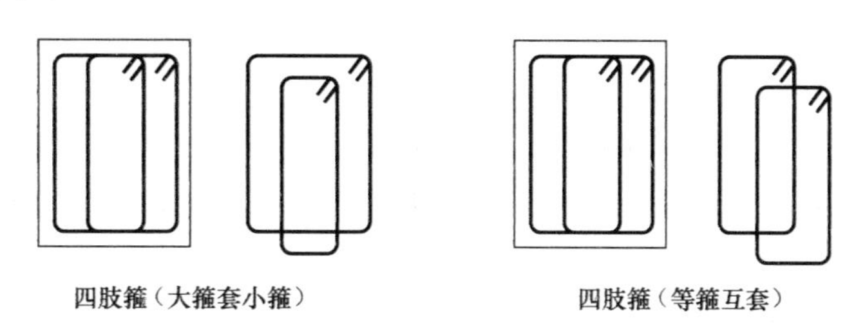

图5-15

“大箍套小箍”的好处是：

（1）能够更好地保证梁的整体性。

最初，“大箍套小箍”用于梁的抗扭箍筋上。当梁承受扭矩时，沿梁截面的外围箍筋必须连续，只有围绕截面的大箍才能达到这个要求，此时的多肢箍要采用“大箍套小箍”的形状。

当时，对于非抗扭的梁是这样说的：如果梁不承受扭矩（仅受弯和受剪），可以采用两个相同箍筋交错套成四肢箍，但采用大箍套小箍能够更好地保证梁的整体性。

但是，对框架梁和非框架梁制定了这样的规定：

当箍筋为多肢复合箍时，应采用大箍套小箍的形式。

请大家注意上面的规范用语“应”，就是“必须”的意思，这是带有指令性的要求。所以，现在的多肢箍，只能采用“大箍套小箍”的方法，而再也不能使用过去的“等箍互套”方法了。

（2）采用“大箍套小箍”方法，材料用量并不增加。

如果把“大箍套小箍”方法和“等箍互套”方法的箍筋图形画出来（见图5-16），对其中箍筋水平段的重合部分加以比较，我们就可以看到，这两种方法的箍筋水平段的重合

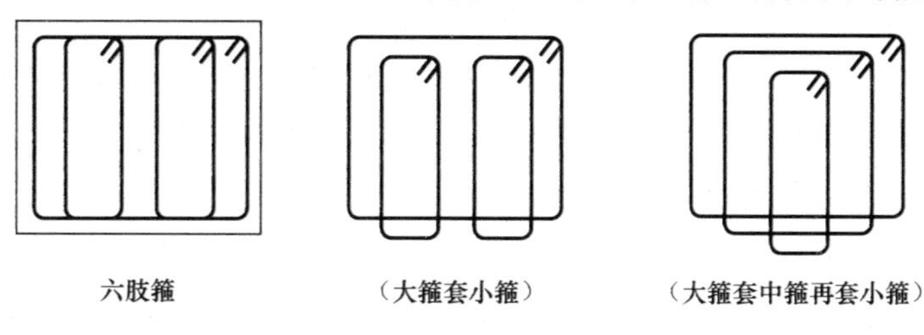

图5-16

部分是一样的。也就是说，采用“大箍套小箍”方法比起过去的“等箍互套”方法，材料用量并不增加。

在筏形基础中，也明确地提出采用“大箍套小箍”的形式，而且画出大箍套小箍的示意图。

采用“大箍套小箍”方法，材料用量并不增加，而且又能够更好地保证梁的整体性。

【问题 14】梁箍筋构造有哪些要求？

（1）梁中配有计算需要的纵向受压钢筋时，梁的箍筋要求均作成封闭式，弯折 135°加直线段；对于开口式箍筋，只适用于无震动荷载或开口处无受力钢筋的现浇式 T 形梁的跨中部分，如图 5-17 所示。

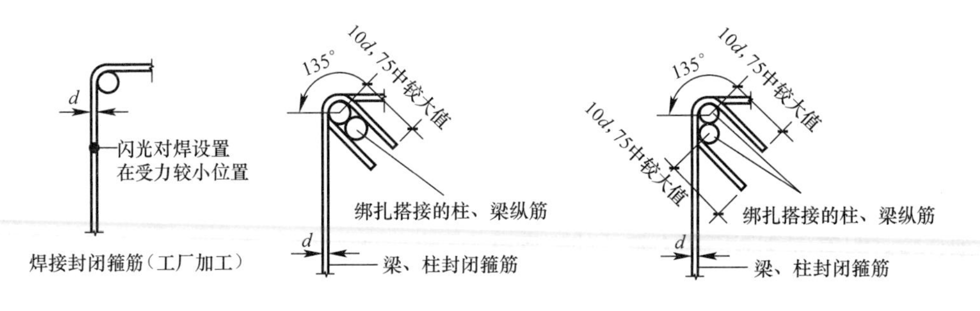

图 5-17　封闭箍筋构造

（2）框架梁、次梁箍筋封闭位置应做成 135°弯钩，弯钩后的平直段的长度为 10*d* 及 75mm 较大值）。

抗扭梁内当采用复合箍筋时，位于截面内的箍筋不计入受扭所需要的箍筋面积，受扭箍筋（设计时以 N 判断）的末端做成 135°弯钩，弯钩端头直线长度不应小于 10 倍的箍筋直径。

（3）梁中箍筋封闭口的位置应尽量交错放在梁上部有现浇梁板的位置，不应放在梁的下部，会被拉脱而使箍筋工作能力失效产生破坏。

箍筋被拉开，原因是：一个是钢筋直径小，一个是封闭口在梁下部，如果在梁上部，因有楼板，刚度较大，一般不会发生这种破坏。

（4）梁上部纵向钢筋为两排时，箍筋封闭口的作法：梁的第二排钢筋不能保证在设计位置上，最好是箍筋的弯钩做长些，保证钢筋间的一个净距，再弯起。

（5）框架梁的复合箍筋宜大箍套小箍，如图 5-18 所示。

（6）拉筋的弯钩同箍筋，且同时拉住腰筋及箍筋，如图 5-19 所示。

（7）当梁一层内的纵向受压钢筋多于 3 根时，应设置复合箍筋；当梁的宽度不大于 400mm 且一层的纵向受压钢筋不多于 4 根时，可不设置复合箍筋。

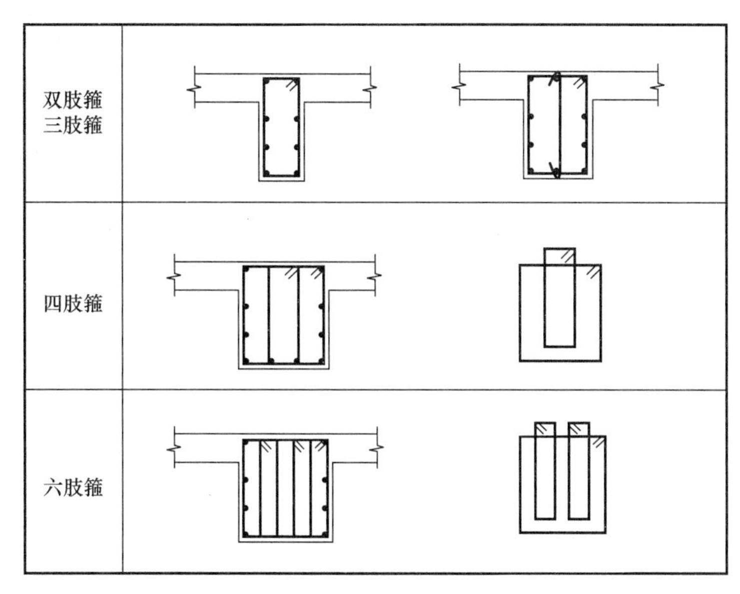

图 5-18　框架梁箍筋构造做法

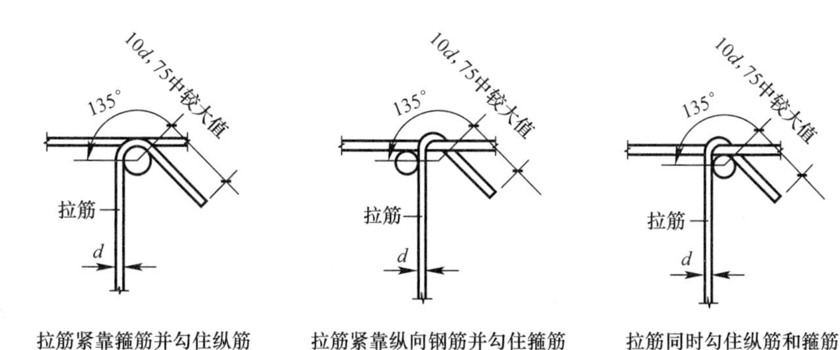

图 5-19　拉结筋的构造

【问题 15】一般如何计算多肢箍内箍宽度?

1. “偶数肢多肢箍”的内箍宽度计算

(1) 以“4 肢箍”为例，计算“大箍套小箍”的内箍宽度

箍筋宽度计算的基本原则：

1) 箍筋的标注尺寸是“净内尺寸”，因为梁柱的保护层是指“主筋”的保护层。

2) 设置多肢箍的作用是固定梁的上下纵筋，其基本原则是使各纵筋的间距均匀分布。

我们可以画一个“4 肢箍”的简图，说明“大箍套小箍”(偶数肢箍) 的小箍如何计算。简图的画法：4 根纵筋均匀分布，内箍钩住第 2、3 两根纵筋，如图 5-20 左图所示。

设大箍的净宽度为 B，小箍的净宽度为 b，纵筋 (有 4 根) 直径为 d，纵筋之间净距为 a，

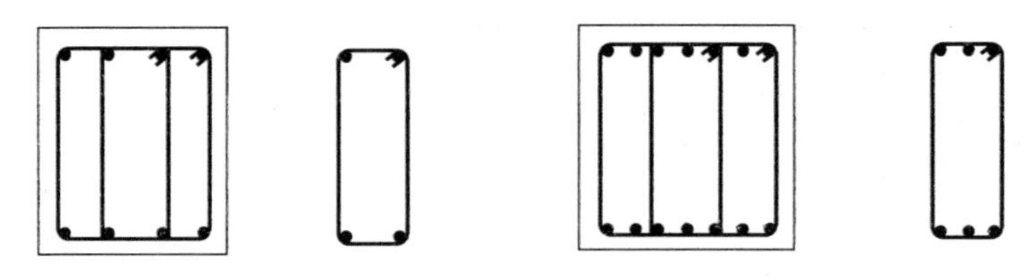

图 5-20

则 $$3a+4d=B$$

$$a=(B-4d)/3$$

所以 内箍的宽度 $b=a+2d$

有时为了简化计算，也可把 d 用 25 来代替。

(2)“偶数肢多肢箍”的通用计算方法

对于“m 肢箍”的内箍宽度计算：

设大箍的净宽度为 B，小箍的净宽度为 b，纵筋（有 m 根）直径为 d，纵筋之间净距为 a，“m 肢箍”有 $m-1$ 个净距，

则 $$(m-1)a+md=B$$

$$a=(B-md)/(m-1)$$

所以 内箍的宽度 $b=a+2d$

有时为了简化计算，也可把 d 用 25 来代替。

2. “奇数肢多肢箍”的内箍宽度计算

(1) 以“5 肢箍”为例，计算“大箍套小箍”的内箍宽度

我们可以画一个“5 肢箍”的简图，说明“大箍套小箍”（奇数肢箍）的小箍如何计算。简图的画法：5 根纵筋均匀分布，内箍钩住第 2、3 两根纵筋，一根单肢箍钩住第 4 根纵筋，如图 5-21 左图所示。

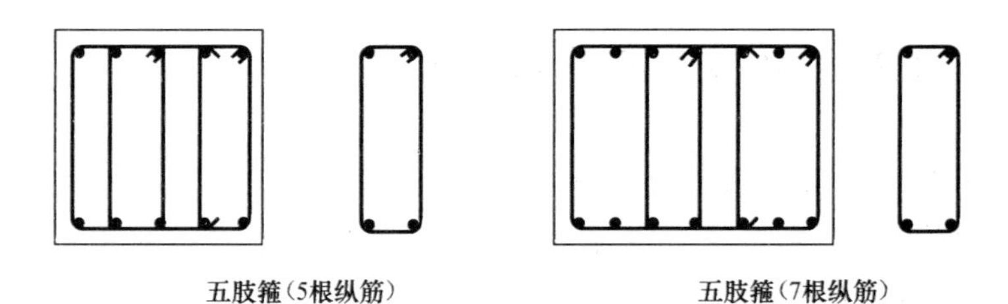

图 5-21

设大箍的净宽度为 B，小箍的净宽度为 b，纵筋（有 5 根）直径为 d，纵筋之间净距为 a，

则 $$4a+5d=B$$

$$a=(B-5d)/4$$

所以　　　　　　　　内箍的宽度 $b = a + 2d$

有时为了简化计算，也可把 d 用 25 来代替。

（2）“奇数肢多肢箍”的通用计算方法

对于“m 肢箍”的内箍宽度计算：

设大箍的净宽度为 B，小箍的净宽度为 b，纵筋（有 m 根）直径为 d，纵筋之间净距为 a，“m 肢箍”有 $m-1$ 个净距，

则
$$(m-1)a + md = B$$
$$a = (B - md)/(m-1)$$

所以　　　　　　　　内箍的宽度 $b = a + 2d$

有时为了简化计算，也可把 d 用 25 来代替。

【问题 16】梁需配置腰筋时，腹板（截面有效高度）h_w 如何计算？

（1）梁腹板高度 h_w 的计算：对矩形截面，取有效高度 h_0；对 T 形截面，取有效高度 h_0 减去翼缘高度 h_i；对工字形截面，取腹板净高，如图 5-22 所示。

梁腹板的高度是截面有效高度，不是梁肋的净高。矩形截面：梁腹板的高度是上部受压区的构件最外边缘，到下部受拉钢筋的合力中心；T 形截面：梁腹板的高度是扣除了上翼缘，从上翼缘的下部到梁下部受拉钢筋的合力中心；工字形截面：梁腹板的高度就是腹板净高。

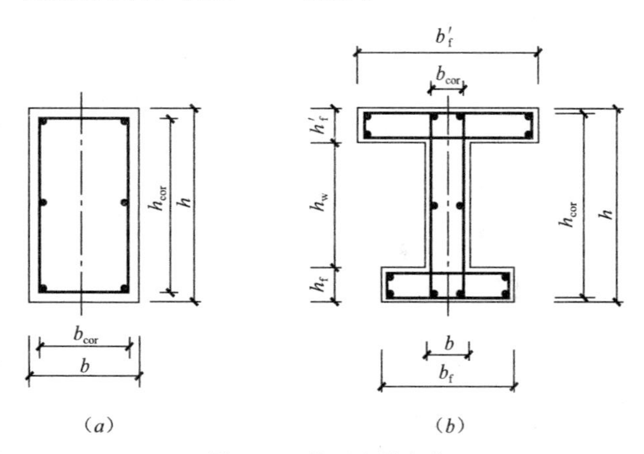

图 5-22　截面有效宽度
（a）矩形截面；（b）I 形截面

梁有效高度 h_0：为梁上边缘至梁下部受拉钢筋的合力中心；当梁下部配置单层纵向钢筋时，有效高度 $h_0 = h - 35$mm；梁下部配置两层纵向钢筋时，梁有效高度 $h_0 = h - 70$mm。

（2）梁的腹板高度 $h_w \geqslant 450$mm 时，在梁的两侧沿高度范围需配置纵向构造腰筋，其（不含梁上、下纵向受力筋及架立钢筋）间距不大于 200mm，如图 5-23 所示。

（3）梁腹板腰筋的最小配筋率：纵向钢筋的截面面积 A_s/腹板截面面积 bh_w（%）为 0.1%，当梁宽度较大时可适当放松。

（4）抗扭腰筋的配置与构造腰筋的不同。构造腰筋搭接与锚固长度可取值为 $15d$，抗扭钢筋是按受力钢筋来锚固和搭接的，受扭腰筋锚固方式同框架梁下部纵筋（抗扭筋锚入支座的长度为 l_{ab}，当端支座直锚长度不够时，可将钢筋伸至端支座对边弯折，且平直段 $\geqslant 0.6l_{ab}$，弯折段长度为 $15d$）。

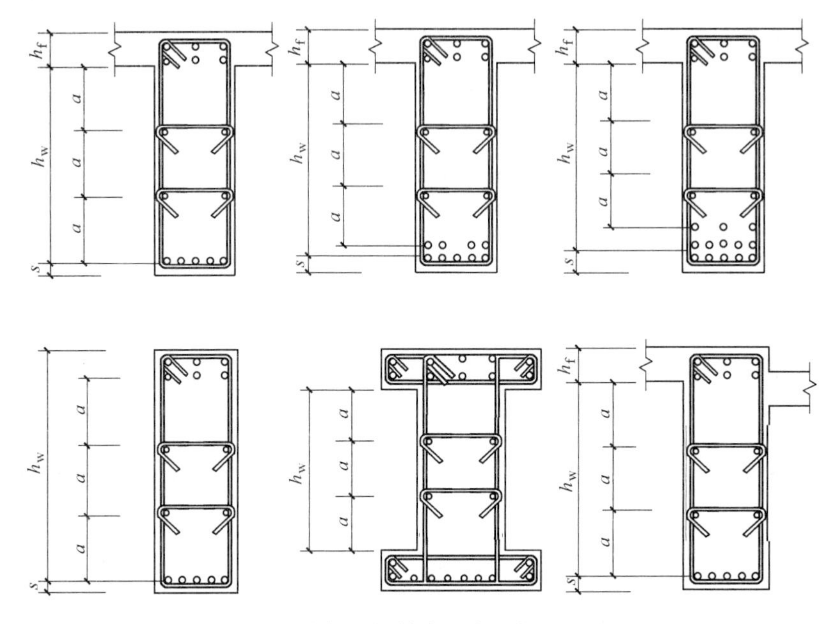

图 5-23　梁纵向构造钢筋中间支座构造 $a \leqslant 200$mm

【问题 17】框架梁下部钢筋在中间支座的锚固及连接有哪些要求？

框架梁下部纵向钢筋在中间支座的锚固长度，按计算中充分利用钢筋的抗拉强度考虑。当计算中不利用该钢筋的抗拉强度或仅利用该钢筋的抗压强度时，其伸入支座的锚固长度对于带肋钢筋为 $12d$，对于光圆钢筋为 $15d$，此时设计者应注明。

参见图 5-24～图 5-26。

（梁下部钢筋不能在柱内锚固时，可在节点外搭接。相邻跨钢筋直径不同时，搭接位置位于较小直径一跨）

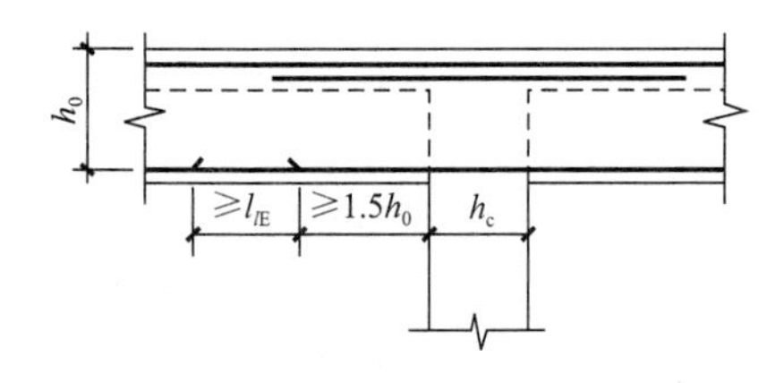

图 5-24　顶层中间节点梁下部筋在节点外搭接

（梁下部钢筋不能在柱内锚固时，可在节点外搭接。相邻钢筋直径不同时，搭接位置于较小直径一跨）

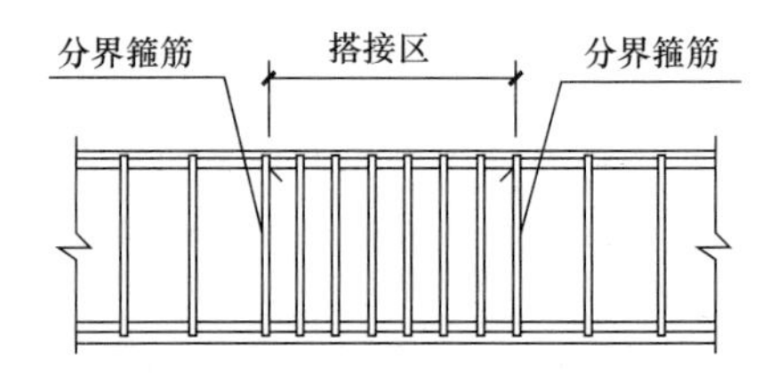

图 5-25　纵向受力钢筋搭接区箍筋构造

注：1. 本图用于梁、柱类构件搭接区箍筋设置。

2. 搭接区内箍筋直径不小于 $d/4$（d 为搭接钢筋最大直径），间距不应大于 100mm 及 $5d$（d 为搭接钢筋最小直径）。

3. 当受压钢筋直径大于 25mm 时，尚应在搭接接头两个端面外 100mm 的范围内各设置两道箍筋。

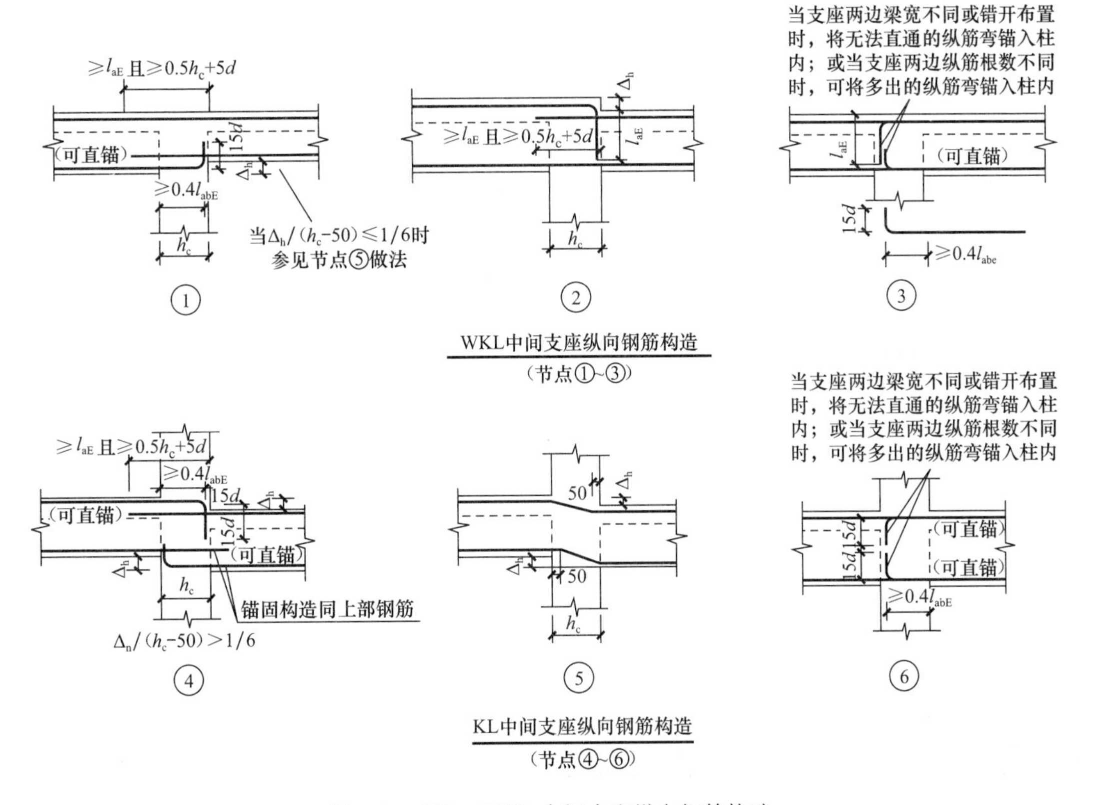

图 5-26　KL、WKL 中间支座纵向钢筋构造

（1）框架梁的下部纵向受力钢筋在中间支座的锚固要求，下部纵向钢筋伸入支座内的长度为 l_{aE}，且过柱中心线加 $5d$。

（2）柱断面尺寸不满足直锚长度要求，可伸入另侧梁内，满足总锚长度。

（3）当两侧梁不等高时，低梁锚入另一侧梁中，高梁可采用弯折锚固，水平段投影长度不少于 $0.4l_{abE}$，且伸至柱远端纵筋内侧向上弯折，垂直段水平投影长度不少于 $15d$。

（4）框架梁下部钢筋，可以在支座以外 $1.5h_0$（结构的计算高度，对于一级框架，为 $2h_0$）处搭接连接，搭接长度为 l_{lE}，这就避免了钢筋在节点核心区内太密集。但要注意接头百分率和箍筋加密的规定，不允许接头百分率大于 50%；如图 5-25 所示。

（5）采用机械连接时，可在非连接区，但连接钢筋的面积不应大于总面积的 50%。

《混凝土结构设计规范》GB 50010—2010 第 9.3.5 条规定：框架中间层中间节点或连续梁中间支座，梁的上部纵向钢筋应贯穿节点或支座。梁的下部纵向钢筋宜贯穿节点或支座。当必须锚固时，应符合下列锚固要求：

① 当计算中不利用该钢筋的强度时，其伸入节点或支座的锚固长度对带肋钢筋不小于 $12d$，对光面钢筋不小于 $15d$，d 为钢筋的最大直径。

② 当计算中充分利用钢筋的抗压强度时，钢筋应按受压钢筋锚固在中间节点或中间支座内，其直线锚固长度不应小于 $0.7l_a$。

③ 当计算中充分利用钢筋的抗拉强度时，钢筋可采用直线方式锚固在节点或支座内，锚固长度不应小于钢筋的受拉锚固长度 l_a [图 5-27（*a*）]。

④ 当柱截面尺寸不足时，也可采用本规范第 9.3.4 条第 1 款规定的钢筋端部加锚头的机械锚固措施，也可采用 90°弯折锚固的方式。

⑤ 钢筋可在节点或支座外梁中弯矩较小处设置搭接接头，搭接长度的起始点至节点或支座边缘的距离不应小于 $1.5h_0$ [图 5-27（*b*）]。

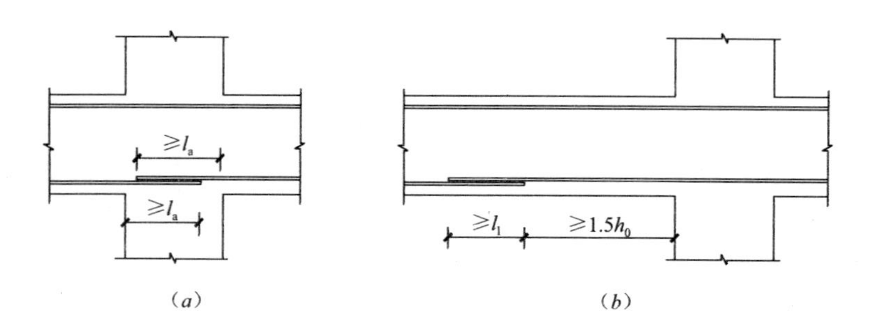

图 5-27 梁下部纵向钢筋在中间节点或中间支座范围的锚固与搭接

（*a*）下部纵向钢筋在节点中直线锚固；（*b*）下部纵向钢筋在节点或支座范围外的搭接

【问题 18】无论什么梁，支座负筋延伸长度都是“$l_n/3$”和“$l_n/4$”?

（1）框架梁（KL）“支座负筋延伸长度”来说，端支座和中间支座是不同的。

① 端支座负弯矩筋的水平长度：

第一排负弯矩筋从柱（梁）边起延伸至 $l_{n1}/3$ 位置。

第二排负弯矩筋从柱（梁）边起延伸至 $l_{n1}/4$ 位置。

（注：l_{n1} 是边跨的净跨长度）

② 中间支座负弯矩筋的水平长度：

第一排负弯矩筋从柱（梁）边起延伸至 $l_n/3$ 位置。

第二排负弯矩筋从柱（梁）边起延伸至 $l_n/4$ 位置。

（注：l_n 是支座两边的净跨长度 l_{n1} 和 l_{n2} 的最大值）

从上面的介绍可以看出，第一排支座负筋延伸长度从字面上说，似乎都是“三分之一净跨”，但要注意，端支座和中间支座是不一样的，一不小心就会出错。

对于端支座来说，是按“本跨”（边跨）的净跨长度来进行计算的。

而中间支座是按“相邻两跨”的跨度最大值来进行计算的。

（2）关于“支座负筋延伸长度”只给出了第一排钢筋和第二排钢筋的情况，如果发生“第三排”支座负筋，其延伸长度应该由设计师给出。

（3）关于支座负筋延伸长度的规定，不但对“框架梁”（KL）适用，对“非框架梁”（L）的中间支座同样适用。

为了方便施工，凡框架梁的所有支座和非框架梁（不包括井字梁）的中间支座上部纵筋的伸出长度 a_0 值在标准构造详图中统一取值为：第一排非通长筋及与跨中直径不同的通长筋从柱（梁）边起伸出至 $l_n/3$ 位置；第二排非通长筋伸出至 $l_n/4$ 位置。l_n 的取值规定为：对于端支座，l_n 为本跨的净跨值；对于中间支座，l_n 为支座两边较大一跨的净跨值。

此处“梁”是专门针对非框架梁（即次梁）说的，因为非框架梁（次梁）以框架梁（主梁）为支座。

（4）对于基础梁（基础主梁和基础次梁）来说，如果不考虑水平地震力作用的话，它的受力方向的楼层梁刚好是上下相反，这样，基础梁的“底部贯通纵筋”与楼层梁的“上部贯通纵筋”的受力作用是相同的；基础梁的“底部非贯通纵筋”与楼层梁的“上部非通长筋”是相同的。

另外，框架梁与框架柱的关系是“柱包梁”，所以柱截面的宽度比较大、梁截面的宽度比较小；对于基础主梁来说，则是“梁包柱”。这样一来，基础主梁的截面宽度应该大于柱截面的宽度。当基础主梁截面宽度小于或等于柱截面宽度的时候，基础主梁就必须加侧腋。而说到“加腋”，框架梁的加腋是由设计标注的，但基础主梁的加侧腋是设计不标注的，由施工人员自己去处理。

还有，框架梁的箍筋加密区长度是标准图集指定的；而基础梁的箍筋加密区长度则在标准图集中没有规定，所以设计人员必须写明加密箍筋的根数和间距。

【问题 19】梁内集中力处抗剪附加横向钢筋是如何设置的?

梁的顶部是不考虑配置附加横向钢筋的，位于梁的中间或下部（由于有集中荷载）要考虑附加横向钢筋，集中力处的抗剪全部由附加横向钢筋承担，附加横向钢筋有两种形式：吊筋、箍筋。设计图纸中往往用描述的语言一带而过，而结构设计说明中表述，没有很好地进行支座应力集中分析，最好是在支座处标注附加横向钢筋，施工时按设计要求配置。附加横向钢筋要有一个配置范围，不能超出这个范围，采用加密箍筋时，除附加箍筋外，梁内原箍筋不应减少，照常放置，不允许用布置在集中荷载影响区内的受剪箍筋代替附加横向钢筋。

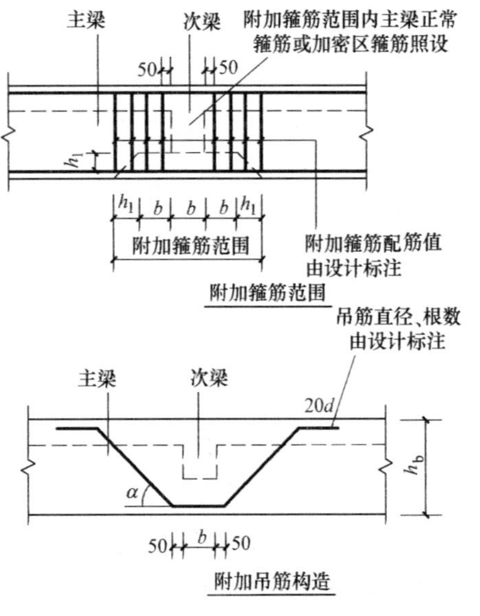

图 5-28　附加箍筋范围和附加吊筋构造

如图 5-28 所示，附加箍筋应在集中力两侧布置，每侧不小于 2 个，附加横向钢筋第一个箍筋距次梁外边的距离为 50mm，配置范围为 $2h_1$（h_1 为次梁高）$+3b$（b 为次梁宽）；采用吊筋，每个集中力外吊筋不少于 2φ12；吊筋下端水平段应伸至梁底部的纵向钢筋处，上端伸入梁上部的水平段为 $20d$（不是锚固的概念）；吊筋的弯起角度：梁高 800mm 以下为 45°，梁高 800mm 以上为 60°。

配置范围为集中荷载影响区，在此范围内增设附加横向钢筋，以防止集中荷载影响区下部混凝土拉脱，可弥补间接加载导致的梁斜截面受剪承载力的降低。附加横向钢筋宜采用箍筋，在配置范围内，也有采用吊筋，必要时箍筋和吊筋可同时设置。

主次梁相交范围内，主梁箍筋的设置规定：

（1）次梁宽度小于 300mm 时，可不设置附加横向钢筋。

（2）次梁宽度不小于 300mm 时应设置附加横向钢筋，如图 5-3 所示，且间距不宜大于 300mm。

（3）注意宽扁次梁与主梁相交时，应在主次梁相交范围内设置箍筋。

梁总的箍筋数量为梁两端箍筋加密区箍筋数量，加上非加密区箍筋数量，再加上集中荷载处增加的附加箍筋数量三部分组成。

【问题 20】楼层框架梁纵向钢筋构造包括哪些？

楼层框架梁纵向钢筋构造如图 5-29 所示。

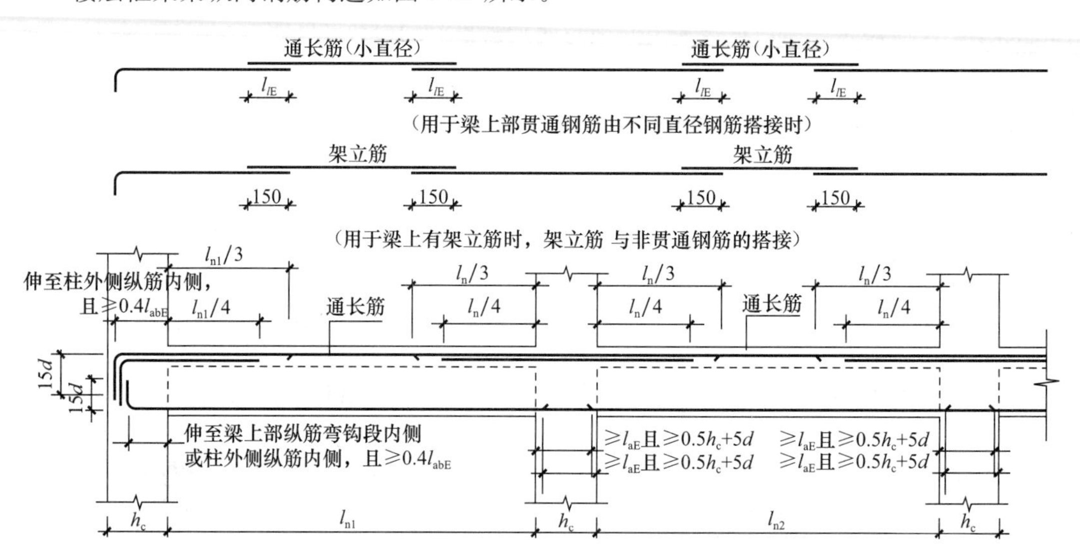

图 5-29　楼层框架梁纵向钢筋构造

1. 框架梁上部纵筋

框架梁上部纵筋包括：上部通长筋，支座上部纵向钢筋（即支座负筋）和架立筋。这里所介绍的内容同样适用于屋面框架梁。

（1）框架梁上部通长筋　根据《建筑抗震设计规范》及 2016 年局部修订 GB 50011—2010 第 6.3.4 条规定：梁端纵向钢筋的配筋率不宜大于 2.5%。沿梁全长顶面、底面的配筋，一、二级不应少于 2ϕ14，且分别不应少于梁顶面、地面两端纵向配筋中较大截面面积的 1/4；三、四级不应少于 2ϕ12。而且，通长筋可为相同或不同直径采用搭接连接、机械连接或焊接的钢筋。由此可看出：

1）上部通长筋的直径可以小于支座负筋，这时，处于跨中上部通长筋就在支座负筋的分界处（$l_n/3$ 处），与支座负筋进行连接，根据这一点，可以计算出上部通长筋的长度。

2）上部通长筋与支座负筋的直径相等时，上部通长筋可以在 $l_n/3$ 的范围内进行连接，这时，上部通长筋的长度可以按贯通筋计算。

（2）支座负筋的延伸长度　“支座负筋延伸长度”在不同部位是有差别的。

在端支座部位，框架梁端支座负筋的延伸长度为：第一排支座负筋从柱边开始延伸至 $l_{n1}/3$ 位置；第二排支座负筋从柱边开始延伸至 $l_{n1}/4$ 位置（l_{n1}是边跨的净跨长度）。

在中间支座部位，框架梁支座负筋的延伸长度为：第一排支座负筋从柱边开始延伸至 $l_{n1}/3$ 位置；第二排支座负筋从柱边开始延伸至 $l_{n1}/4$ 位置（l_n是支座两边的净跨长度 l_{n1} 和 l_{n2}的最大值）。

（3）框架梁架立筋构造　架立筋是梁的一种纵向构造钢筋。当梁顶面箍筋转角处无纵向受力钢筋时，应设置架立筋。架立筋的作用是形成钢筋骨架和承受温度收缩应力。

那架立筋又该如何进行计算呢？由图 5-29 可以看出，当设有架立筋时，架立筋与非贯通钢筋的搭接长度为 150，因此，可得出架立筋的长度是逐跨计算的，每跨梁的架立筋长度为：

架立筋的长度＝梁的净跨长度－两端支座负筋的延伸长度＋150×2

当梁为“等跨梁”时，

架立筋的长度＝$l_n/3$＋150×2

【例 5-1】　框架梁 KL2 为两跨梁，如图 5-30 所示。

混凝土强度等级 C25，二级抗震等级；

计算 KL2 的架立筋。

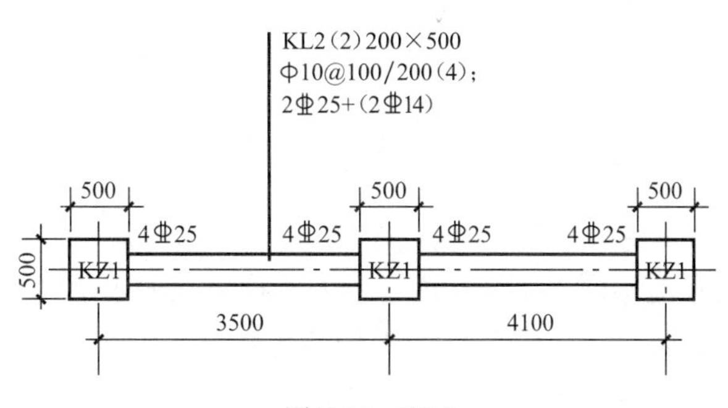

图 5-30　KL2

【解】　KL2 为不等跨的多跨框架梁，

第一跨净跨长度＝l_{n1}＝3500－500＝3000mm

第二跨净跨长度＝l_{n2}＝4100－500＝3600mm

l_n＝max（l_{n1}，l_{n2}）＝max（3000，3600）＝3600mm

第一跨左支座负筋伸出长度为 $l_{n1}/3$，右支座负筋伸出长度为 $l_n/3$

所以，第一跨架立筋长度为

架立筋长度＝l_{n1}－$l_{n1}/3$－$l_n/3$＋150×2＝3000－3000/3－3600/3＋150×2＝830mm

第二跨左支座负筋伸出长度为 $l_n/3$，右支座负筋伸出长度为 $l_{n2}/3$

所以，第二跨架立筋长度为

架立筋长度$=l_{n2}-l_n/3-l_{n2}/3+150\times2=3600-3600/3-3600/3+150\times2=1500$mm

从钢筋的集中标注可以看出KL2为四肢箍，由于设置了上部通长筋位于梁箍筋的角部，所以在箍筋的中间要设置两根架立筋。

所以，每跨的架立筋根数=箍筋的肢数－上部通长筋根数=4－2=2根。

2. 框架梁下部纵筋构造

框架梁下部纵筋的配筋基本上是“按跨布置”，即在中间支座锚固。框架梁下部纵筋不能在下部跨中连接，因为，下部跨中是正弯矩最大的地方；框架梁下部纵筋不能在支座内连接，我们在上一章提到“梁柱交叉节点为中心的上下一段范围内是柱纵筋的非连接区”，同样，在梁柱交叉节点内，也是梁纵筋的非连接区。所以，框架梁下部纵筋在中间支座内，只能进行锚固，而不能进行钢筋连接。

3. 框架梁中间支座纵向钢筋构造

框架梁中间支座纵向钢筋构造共有三种情况，如图5-31所示。

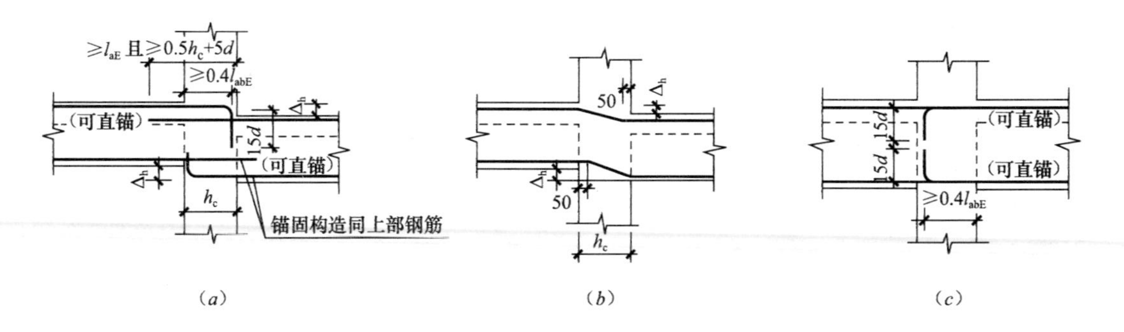

图5-31 框架梁中间支座纵向钢筋构造

(a) $\Delta_h/(h_c-50)>1/6$；(b) $\Delta_h/(h_c-50)\leqslant1/6$；(c) 支座两边梁不同

简单介绍一下中间支座纵向钢筋构造的构造要点：

如图5-31(a)所示，当$\Delta_h/(h_c-50)>1/6$时，上部通长筋断开；如图5-31(b)所示，当$\Delta_h/(h_c-50)\leqslant1/6$时，上部通长筋斜弯通过；如图5-31(c)所示，当支座两边梁宽不同或错开布置时，无法将直通的纵筋弯锚入柱内；或当支座两边纵筋根数不同时，可将多出的纵筋弯锚入柱内。

4. 框架梁端支座节点构造

这里所讲的端支座节点构造仅适用于“楼层框架梁”。

框架梁端支座节点构造如图5-32所示。

如图5-32(a)所示，当端支座弯锚时，上部纵筋伸至柱外侧纵筋内侧弯折15d，下部纵筋伸至梁上部纵筋弯钩段内侧或住外侧纵筋内侧弯折15d，且直锚水平段均应≥$0.4l_{abE}$。

如图5-32(b)所示，当端支座直锚时，上下部纵筋伸入柱内的直锚长度≥l_{aE}且≥$0.5h_c+5d$。

如图5-32(c)所示，当端支座加锚头(锚板)锚固时，上下部纵筋伸至柱外侧纵筋内侧，且直锚长度≥$0.4l_{abE}$。

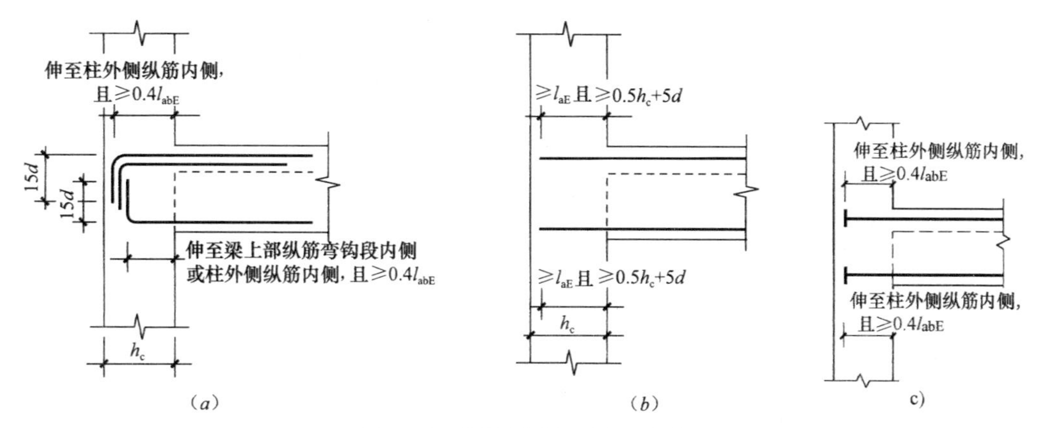

图 5-32 框架梁端支座节点构造

(a) 端支座弯锚；(b) 端支座直锚；(c) 端支座加锚头（锚板）锚固

5. 框架梁侧面纵筋的构造

框架梁侧面纵向构造钢筋和拉筋构造如图 5-33 所示。

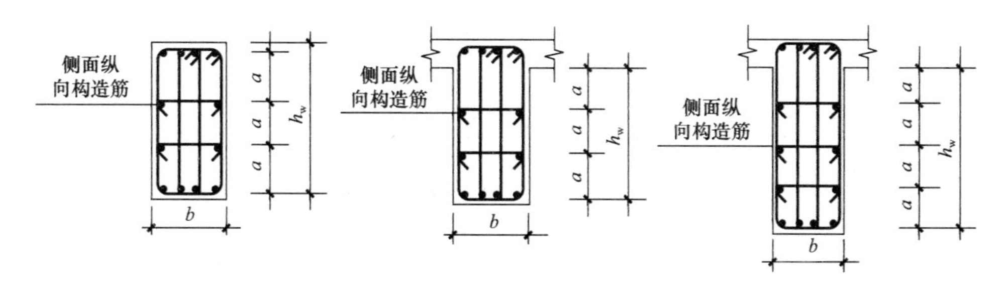

图 5-33 框架梁侧面纵向构造钢筋和拉筋

从图中，我们可以获得以下的一些信息：

1）当 h_w≥450mm 时，在梁的两个侧面应沿高度配置纵向构造钢筋；纵向构造钢筋间距 a<200mm。

2）当梁侧面配有直径不小于构造纵筋的受扭纵筋时，受扭钢筋可以代替构造钢筋。

3）梁侧面构造纵筋的搭接与锚固长度可取 15d。梁侧面受扭纵筋的搭接长度为 l_{lE}或 l_l，其锚固长度为 l_{aE}或 l_a，锚固方式同框架梁下部纵筋。

4）当梁宽≤350mm 时，拉筋直径为 6mm；梁宽>350mm 时，拉筋直径为 8mm。拉筋间距为非加密区箍筋间距的 2 倍。当设有多排拉筋时，上下两排拉筋竖向错开设置。

【例 5-2】 在图 5-34 中，可看到 KL1 集中标注的侧面纵向构造钢筋为 G4Φ10，求：第一跨和第二跨侧面纵向构造钢筋的尺寸（混凝土强度等级 C25，二级抗震等级）。

第一跨的跨度（轴线—轴线）为 3600mm；左端支座是剪力墙端柱 GDZ1 截面尺寸为 600mm×600mm，支座宽度 600mm 为正中轴线；第一跨的右支座（中间支座）是 KZl 截面尺寸为 750mm×700mm，支座宽度 750mm 为正中轴线。

第二跨的跨度（轴线—轴线）为 7200mm，第二跨的右支座（中间支座）是 KZ1 截面尺寸为 750mm×700mm，为正中轴线。

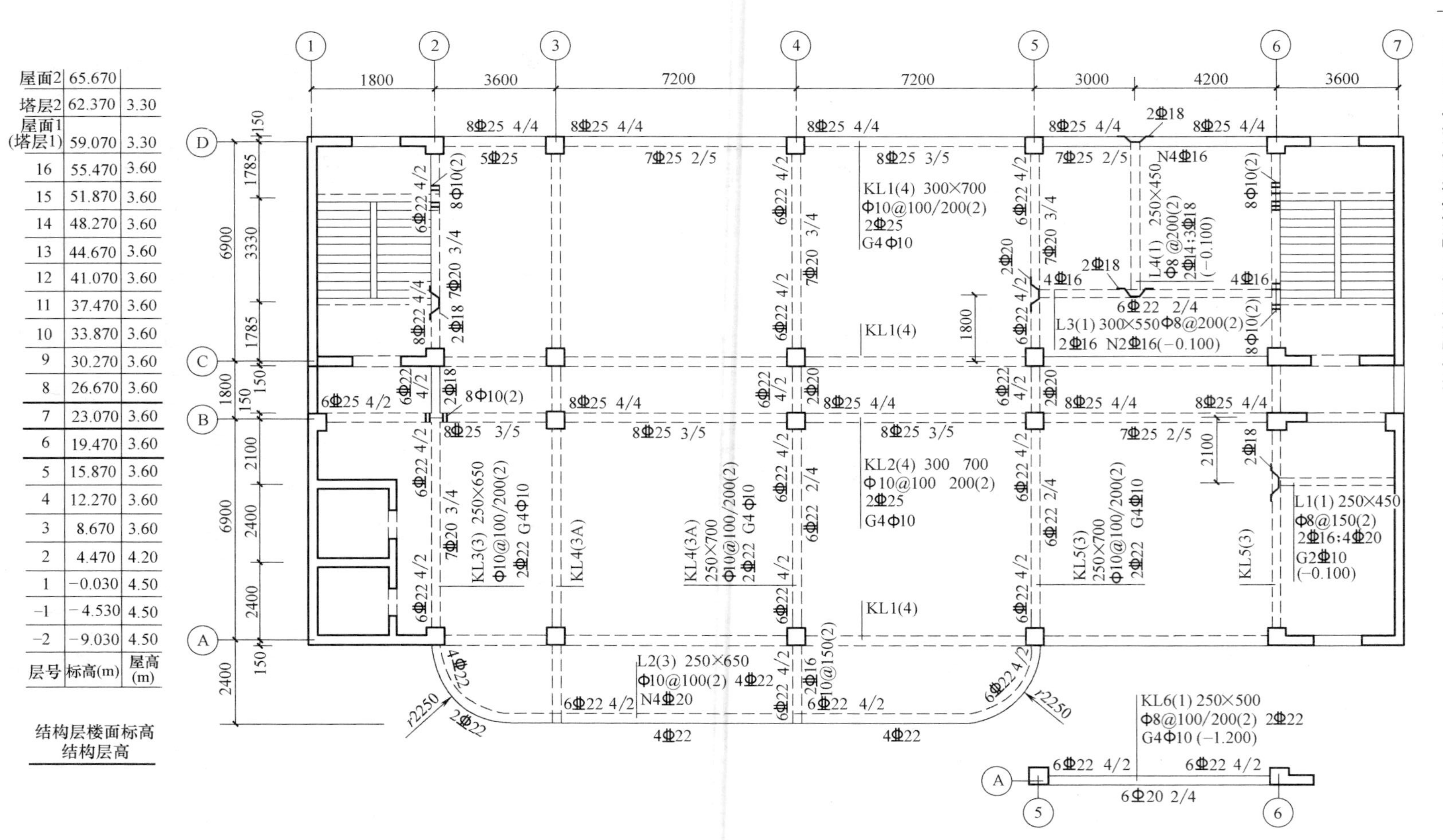

层号	标高(m)	层高(m)
屋面2	65.670	
塔层2	62.370	3.30
屋面1(塔层1)	59.070	3.30
16	55.470	3.60
15	51.870	3.60
14	48.270	3.60
13	44.670	3.60
12	41.070	3.60
11	37.470	3.60
10	33.870	3.60
9	30.270	3.60
8	26.670	3.60
7	23.070	3.60
6	19.470	3.60
5	15.870	3.60
4	12.270	3.60
3	8.670	3.60
2	4.470	4.20
1	-0.030	4.50
-1	-4.530	4.50
-2	-9.030	4.50

结构层楼面标高
结构层高

图5-34　15.870～26.670梁平法施工图

【解】（1）计算第一跨的侧面纵向构造钢筋

KL1第一跨净跨长度：3600－300－375＝2925mm，

所以，第一跨侧面纵向构造钢筋的长度＝2925＋2×15×10＝3225mm。

由于该钢筋为HPB300钢筋，所以在钢筋的两端设置180°的小弯钩（这两个小弯钩的展开长度为12.5d）。

所以，钢筋每根长度＝3225＋12.5×10＝3350mm。

（2）计算第二跨的侧面纵向构造钢筋

KL1第二跨的净跨长度＝7200－375－375＝6450mm

所以，第二跨侧面纵向构造钢筋的长度＝6450＋2×15×10＝6750mm

由于该钢筋为HPB300级钢筋，所以在钢筋的两端设置180°的小弯钩。

所以，钢筋每根长度＝6750＋12.5×10＝6875mm。

【例5-3】 KL1的截面尺寸是300mm×700mm，箍筋为P10@100/200（2），集中标注的侧面纵向构造钢筋为G4Φ10，求：侧面纵向构造钢筋的拉筋规格和尺寸（混凝土强度等级为C25）。

（1）拉筋的规格

因为KL1的截面宽度为300mm＜350mm，所以拉筋直径为6mm。

（2）拉筋的尺寸

拉筋水平长度＝梁箍筋宽度＋2×箍筋直径＋2×拉筋直径

梁箍筋宽度＝梁截面宽度－2×保护层＝300－2×25＝250mm

所以，本例题的拉筋水平长度＝250＋2×10＋2×6＝282mm。

（3）拉筋的两端各有一个135°的弯钩，弯钩平直段为10d

拉筋的每根长度＝拉筋水平长度＋26d

所以，本例题拉筋的每根长度＝282＋26×6＝438mm。

【问题21】框架梁箍筋加密区范围是如何规定的？

楼层框架梁、屋面框架梁箍筋加密区范围有两种构造，如图5-35所示。

（1）梁支座附近设箍筋加密区，当框架梁抗震等级为一级时，加密区长度≥2.0h_b且≥500；当框架梁抗震等级为二至四级时，加密区长度≥2.0h_b且≥500（h_b为梁截面宽度）。

（2）第一个箍筋在距支座边缘50mm处开始设置。

（3）弧形梁沿中心线展开，箍筋间距沿凸面线量度。

（4）当箍筋为复合箍时，应采用大箍套小箍的形式。

【问题22】梁的“构造钢筋”和“抗扭钢筋”有什么异同？

（1）“构造钢筋”和“抗扭钢筋”都是梁的侧面纵向钢筋，通常把它们称为“腰筋”。

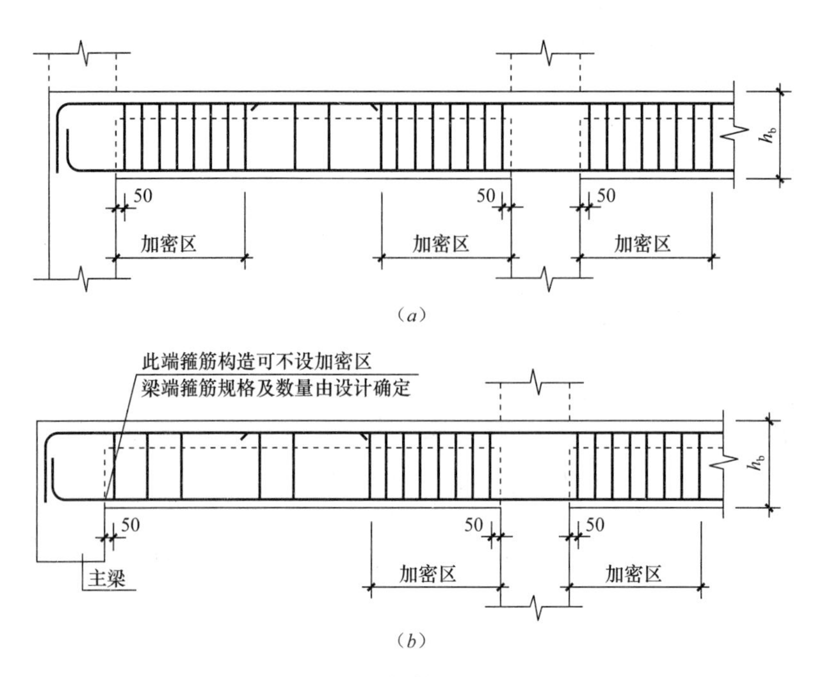

图 5-35 箍筋加密区范围

所以，就其在梁上的位置来说，是相同的。其构造上的规定，在梁的侧面进行“等间距”的布置，对于“构造钢筋”和“抗扭钢筋”来说是相同的。

“构造钢筋”和“抗扭钢筋”都要用到“拉筋”，并且关于“拉筋”的规格和间距的规定也是相同的。即：当梁宽≤350mm时，拉筋直径为6mm；当梁宽>350mm时，拉筋直径为8mm。拉筋间距为非加密区箍筋间距的两倍。当设有多排拉筋时，上下两排拉筋竖向错开设置。

在这里需要说明一下，上述的“拉筋间距为非加密区箍筋间距的两倍”，只是给出一个计算拉筋间距的算法。例如，梁箍筋的标注为Φ8@100/200（2），可以看出，非加密区箍筋间距为200mm，则拉筋间距为200×2=400mm。但是，有些人却提出“拉筋在加密区按加密区箍筋间距的两倍，在非加密区按非加密区箍筋间距的两倍”，这是错误的理解。

不过，在前面的叙述中可以明确一点，那就是“拉筋的规格和间距”是施工图纸上不给出的，需要施工人员自己来计算。

（2）然而，“构造钢筋”和“抗扭钢筋”更多的是它们的不同点。

①“构造钢筋”纯粹是按构造设置，即不必进行力学计算。

《混凝土结构设计规范（2015年版）》GB 50010—2010 9.2.13条指出：当梁的腹板高度 h_w 不小于450mm时，在梁的两个侧面应沿高度配置纵向构造钢筋，每侧纵向构造钢筋（不包括梁上、下部受力钢筋及架立钢筋）的间距不宜大于200mm，截面面积不应小于腹板截面面积（bh_w）的0.1%，但当梁宽较大时可以适当放松。

上述规范中的规定，与16G101-1图集是基本一致的。之所以说是“基本”一致，就是说还有“不一致”的地方，那就是关于 h_w 的规定。

《混凝土结构设计规范（2015年版）》GB 50010—2010第6.3.1条规定：h_w——截面的腹板高度：对矩形截面，取有效高度；对T形截面，取有效高度减去翼缘高度；对I形截面，取腹板净高。

而在16G101-1图集第90页的图中，把h_w标定为矩形截面的全梁高度——这与“有效高度”是有点差距的。

按道理，当标准图集与规范发生矛盾时，应该以规范为准，因为标准图集应该是规范的具体体现。不过，这是设计上需要注意的问题。对于施工部门来说，构造钢筋的规格和根数是由设计上在结构平面图上给出的，施工部门只要照图施工就行。

当设计图纸漏标注构造钢筋的时候，施工人员只能向设计师咨询构造钢筋的规格和根数，而不能对构造钢筋进行自行设计。

因为构造钢筋不考虑其受力计算，所以，梁侧面纵向构造钢筋的搭接长度和锚固长度可取为15d。

②“抗扭钢筋”是需要设计人员进行抗扭计算才能确定其钢筋规格和根数的。

16G101-1图集对梁的侧面抗扭钢筋提出了明确的要求：

a. 梁侧面抗扭纵向钢筋的锚固长度和方式同框架梁下部纵筋。

对于这句话的解释是：对于端支座来说，梁的抗扭纵筋要伸到柱外侧纵筋的内侧，再弯15d的直钩，并且保证其直锚水平段长度≥0.4l_{aE}；对于中间支座来说，梁的抗扭纵筋要锚入支座≥l_{aE}，并且超过柱中心线5d。

b. 梁侧面抗扭纵向钢筋其搭接长度为l_l或l_{lE}。

c. 梁的抗扭箍筋要做成封闭式，当梁箍筋为多肢箍时，要做成“大箍套小箍”的形式。

对抗扭构件的箍筋有比较严格的要求。《混凝土结构设计规范（2015年版）》GB 50010—2010第9.2.10条指出：受扭所需的箍筋应做成封闭式，且应沿截面周边布置；当采用复合箍筋时，位于截面内部的箍筋不应计入受扭所需的箍筋面积；受扭所需箍筋的末端应做成135°弯钩，弯钩端头平直段长度不应小于10d（d为箍筋直径）。

对于施工人员来说，一个梁的侧面纵筋是构造钢筋还是抗扭钢筋，完全由设计师来给定。“G”打头的钢筋就是构造钢筋，“N”打头的钢筋就是抗扭钢筋。

【问题23】为什么说“梁侧面抗扭纵向钢筋的锚固方式同框架梁下部纵筋”？

对于端支座来说，框架梁的侧面抗扭钢筋要伸到柱外侧纵筋的内侧，再弯15d的直钩，并且保证其直锚水平段长度≥0.4l_{abE}。

对于“宽支座”，侧面抗扭钢筋只需锚入端支座≥l_{aE}和侧面≥0.5h_c+5d，不需要弯15d的直钩。

对于中间支座来说，梁的抗扭纵筋要锚入支座≥l_{aE}，并且超过柱中心线5d。

对于楼层框架梁的上部纵筋，其锚固长度的规定与框架梁下部纵筋是基本相同的。

但是，对于屋面框架梁的上部纵筋，其锚固长度的规定就大不相同了：当采用“柱插梁”的做法时，屋面框架梁上部纵筋在端支座的直钩长度就不是15d，而是一直伸到梁底；当采用“梁插柱”的做法时，屋面框架梁上部纵筋在端支座的直钩长度就更加长了，达到1.7l_{abE}。

然而，屋面框架梁下部纵筋在端支座上锚固的规定，与楼层框架梁下部纵筋在端支座上的锚固是一样的，其做法具有稳定性和一致性。所以，规定“梁侧面抗扭纵向钢筋的锚固方式同框架梁下部纵筋”，更具有易掌握性和做法的一致性。

【问题24】框架梁一端支座为框架柱，另一端支座为梁时的构造是如何规定的？

框架梁一端支座为框架柱，另一端支座为梁时的构造做法，这种做法形成一个不完整的框架结构体系应避免，但由于结构布置不可避免时，《高层建筑混凝土结构技术规程》JGJ 3—2010第6.1.8条规定：不与框架柱相连的次梁，可按非抗震要求进行设计。与框架柱相连，应根据有无抗震设防要求的框架节点采取相应的措施。

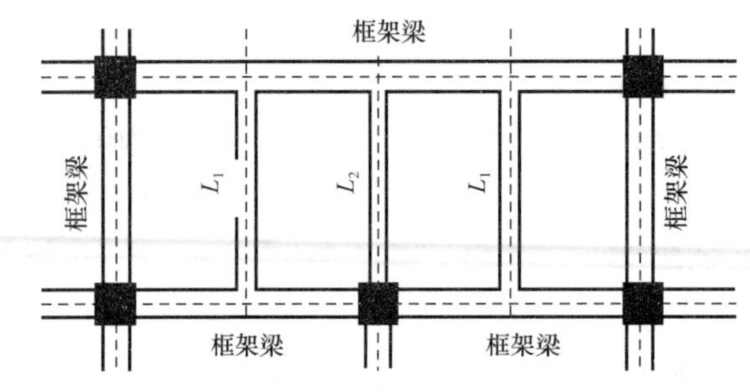

图5-36 框架梁两端支座不同示意平面图

如图5-36所示，图中L1梁，不与框架柱相连，因而不参与抗震，所以L1梁的构造可按非抗震要求设计；图中L2梁，一端与框架柱相连，一端与梁相连；与框架柱相连端应按抗震设计，其要求就与框架梁相同，与梁相连端构造同L1梁。

如图5-37所示，次梁梁端（以主梁为支座）不要求进行箍筋加密，此处节点构造的处理方法，施工图设计文件中应表达清楚，说明非框架节点处纵向钢筋的锚固长度、上部通长钢筋、箍筋是否加密等要求。

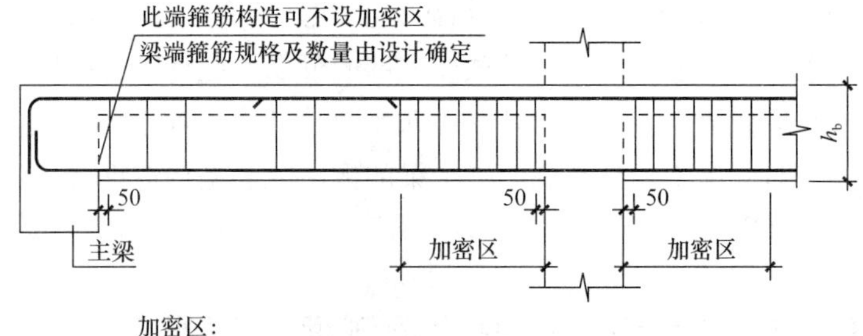

图5-37 框架梁KL、WKL箍筋加密区范围

（弧形梁沿梁中心线展开，箍筋间距沿凸面线量度）

梁端加密位置，是在梁端与框架柱连接地方；与非框架梁相连是不需要按照抗震要求加密的，仅需满足抗剪强度要求，箍筋无须弯135°钩，弯90°钩即可。

注：遇到的框架梁一端支座为框架柱，另一端支座为剪力墙时的构造做法，如平行于剪力墙墙身，可按框架节点的构造做法；如垂直相次于剪力墙墙身时，梁高大于2倍墙厚时应采取必要的措施（设置

平行剪力墙、扶壁柱、暗柱、型钢)；梁高不大于2倍墙厚时可按非框架梁的节点处理（此时应加大梁中配筋)。

【问题25】以剪力墙作为框架梁的端支座，梁纵筋的直锚水平段长度不满足0.4l_{abE}，怎么办?

对于剪力墙结构来说，剪力墙的厚度较小，一般也就是200～300mm。当遇到以剪力墙为支座的框架梁（与剪力墙墙身垂直)，此时的支座宽度就是剪力墙的厚度，此时的支座宽度太小，很难满足上述锚固长度的要求。对于这种情况，作为设计师应该了解标准图集的这种功能上的局限性，主动地给出这种以剪力墙墙身作为支座的梁端部节点构造。

从图5-34中可以看到一种解决方案，其中框架梁KL2以垂直的剪力墙墙身Q1作为支座，Q1的厚度仅有300mm，显然不能满足“纵筋直锚水平段≥0.4l_{abE}”的要求，但是此工程例子在这个端支座处增设了“端柱”GDZ2（截面为600mm×600mm)，这就解决了“剪力墙墙身作为支座”而宽度不够的问题。——在框架结构中，框架梁一般是以框架柱为支座的；在剪力墙结构中，边框梁一般是以端柱为支座的。

因此，当框架梁端支座为厚度较小的剪力墙时，框架梁纵筋可以采用等强度等面积代换为较小直径的钢筋，还可以在梁端支座部位设置剪力墙壁柱，但是最好的办法还是请该工程的结构设计师出示解决方案。当施工图没有明确的解决方案时，施工方面应在会审图纸时提出。

【问题26】框架扁梁（宽扁梁）的构造有哪些要求?

(1）梁宽大于柱宽的扁梁应符合下列要求：

1）采用扁梁的楼、屋盖应现浇，梁中线宜与柱中线重合，扁梁应双向布置。扁梁的截面尺寸应符合下列要求，并应满足现行有关规范对挠度和裂缝宽度的规定：

$$b_b \leqslant 2b_c \tag{5-3}$$

$$b_b \leqslant b_c + h_b \tag{5-4}$$

$$h_b \geqslant 16d \tag{5-5}$$

式中 b_c——柱截面宽度，圆形截面取柱直径的0.8倍；

b_b、h_b——分别为梁截面宽度和高度；

d——柱纵筋直径。

2）扁梁不宜用于一级框架结构。

(2）框架扁梁中柱节点构造如图5-38所示。

1）框架扁梁上部通长钢筋连接位置、非贯通钢筋伸出长度要求同框架梁。

2）穿过柱截面的框架扁梁下部纵筋，可在柱内锚固；未穿过柱截面下部纵筋应贯通节点区。

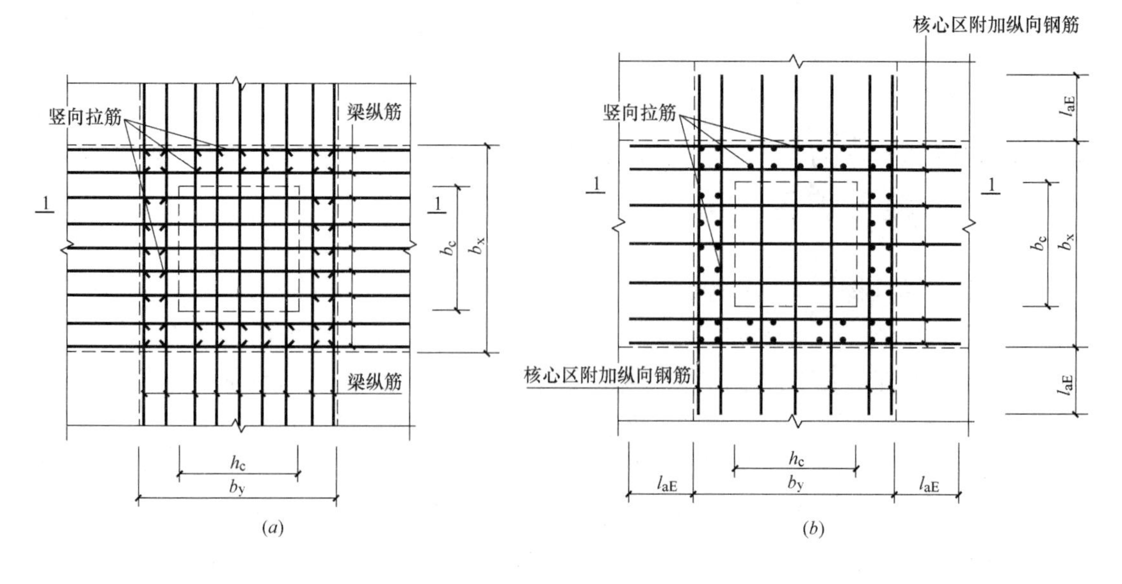

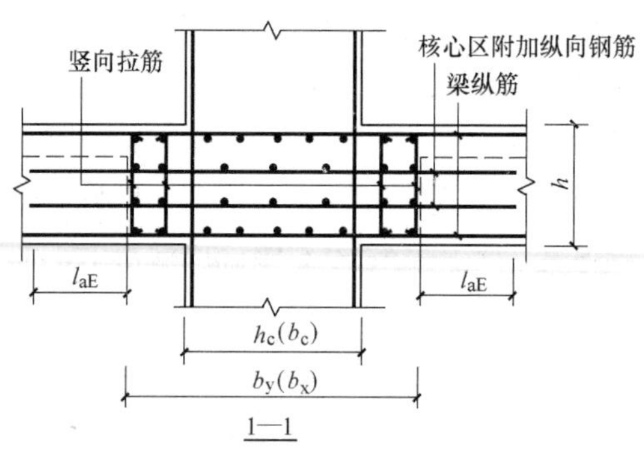

图 5-38 框架扁梁中柱节点

（a）框架扁梁中柱节点竖向拉筋；（b）框架扁梁中柱节点附加纵向钢筋

3）框架扁梁下部纵筋在节点外连接时，连接位置宜避开箍筋加密区，并宜位于支座 $l_{ni}/3$ 范围之内。

4）箍筋加密区要求见图 5-39，b 为框架扁梁宽度。

5）竖向拉筋同时勾住扁梁上下双向纵筋，拉筋末端采用 135°弯钩，平直段长度为 10d。

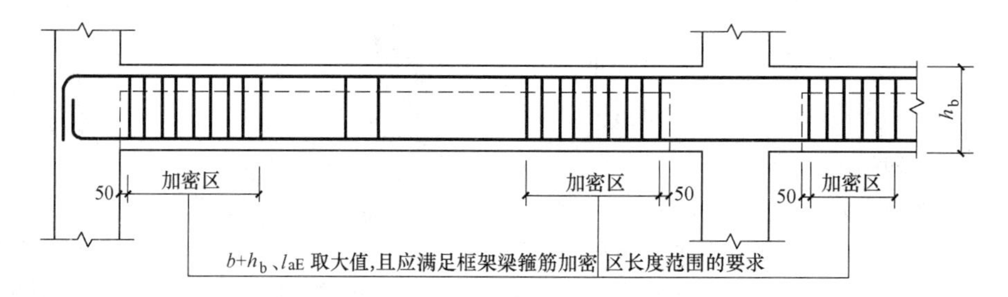

图 5-39 框架扁梁箍筋构造

（3）框架扁梁边柱节点构造如图 5-40、图 5-41 所示。

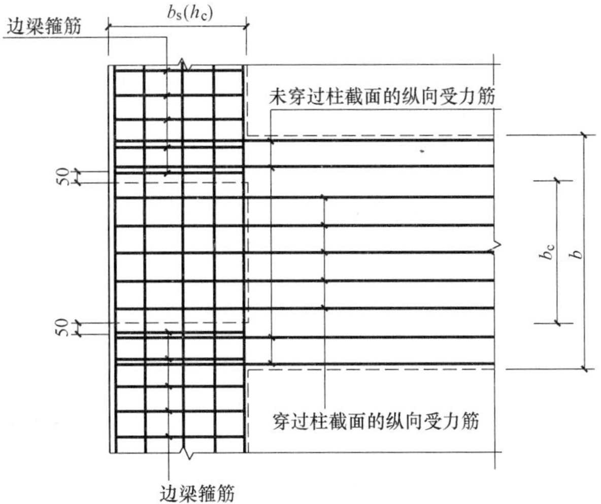

图 5-40　框架扁梁边柱节点（一）

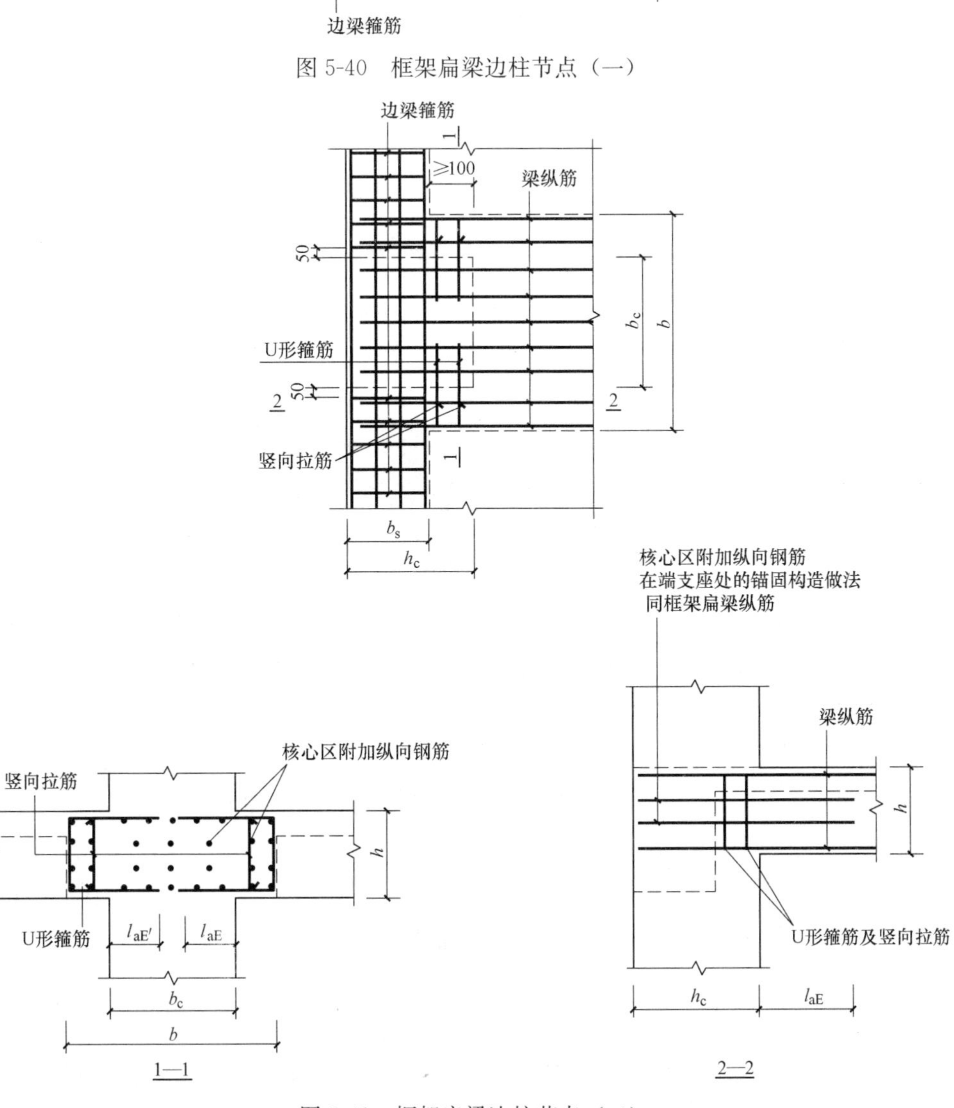

图 5-41　框架扁梁边柱节点（二）

1）穿过柱截面框架扁梁纵向受力钢筋锚固做法同框架梁。未穿过柱截面框架扁梁纵向受力钢筋锚固做法如图 5-42 所示。

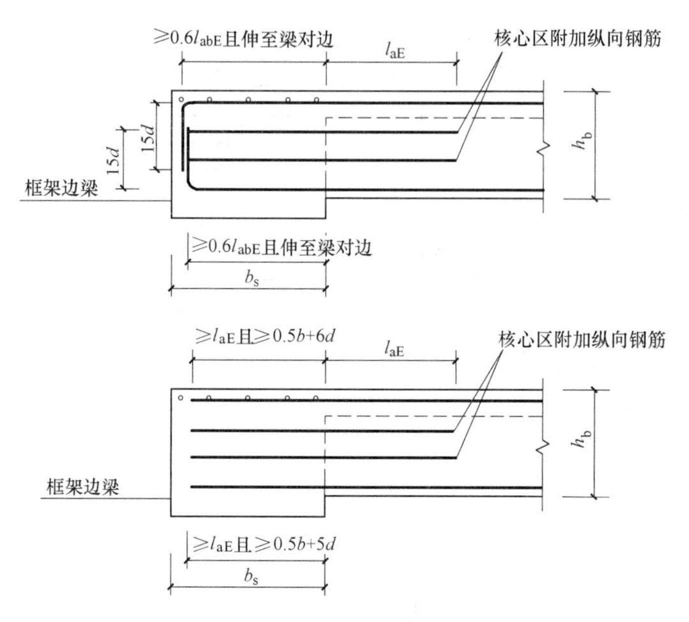

图 5-42　未穿过柱截面的扁梁纵向受力筋锚固做法

2）当 $h_c - b_s \geqslant 100$ 时，需设置 U 形箍筋及竖向拉筋。

3）竖向拉筋同时勾住扁梁上下双向纵筋，拉筋末端采用 135°弯钩，平直段长度为 10d。

【问题 27】框架梁的支座处的加腋构造包括哪些？

1. 垂直加腋

平法标示：用 b×hYc_1×c_2腋长×腋高表示，加腋部位下部斜纵筋在支座下部以下部斜纵筋 Y 打头，注写在括号内，加腋竖向构造适用于加腋部位参与框架梁的计算，配筋由设计标注，其他情况设计者应另行给出构造，如图 5-43 所示。

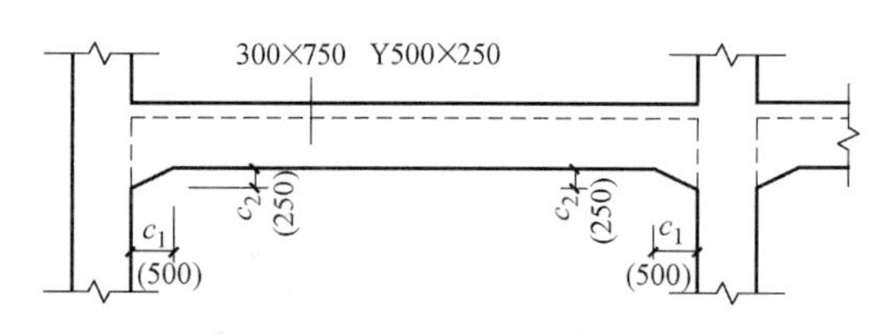

图 5-43　竖向加腋梁标注

（1）设计垂直加腋的原因：垂直加腋相当于柱增加的“牛腿”，有的称为“梁的支托”，目的是弥补支座处抗剪能力的不足，特别是对托墙梁、托柱梁，增加梁的承载能力，加强梁的抗震性能。

（2）加腋尺寸由设计注明，一般坡度为 1：6，如图 5-44 所示。

（3）加腋区箍筋需要加密，当图纸未注明时，可同框架梁端箍筋加密要求的直径和间距；梁端箍筋加密区长度从弯折点（加腋端）开始计算，而不是从柱边开始，两端加腋是

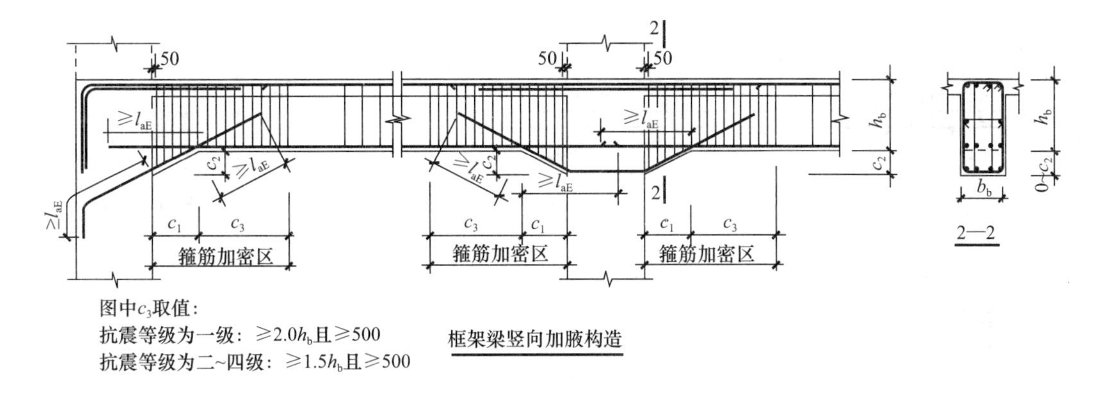

图 5-44 垂直加腋

一样的构造；注意在梁加腋端与梁下纵筋相交处应增设一道箍筋。

（4）框架梁下部纵向钢筋锚固点位置发生改变，梁的下部钢筋伸入到支座的锚固点应是从加腋端开始计算锚固长度，而不是从柱边开始，直锚时应满足 l_{aE}、l_a且过柱中心线 $5d$。在中间节点处钢筋能贯通的贯通，如果不能贯通，也可满足从加腋端开始计算锚固长度，满足直线段长度，还要过柱中心 $5d$（两侧要求一样）。

（5）加腋范围内增设纵向钢筋不少于 2 根并锚固在框架梁和框架柱内；垂直加腋的纵向钢筋由设计确定，为方便施工放置，插空布置，一般比梁下部伸入框架内锚固的纵向钢筋减少 1 根。

2. 水平加腋

平法标示：用 B×HPYc_1×c_2腋长×腋宽表示，水平加腋内上、下部斜纵筋应在加腋支座上以 Y 打头写在括号内，上下部斜纵筋用“/”分隔。

参见图 5-45。

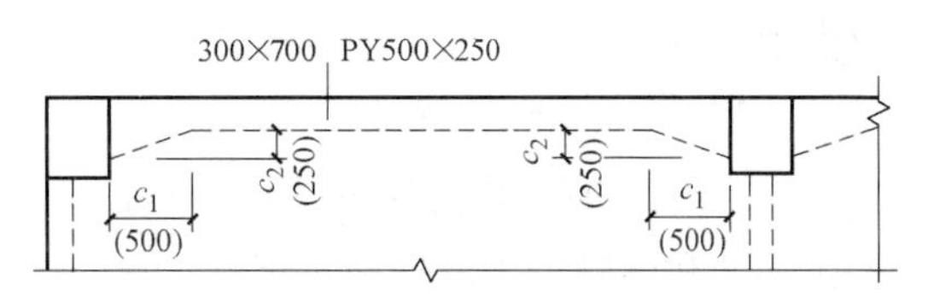

图 5-45 水平加腋梁标注

（1）设计水平加腋的原因：由于柱的断面比较大，梁的断面比较小，梁、柱中心线不能重合，梁偏心对梁柱节点核心区会产生不利影响。《高层建筑混凝土结构技术规程》JGJ 3—2010 规定：当梁、柱中心线之差（偏心距 e）大于该方向柱宽（b_c）的 1/4 时，宜在梁支座处设置水平加腋，可明显改善梁柱节点的承受反复荷载性能，减小偏心对梁柱节点核心区受力的不利影响。在计算时要考虑偏心的影响，要考虑一个附加弯矩，有很多结构计算时都是忽略的，这对结构是不安全的，根据试验结果，要采用水平加腋方法。在 6～8 度抗震设计时也可采取增设梁的水平加腋措施减小偏心对梁柱节点核心区受力的不利影响，对于抗震设防烈度为 9 度时不会采取水平加腋的方法。

（2）加腋尺寸由设计注明，加腋部分高度同梁高，水平尺寸按设计要求，水平加腋的构造做法同竖向加腋，一般坡度为 1∶6，如图 5-46 所示。

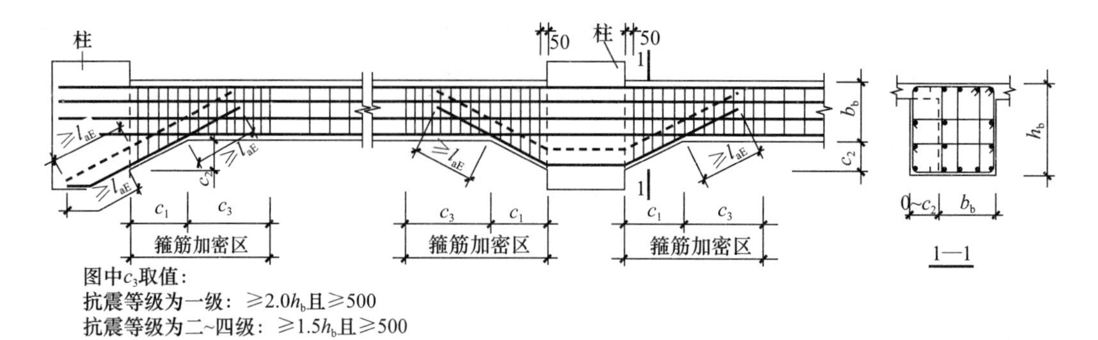

图 5-46 框架梁水平加腋构造

（3）加腋区箍筋需要加密，梁端箍筋加密区长度从弯折点计；除加腋范围内需要加密外，加腋以外也应满足框架梁端箍筋加密的要求。

（4）水平加腋部位的配筋设计，在平法施工图中未给出时，其梁腋上下部斜纵筋（仅设置第一排）直径分别同梁内上下纵筋，水平间距不宜大于200mm；水平加腋部位侧面纵向构造筋的设置及构造要求同梁内侧面纵向构造筋。

【问题28】框架梁与框架柱同宽或梁一侧与柱平的防裂、防剥落构造是如何规定的?

（1）框架梁的纵向钢筋弯折伸入柱纵筋的内侧。

（2）当梁、柱、墙中纵向受力钢筋的保护层厚度大于50mm时，宜对保护层采取有效的构造措施。当在保护层内配置防裂、防剥落的焊接钢筋网片，网片钢筋的保护层厚度不应小于25mm。

（3）当梁的混凝土保护层厚度大于50mm且配置表层钢筋网片时，应符合下列规定：

① 表层钢筋宜采用焊接网片，其直径不宜大于8mm、间距不应大于150mm；网片应配置在梁底和梁侧，梁侧的网片钢筋应延伸至梁高的2/3处。

② 两个方向上表层网片钢筋的截面积均不应小于相应混凝土保护层（图5-47阴影部分）面积的1%。

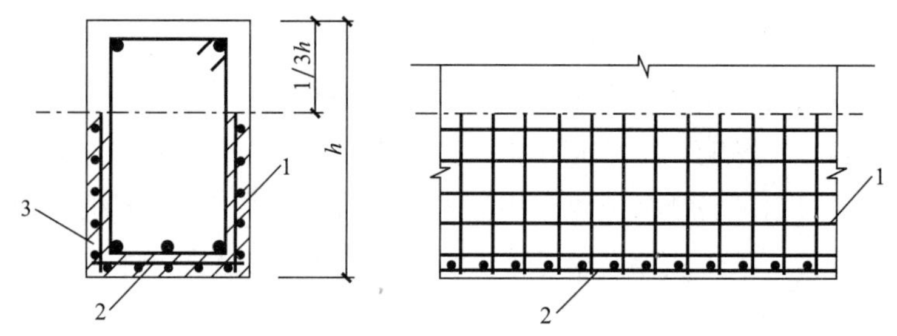

图 5-47 配置表层钢筋网片的构造要求

1—梁侧表层钢筋网片；2—梁底表层钢筋网片；3—配置网片钢筋区域

【问题29】折线梁（垂直弯折）下部受力纵筋该如何配置？

（1）折线梁，如坡屋面，当内折角小于160°时，折梁下部弯折角度较小时会使下部混凝土崩落而产生破坏，所以下部纵向受力钢筋不应用整根钢筋弯折配置，应在弯折角处纵筋断开，各自分别斜向伸入梁的顶部，锚固在梁上部的受压区，并满足直线锚固长度要求；上部钢筋可以弯折配置，如图5-48所示。

（2）考虑到折梁上部钢筋截断后不能在梁上部受压区完全锚固，因此在弯折处两侧各$S/2$的范围内，增设加密箍筋，来承担这部分受拉钢筋的合力，这是根据计算确定的钢筋直径和间距，范围S根据内折角的角度α有关，也和梁的高度h有关。

（3）当内折角小于160°时，也可在内折角处设置角托，加底托满足直锚长度的要求，斜向钢筋也要满足直线锚固长度要求，箍筋的加密范围比第一种要大，如图5-49所示。

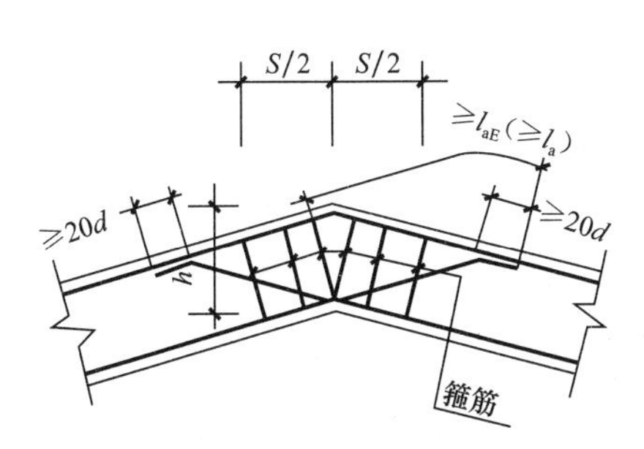

图5-48　竖向折梁钢筋构造（一）

S的范围及箍筋具体值由设计指定

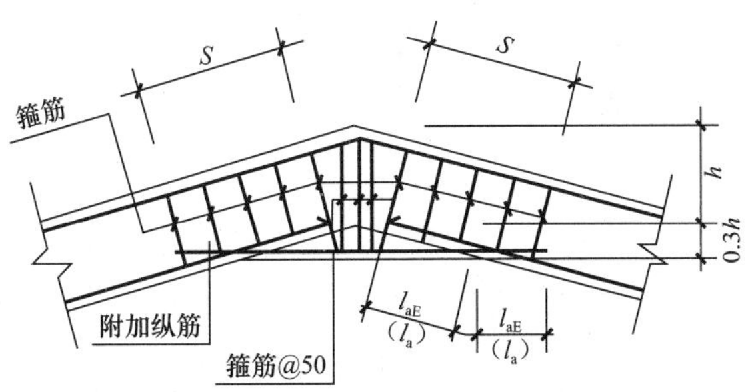

图5-49　竖向折梁钢筋构造（二）

S的范围、附加纵筋和箍筋具体值由设计指定

（4）当内折角≥160°时，下部钢筋可以通长配置，采用折线型，不必断开，箍筋加密的长度和作法按无角托计算。$S=1/2h\mathrm{tg}\ (3\alpha/8)$，如图5-50所示。

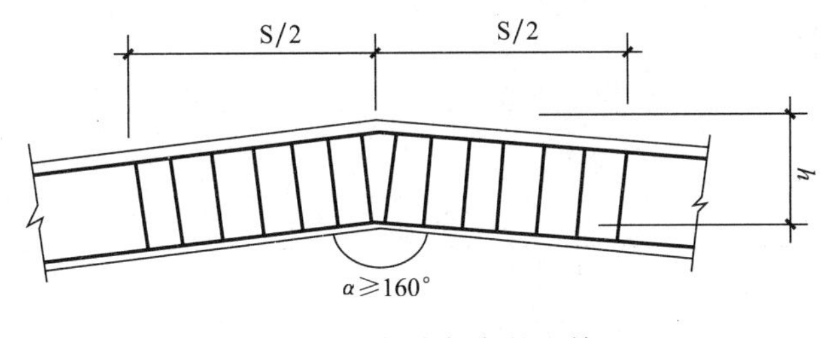

图5-50　梁内折角的配筋

【问题30】当采用“柱插梁”时遇到梁截面高度较大的特殊情况，造成柱外侧纵筋与梁上部纵筋的搭接长度不足时，该怎样办？

《混凝土结构设计规范（2015年版）》GB 50010—2010第9.3.7条第4款指出下面

两点：

第一点是："当梁的截面高度较大，梁、柱纵向钢筋相对较小，从梁底算起的直线搭接长度未延伸至柱顶即已满足 $1.5l_{ab}$ 的要求时，应将搭接长度延伸至柱顶并满足搭接长度 $1.7l_{ab}$ 的要求"。

这说明，当发生这种情况的时候，不应该采用"柱插梁"的做法，而应该采用"梁插柱"的做法。

第二点是："或者从梁底算起的弯折搭接长度未延伸至柱内侧边缘即已满足 $1.5l_{ab}$ 的要求时，其弯折后包括弯弧在内的水平段的长度不应小于 $15d$，d 为柱纵向钢筋的直径"。

这就是图3-7中（c）的构造做法所表示的内容。

【问题31】井字梁有哪些构造？

图5-51为井字梁的平面布置图示例。

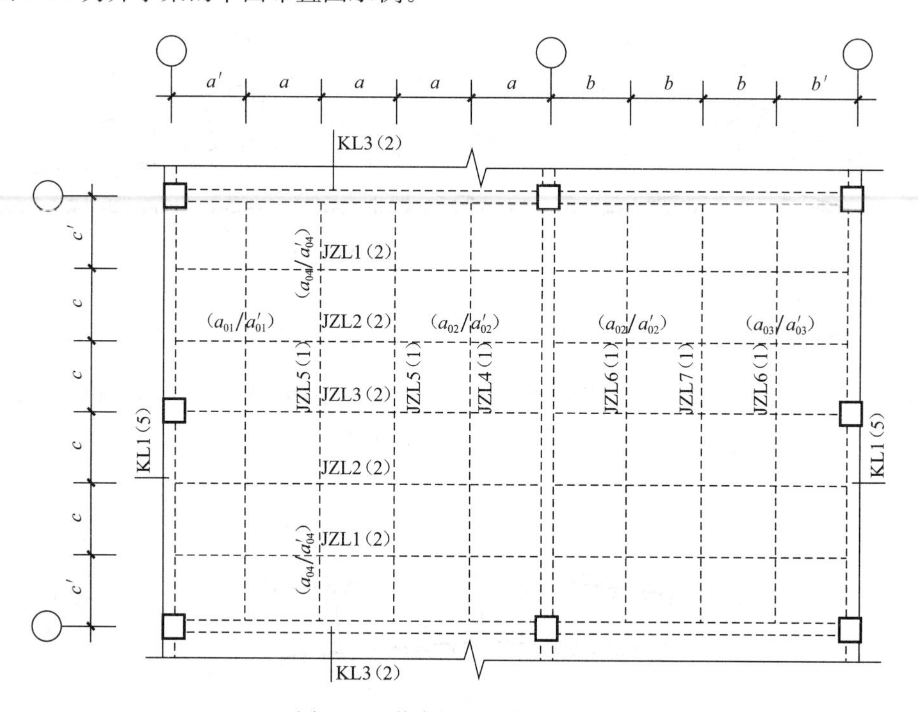

图5-51 井字梁平面布置图示例

上图中JZL5（1）、JZL2（2）的配筋构造如图5-52、图5-53所示。

从配筋构造图中我们能得到如下信息：

（1）上部纵筋锚入端支座的水平段长度：当设计按铰接时，长度 $\geq 0.35l_{ab}$；当充分利用钢筋的抗拉强度时，长度 $\geq 0.6l_{ab}$，弯锚 $15d$。

（2）架立筋与支座负筋的搭接长度为150mm。

（3）下部纵筋在端支座直锚 $12d$，在中间支座直锚 $12d$。

（4）从距支座边缘50mm处开始布置第一个箍筋。

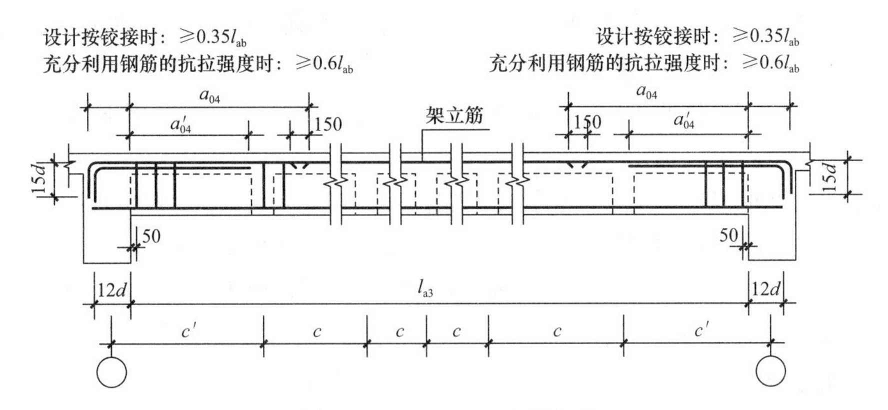

图5-52 JZL5（1）配筋构造

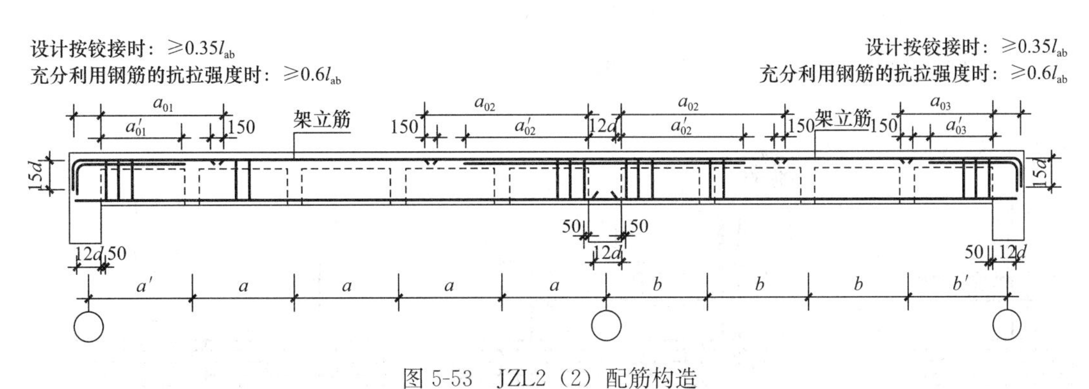

图5-53 JZL2（2）配筋构造

【问题32】框支梁配筋如何构造？

框支梁的配筋构造，如图5-54所示。

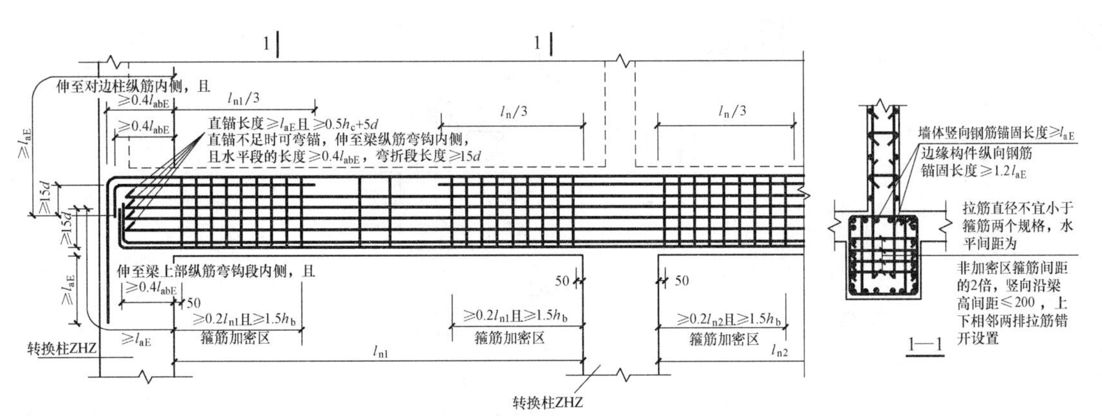

图5-54 框支梁KZL

（也可用于托柱转换梁TZL）

(1) 框支梁第一排上部纵筋为通长筋。第二排上部纵筋在端支座附近断在 $l_{n1}/3$ 处，在中间支座附近断在 $l_n/3$ 处（l_{n1} 为本跨的跨度值；l_n 为相邻两跨的较大跨度值）。

(2) 框支梁上部纵筋伸入支座对边之后向下弯锚，通过梁底线后再下插 l_{aE}，其直锚水平段≥$0.4l_{abE}$。

(3) 框支梁侧面纵筋是全梁贯通，在梁端部直锚长度≥$0.4l_{abE}$，弯折长度 $15d$。

(4) 框支梁下部纵筋在梁端部直锚长度≥$0.4l_{abE}$，且向上弯折 $15d$。

(5) 当框支梁的下部纵筋和侧面纵筋直锚长度≥l_{aE}时，可不必向上或水平弯锚。

(6) 框支梁箍筋加密区长度为≥$0.2l_{n1}$且≥$1.5h_b$（h_b 为梁截面的高度）。

(7) 框支梁拉筋直径不宜小于箍筋，水平间距为非加密区箍筋间距的 2 倍，竖向沿梁高间距≤200，上下相邻两排拉筋错开设置。

(8) 梁纵向钢筋的连接宜采用机械连接接头。

(9) 框支梁上部墙体开洞部位加强做法如图 5-55 所示。

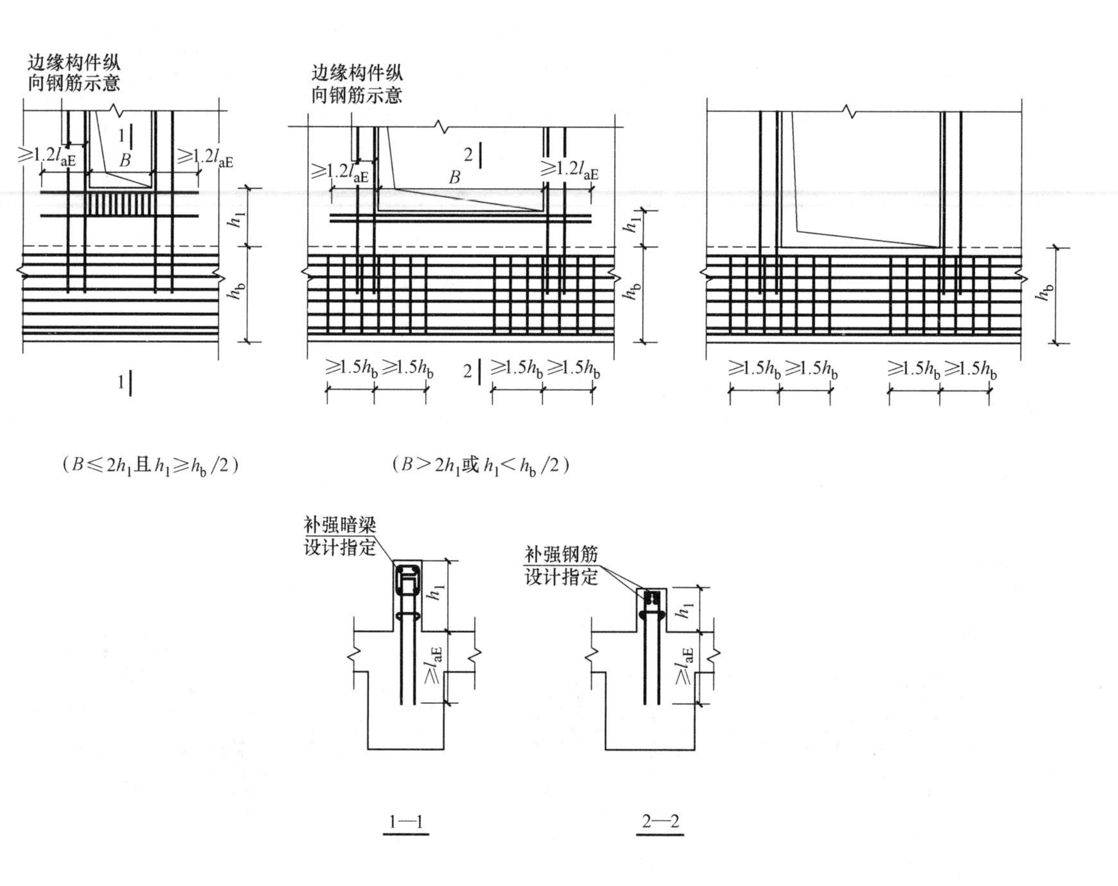

图 5-55 框支梁 KZL 上部墙体开洞部位加强做法

(10) 托柱转换梁托柱位置箍筋加密构造如图 5-56 所示。

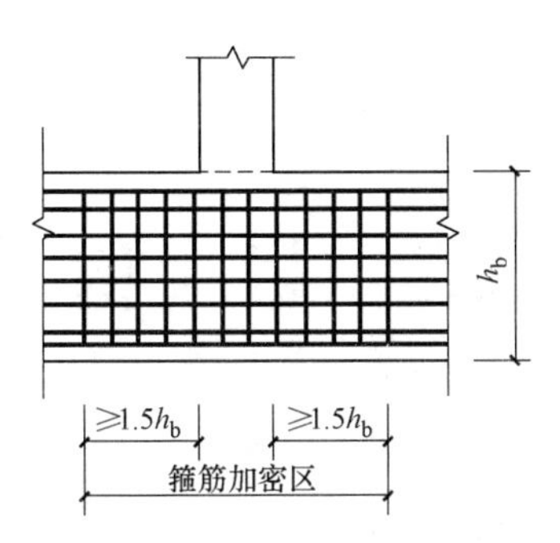

图 5-56　托柱转换梁 TZL 托柱位置箍筋加密构造

第6章　板　构　造

【问题1】如何理解单、双向板?

双向板和单向板是根据板周边的支承情况及板的长度方向与宽度方向的比值来确定的，而不是根据整层楼面的长度与宽度的比值来确定。

1）两对边支承的板应按单向板计算。

2）四边支承的板应按下列规定计算：

① 当长边与短边长度之比不大于2.0时，应按双向板计算。

② 当长边与短边长度之比大于2.0，但小于3.0时，宜按双向板计算。

③ 当长边与短边长度之比不小于3.0时，宜按沿短边方向受力的单向板计算。

3）双向板两个方向的钢筋都是根据计算需要而配置的受力钢筋，短方向的受力比长方向大。双向板下部和上部受力钢筋的位置，下部钢筋：短边跨度方向的钢筋配置在下面，长边跨度方向的钢筋配置在上面；上部钢筋：短边跨方向的钢筋配置在上面，长边跨度方向的钢筋配置在下面。

注：对于有梁楼盖，普通楼面，两向均以一跨为一板块；对于密肋楼盖，两向主梁（框架梁）均以一跨为一板块（非主梁密肋不计）。这一点在布筋时，要特别注意，要分清楚板块的划分，因为有的设计图纸，会把地下室顶板做成双层双向通长配筋，这在实际施工中，要按有梁楼盖板的要求进行布筋排布。

【问题2】楼板相关构造如何表示?

1. 纵筋加强带

纵筋加强带的平面形状及定位由平面布置图表达，加强带内配置的加强贯通纵筋等由引注内容表达。

纵筋加强带设单向加强贯通纵筋，取代其所在位置板中原配置的同向贯通纵筋。根据受力需要，加强贯通纵筋可在板下部配置，也可在板下部和上部均设置。纵筋加强带的引注见图6-1。

当板下部和上部均设置加强贯通纵筋，而板带上部横向无配筋时，加强带上部横向配筋应由设计者注明。

当将纵筋加强带设置为暗梁形式时应注写箍筋，其引注见图6-2。

2. 后浇带

后浇带的平面形状及定位由平面布置图表达，后浇带留筋方式等由引注内容表达，包括：

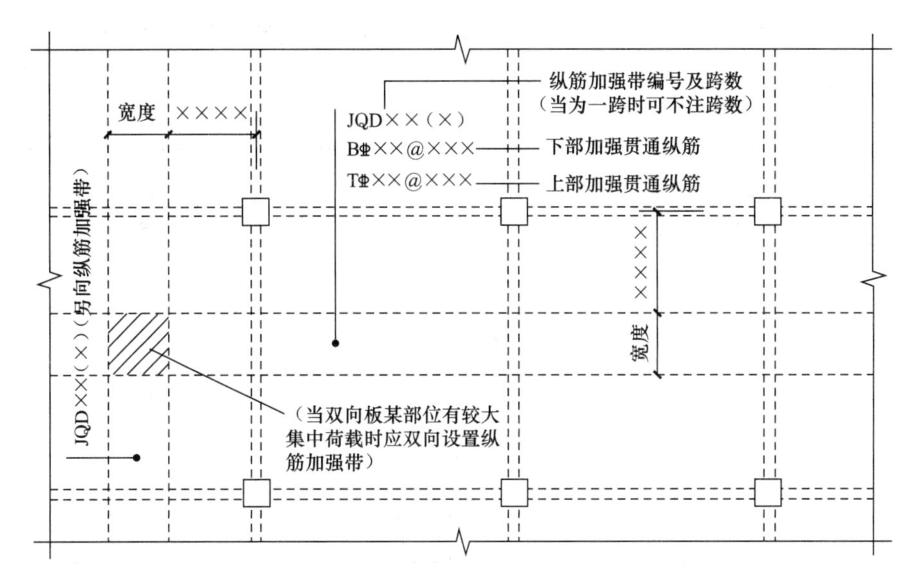

图6-1 纵筋加强带JQD引注图示

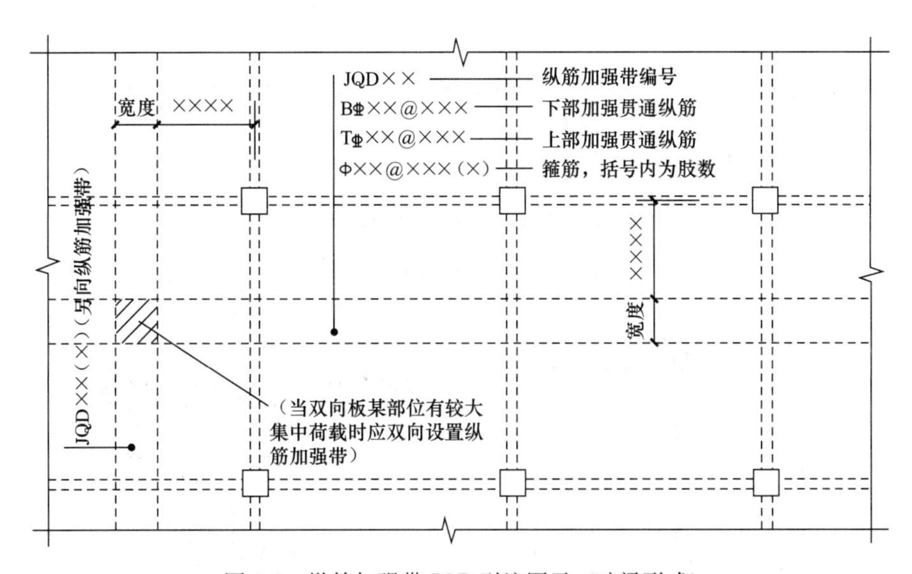

图6-2 纵筋加强带JQD引注图示（暗梁形式）

(1) 后浇带编号及留筋方式代号。后浇带的两种留筋方式，分别为：贯通和100%搭接。

(2) 后浇带混凝土的强度等级C××。宜采用补偿收缩混凝土，设计应注明相关施工要求。

(3) 当后浇带区域留筋方式或后浇混凝土强度等级不一致时，设计者应在图中注明与图示不一致的部位及做法。

后浇带引注如图 6-3 所示。

贯通钢筋的后浇带宽度通常取大于或等于 800mm；100％搭接钢筋的后浇带宽度通常取 800mm 与（l_l＋60mm 或 l_{LE}＋60mm）的较大值（l_l、l_{LE}分别为受拉钢筋的搭接长度、受拉钢筋抗震搭接长度）。

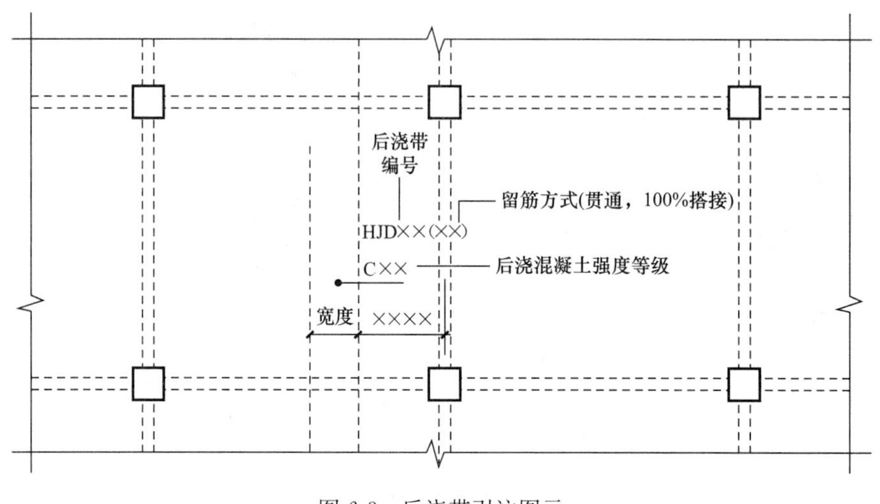

图 6-3 后浇带引注图示

3. 柱帽

柱帽引注见图 6-4～图 6-7。柱帽的平面形状有矩形、圆形或多边形等，其平面形状由平面布置图表达。

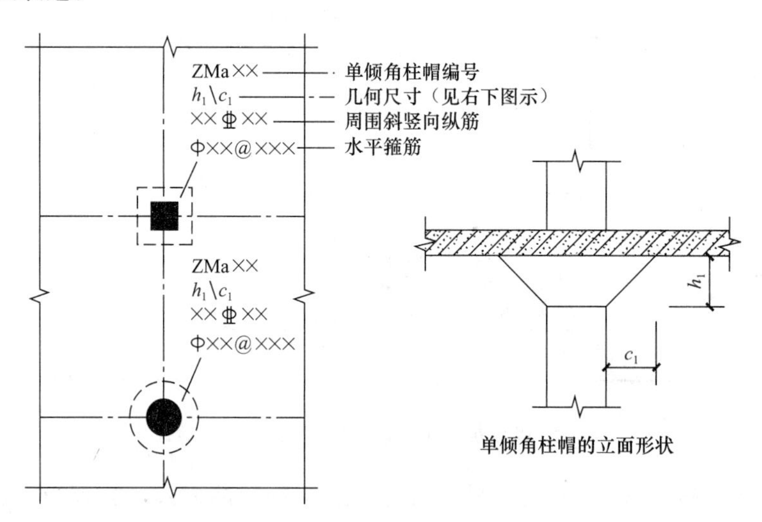

图 6-4 单倾角柱帽 ZMa 引注图示

柱帽的立面形状有单倾角柱帽 ZMa（图 6-4）、托板柱帽 ZMb（图 6-5）、变倾角柱帽 ZMc（图 6-6）和倾角托板柱帽 ZMab（图 6-7）等，其立面几何尺寸和配筋由具体的引注内容表达。图中 c_1、c_2 当 X、Y 方向不一致时，应标注（$c_{1,X}$，$c_{1,Y}$）、（$c_{2,X}$，$c_{2,Y}$）。

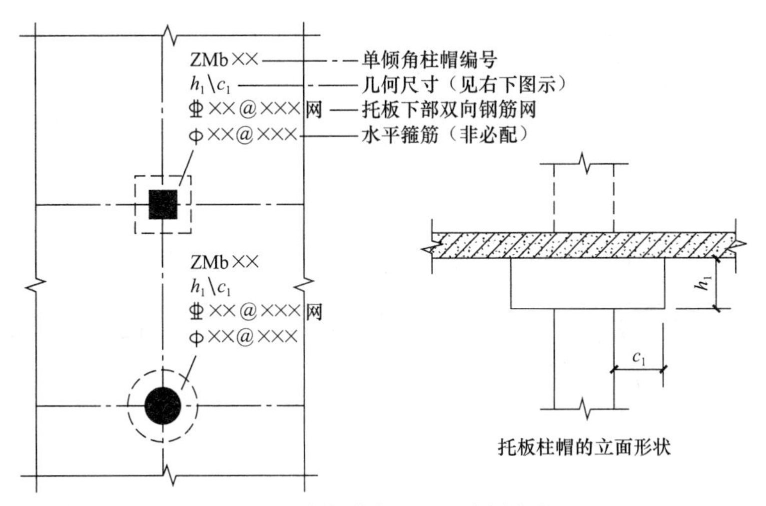

图6-5 托板柱帽ZMb引注图示

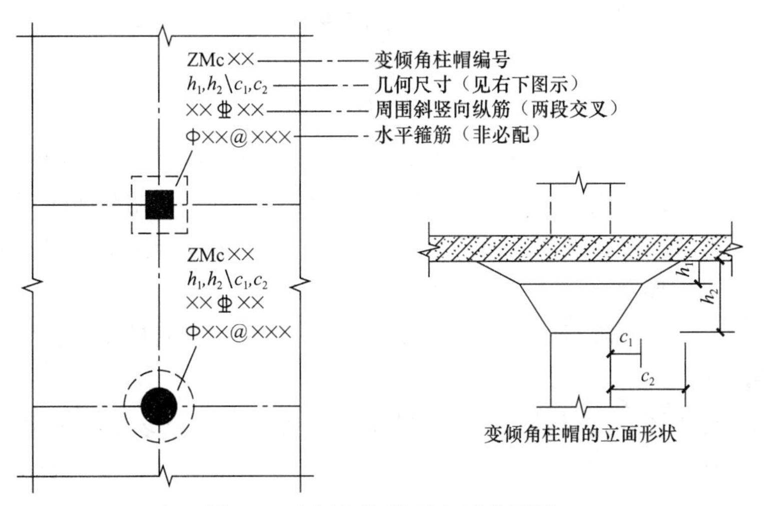

图6-6 变倾角柱帽ZMc引注图示

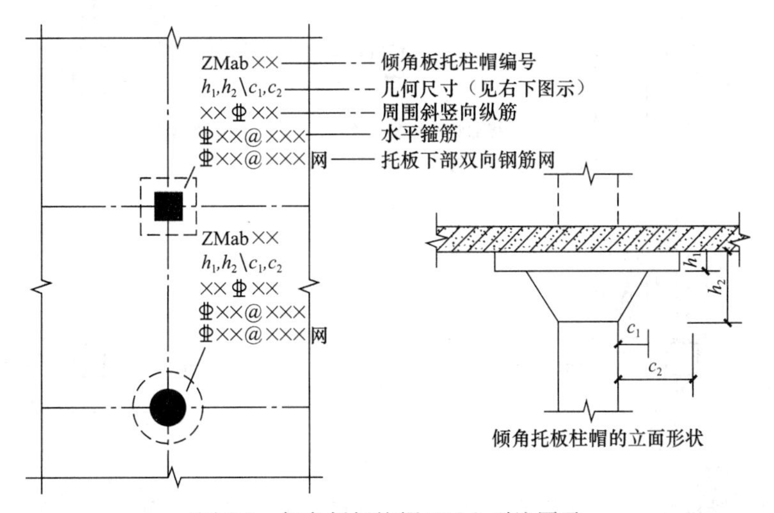

图6-7 倾角托板柱帽ZMab引注图示

4. 局部升降板

局部升降板的引注见图6-8。局部升降板的平面形状及定位由平面布置图表达，其他内容由引注内容表达。

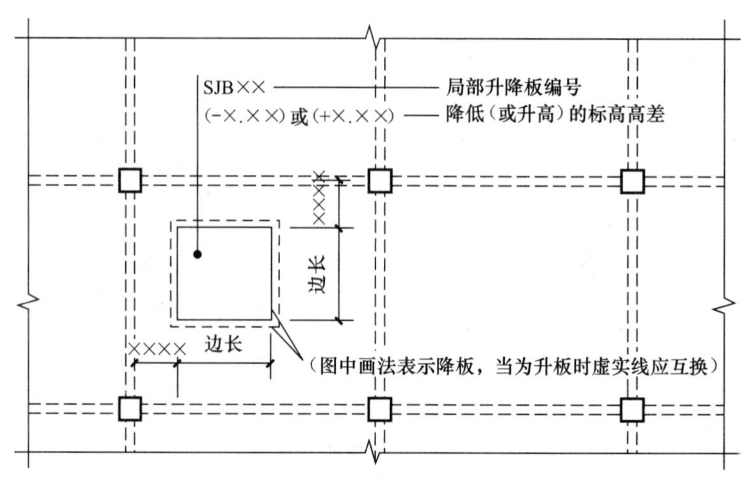

图6-8　局部升降板SJB引注图示

局部升降板的板厚、壁厚和配筋，在标准构造详图中取与所在板块的板厚和配筋相同，设计不注；当采用不同板厚、壁厚和配筋时，设计应补充绘制截面配筋图。

局部升降板升高与降低的高度限定为小于或等于300mm，当高度大于300mm时，设计应补充绘制截面配筋图。

设计应注意：局部升降板的下部与上部配筋均应设计为双向贯通纵筋。

5. 板加腋

板加腋的引注见图6-9。板加腋的位置与范围由平面布置图表达，腋宽、腋高及配筋等由引注内容表达。

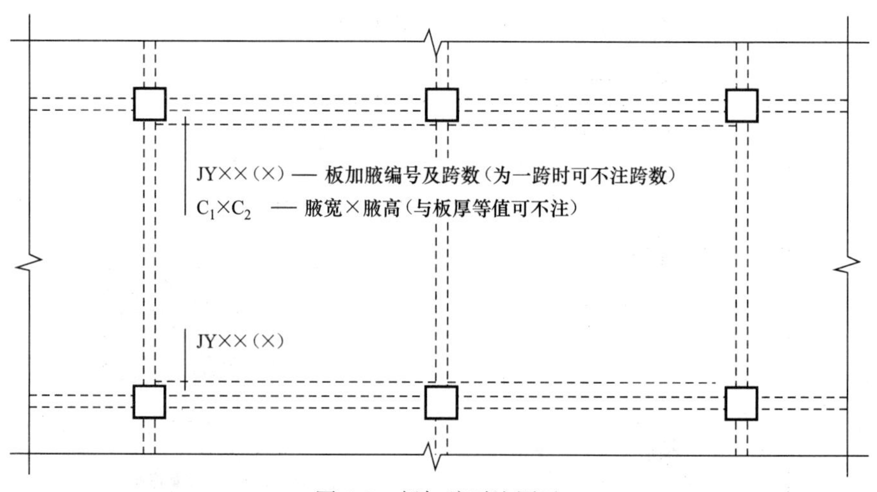

图6-9　板加腋引注图示

当为板底加腋时腋线应为虚线，当为板面加腋时腋线应为实线；当腋宽与腋高同板厚时，设计不注。加腋配筋按标准构造，设计不注；当加腋配筋与标准构造不同时，设计应补充绘制截面配筋图。

6. 板开洞

板开洞的引注见图6-10。板开洞的平面形状及定位由平面布置图表达，洞的几何尺寸等由引注内容表达。

当矩形洞口边长或圆形洞口直径小于或等于1000mm，且当洞边无集中荷载作用时，洞边补强钢筋可按标准构造的规定设置，设计不注；当洞口周边加强钢筋不伸至支座时，应在图中画出所有加强钢筋，并标注不伸至支座的钢筋长度。当具体工程所需要的补强钢筋与标准构造不同时，设计应加以注明。

当矩形洞口边长或圆形洞口直径大于1000mm，或虽小于或等于1000mm但洞边有集中荷载作用时，设计应根据具体情况采取相应的处理措施。

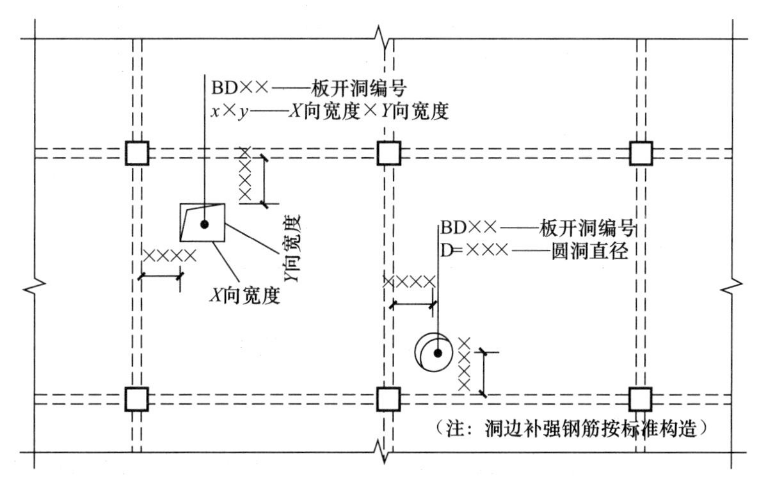

图6-10　板开洞BD引注图示

7. 板翻边

板翻边的引注见图6-11。板翻边可为上翻也可为下翻，翻边尺寸等在引注内容中表

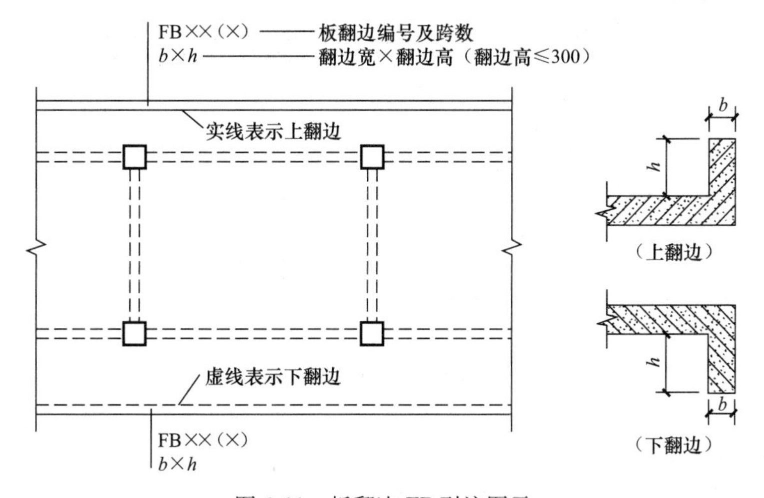

图6-11　板翻边FB引注图示

达，翻边高度在标准构造详图中为小于或等于300mm。当翻边高度大于300mm时，由设计者自行处理。

8. 角部加强筋

角部加强筋的引注见图6-12。角部加强筋通常用于板块角区的上部，根据规范规定的受力要求选择配置。角部加强筋将在其分布范围内取代原配置的板支座上部非贯通纵筋，且当其分布范围内配有板上部贯通纵筋时则间隔布置。

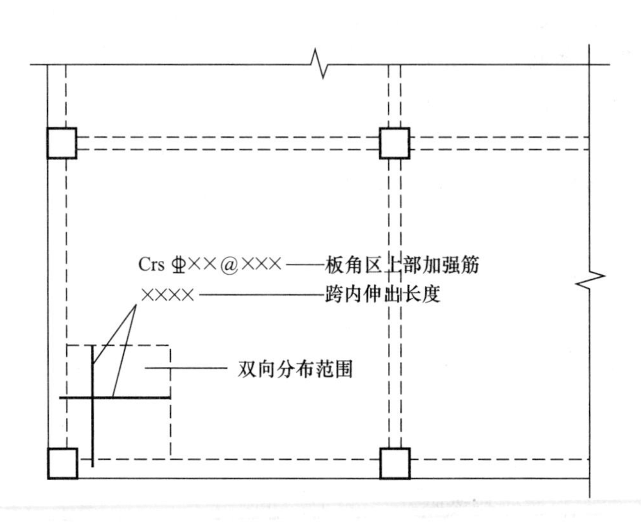

图6-12 角部加强筋Crs引注图示

9. 悬挑板阴角附加筋

悬挑板阴角附加筋Cis的引注见图6-13。悬挑板阴角附加筋系指在悬挑板的阴角部位斜放的附加钢筋，该附加钢筋设置在板上部悬挑受力钢筋的下面。

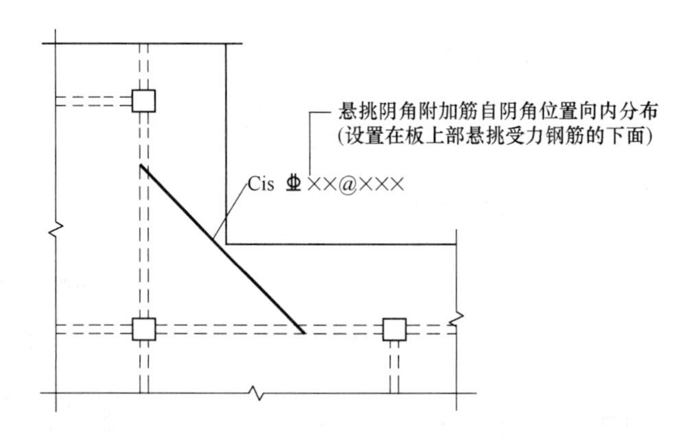

图6-13 悬挑板阴角附加筋Cis引注图示

10. 悬挑板阳角附加筋

悬挑板阳角附加筋Ces的引注如图6-14所示。

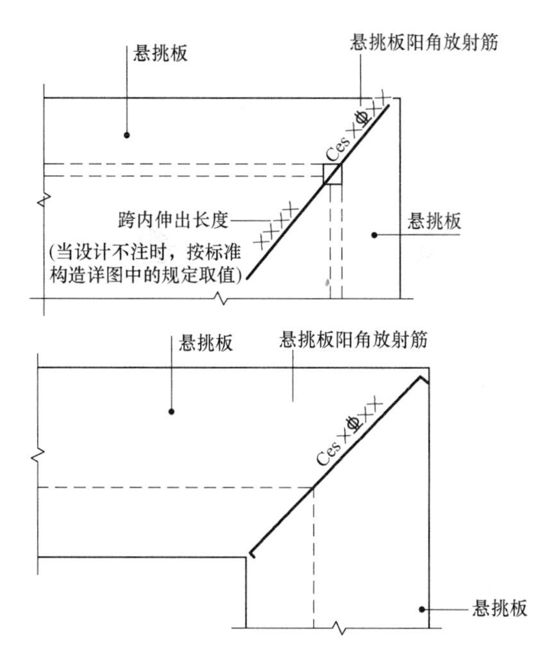

图 6-14　悬挑板阳角附加筋 Ces 引注图示

【例】注写 Ces7Φ8 系表示悬挑板阳角放射筋为 7 根 HRB400 钢筋，直径为 8mm。构造筋 Ces 的个数按图 6-15 的原则确定，其中 $a \leqslant 200$mm。

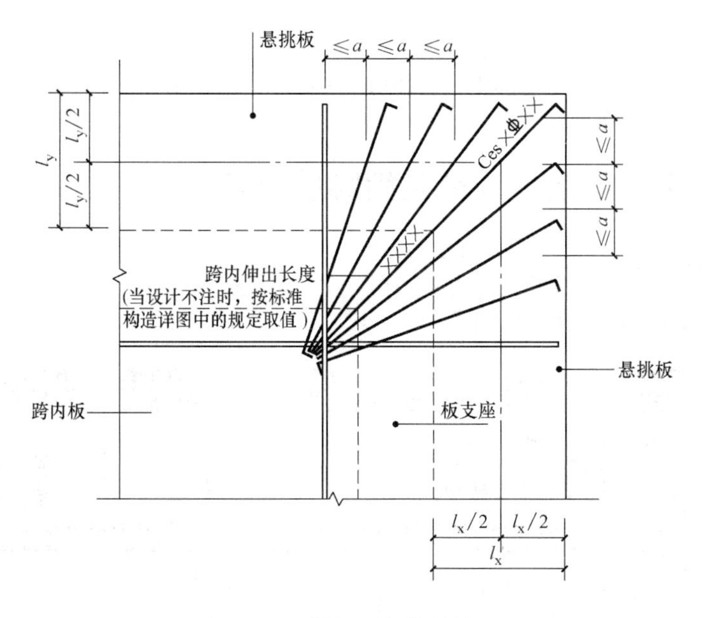

图 6-15　悬挑板阳角放射筋 Ces

11. 抗冲切箍筋

抗冲切箍筋的引注见图 6-16。抗冲切箍筋通常在无柱帽无梁楼盖的柱顶部位设置。

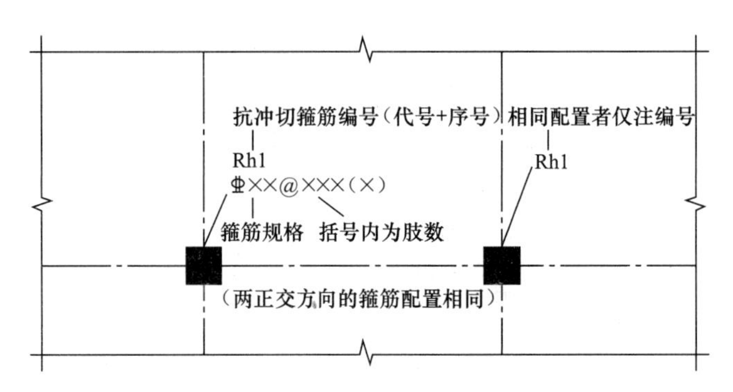

图 6-16 抗冲切箍筋 Rh 引注图示

12. 抗冲切弯起筋

抗冲切弯起筋的引注见图 6-17。抗冲切弯起筋通常在无柱帽无梁楼盖的柱顶部位设置。

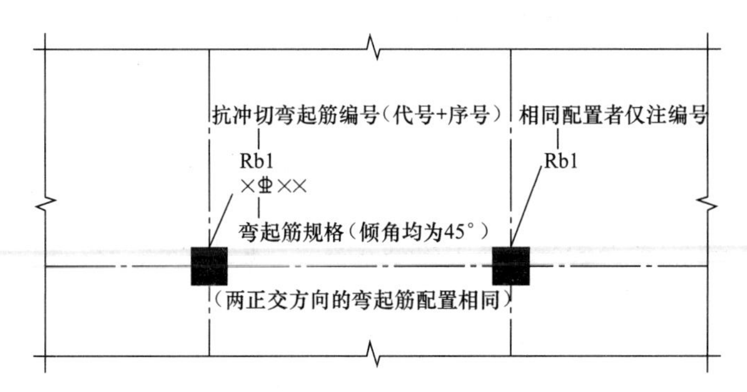

图 6-17 抗冲切弯起筋 Rb 引注图示

【问题 3】板带纵向钢筋构造包括哪些内容？

1. 柱上板带纵向钢筋构造

柱上板带纵向钢筋构造，见图 6-18。

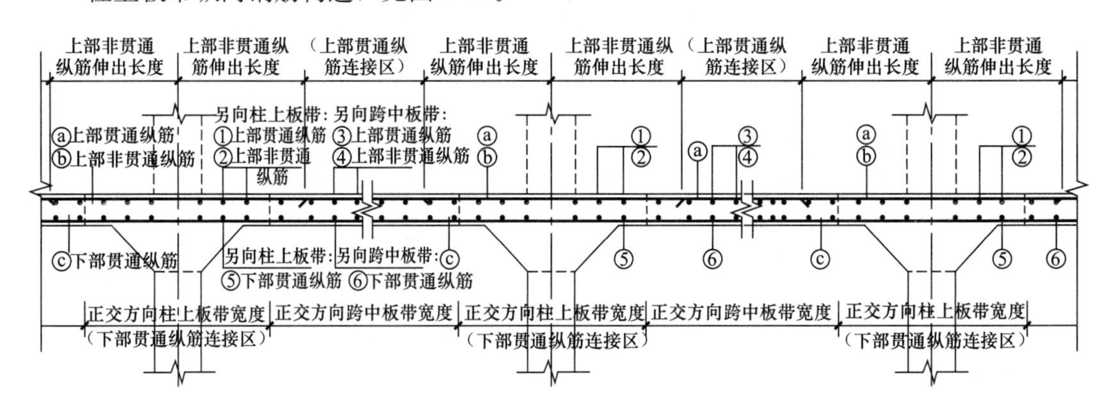

图 6-18 柱上板带纵向钢筋构造

柱上板带上部贯通纵筋的连接区在跨中区域；上部非贯通纵筋向跨内延伸长度按设计标注；非贯通纵筋的端点就是上部贯通纵筋连接区的起点。

当相邻等跨或不等跨的上部贯通纵筋配置不同时，应将配置较大者越过其标注的跨数终点或起点伸出至相邻跨的跨中连接区域连接。

2. 跨中板带纵向钢筋构造

跨中板带纵向钢筋构造，见图 6-19。

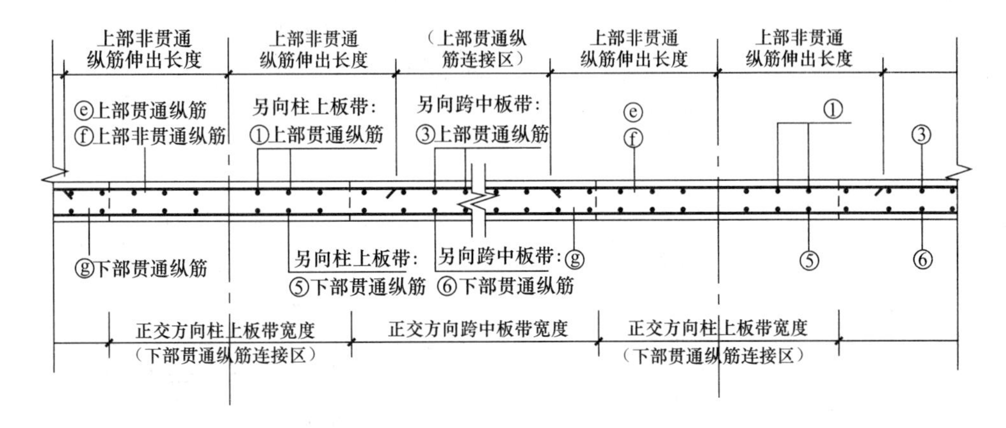

图 6-19 跨中板带 KZB 纵向钢筋构造

跨中板带上部贯通纵筋连接区在跨中区域；下部贯通纵筋连接区的位置就在正交方向柱上板带的下方。

3. 板带端支座纵向钢筋构造

板带端支座纵向钢筋构造，见图 6-20、图 6-21。

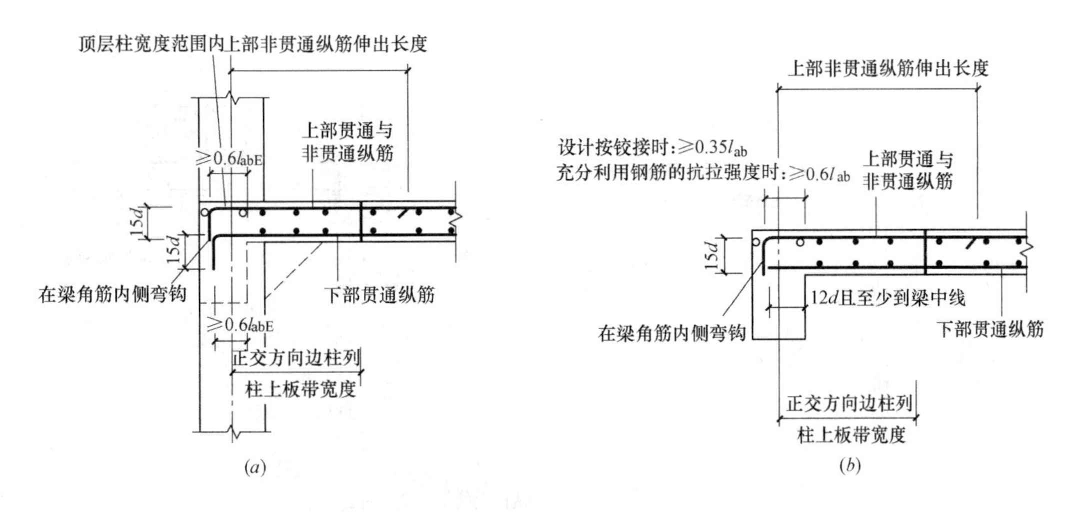

图 6-20 板带端支座纵向钢筋构造（一）

（板带上部非贯通纵筋向跨内伸出长度按设计标注）

（a）柱上板带与柱连接；（b）跨中板带与梁连接

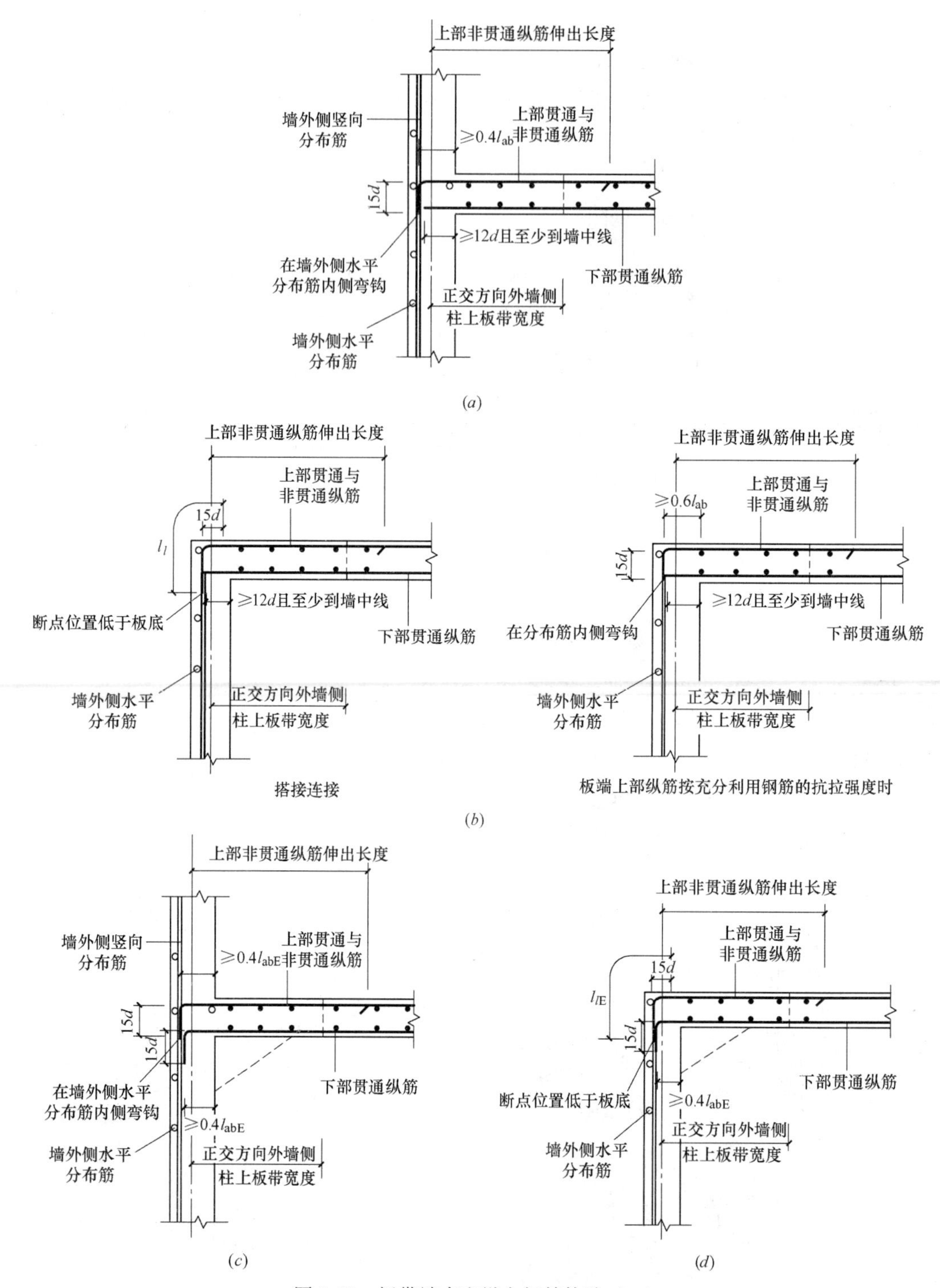

图6-21 板带端支座纵向钢筋构造（二）

（板带上部非贯通纵筋向跨内伸出长度按设计标注）

(a) 跨中板带与剪力墙中间层连接；(b) 跨中板带与剪力墙墙顶连接；

(c) 柱上板带与剪力墙中间层连接；(d) 柱上板带与剪力墙墙顶连接

（1）图6-20中，柱上板带上部贯通纵筋与非贯通纵筋伸至柱内侧弯折15d，水平段锚固长度≥0.6l_{abE}。跨中板带上部贯通纵筋与非贯通纵筋伸至柱内侧弯折15d，当设计按铰接时，水平段锚固长度≥0.35l_{ab}；当设计充分利用钢筋的抗拉强度时，水平段锚固长度≥0.6l_{ab}。

（2）跨中板带与剪力墙墙顶连接时，图6-21（b）做法由设计指定。

4. 板带悬挑端纵向钢筋构造

板带悬挑端纵向钢筋构造，见图6-22。

板带的上部贯通纵筋与非贯通纵筋一直延伸至悬挑端部，然后拐90°的直钩伸至板底。板带悬挑端的整个悬挑长度包含在正交方向边柱列柱上板带宽度范围之内。

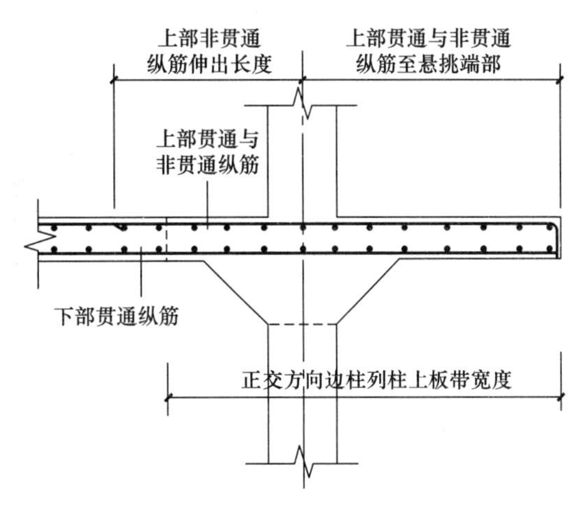

图6-22 板带悬挑端纵向钢筋构造

【问题4】悬挑板（屋面挑檐）在阳角和阴角附加钢筋的配置有哪些？

（1）阳角附加钢筋配置有两种形式：平行板角和放射状。

1）平行板角方式时，平行于板角对角线配置上部加强钢筋，在转角板的垂直于板角对角线配置下部加强钢筋，配置宽度取悬挑长度l，其加强钢筋的间距应与板支座受力钢筋相同，这种方向，施工难度大，如图6-23所示。

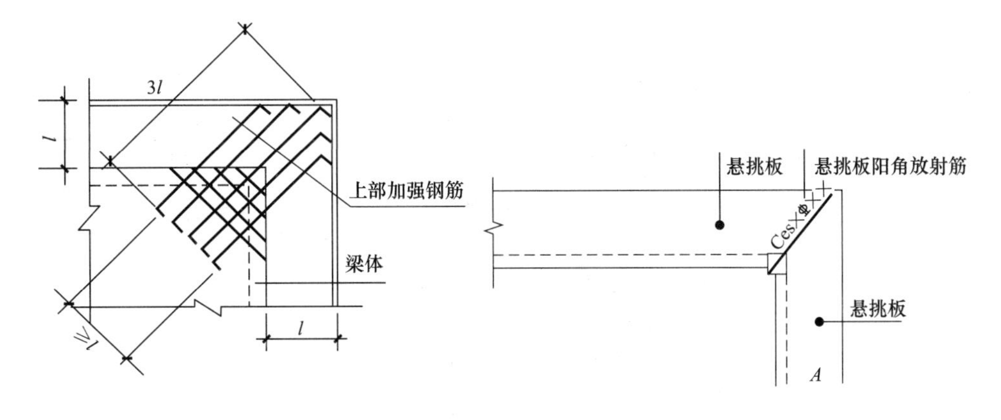

图6-23 悬挑板阳角平行布置附加配筋C_{es}构造（右图为引注图示）

2）放射配置方式时，伸入支座内的锚固长度，不能小于300mm，要满足锚固长度（l_a>悬挑长度l）的要求，间距从悬挑部位的中心线0.5l处控制，不是最大点，也不是最小点，一般≤200mm，如图6-24所示。

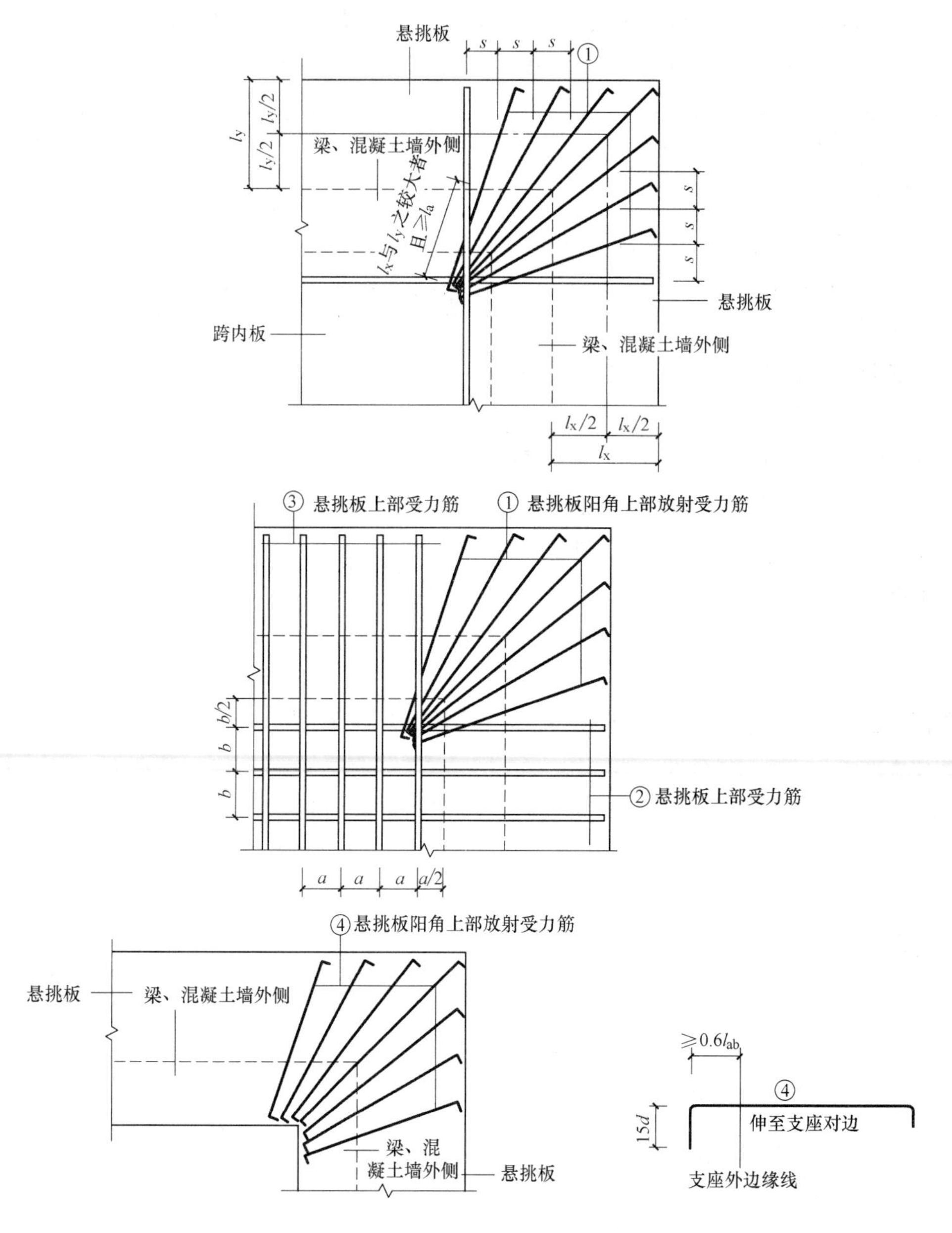

图 6-24 悬挑板阳角放射筋配筋 C_{es} 构造

注：1. 悬挑反内，①～③筋应位于同一层面。

2. 在支座和跨内，①号筋应向下斜弯到②号与③号筋下面与两筋交叉并向跨内平伸。

3. 需要考虑竖向地震作用时，另行设计。

说明：如图 6-24 放射筋④号筋伸至支座内侧，距支座外边线弯折 $0.6l_{ab}+15d$（用于跨内无板）。

3）当转角两侧的悬挑长度不同时，在支座内的锚固长度按较大跨度计；如果里边没有楼板，如楼梯间楼层的部位没有楼板，放射钢筋应水平锚入梁内。

(2) 阴角斜向附加钢筋应放置在上层。

当转角位于阴角时，应在垂直于板角对角线的转角板处配置斜向钢筋，间距不大于 100mm。

阴角斜向加强钢筋应放置在上层，不少于 3 根且应伸入两边支座内 $12d$，且应到梁的中心线，间距（5～10cm）、从阴角向外的延伸长度应不小于 l_a，如图 6-25 所示。

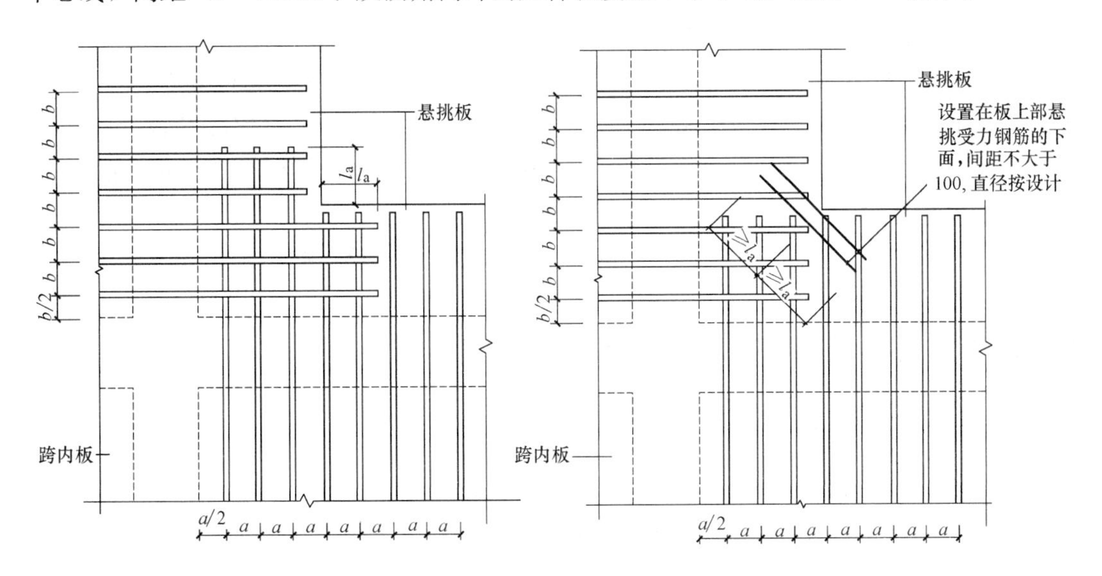

图 6-25 悬挑板阴角配筋构造

（图中未表示构造筋与分布筋）

【问题 5】如何理解楼、屋面板中的构造钢筋和分布钢筋？

《混凝土结构设计规范（2015 年版）》GB 50010—2010 第 9.1.6 条：为避免现浇板在其非主要受力方向发生板面裂缝，对于按简支边或非受力边设计的现浇混凝土板，当与混凝土梁、端整体浇筑或嵌固在砌体墙内时，要求在板边和板角部配置板面防裂的构造钢筋。在楼板和屋面板中（指单向板）垂直于受力钢筋和垂直于板支座负筋布置分布钢筋，其主要是起固定受力钢筋和抵抗收缩与温度应力的作用。

(1) 钢筋混凝土板面构造钢筋要符合下列要求：

① 钢筋直径不宜小于 8mm，间距不宜大于 200mm，且单位宽度内的配筋面积不宜小于跨中相应方向板底钢筋截面面积的 1/3。与混凝土梁、混凝土墙整体浇筑单向板的非受力方向，钢筋截面面积尚不宜小于受力方向跨中板底钢筋截面面积的 1/3。

② 在温度、收缩应力较大的现浇板区域，应在板的表面双向配置防裂构造钢筋。配筋率均不宜小于 0.10%，间距不宜大于 200mm。防裂构造钢筋可利用原有钢筋贯通布置，也可另行设置钢筋并与原有钢筋按受拉钢筋的要求搭接或在周边构件中锚固。

楼板平面的瓶颈部位宜适当增加板厚和配筋。沿板的洞边、凹角部位宜加配防裂构造钢筋，并采取可靠的锚固措施。

（2）钢筋从混凝土梁边、柱边、墙边伸入板内的长度不宜小于 $l_0/4$，砌体墙支座处钢筋伸入板边的长度不宜小于 $l_0/7$，其中计算跨度 l_0 对单向板按受力方向考虑，对双向板按短边方向考虑。

（3）在楼板角部，宜沿两个方向正交、斜向平行，或按放射状布置附加钢筋。钢筋应在梁内、墙内或柱内可靠锚固。

（4）当按单向板设计时，应在垂直于受力的方向布置分布钢筋，单位宽度上的配筋率不宜小于单位宽度上的受力钢筋的15%，且配筋率不宜小于0.15%；分布钢筋直径不宜小于6mm，间距不宜大于250mm；当集中荷载较大时，分布钢筋的配筋面积尚应增加，且间距不宜大于200mm。

当有实践经验或可靠措施时，预制单向板的分布钢筋可不受此限制。

【问题6】悬挑板钢筋构造包括哪些？

（1）跨内外板面同高的延伸悬挑板，如图6-26所示。

由于悬臂支座处的负弯矩对内跨跨中有影响，会在内跨跨中出现负弯矩，因此：

① 上部钢筋可与内跨板负筋贯通设置，或伸入支座内锚固 l_a。

② 悬挑较大时，下部配置构造钢筋并铺入支座内≥12d，并至少伸至支座（梁）中心线处。

③ 括号内数值用于需考虑竖向地震作用时（由设计明确）。

（2）跨内外板面不同高的延伸悬挑板，如图6-27所示。

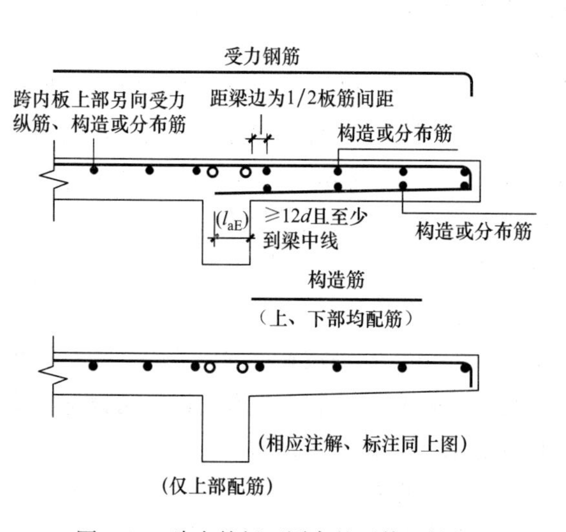

图6-26 跨内外板面同高的延伸悬挑板

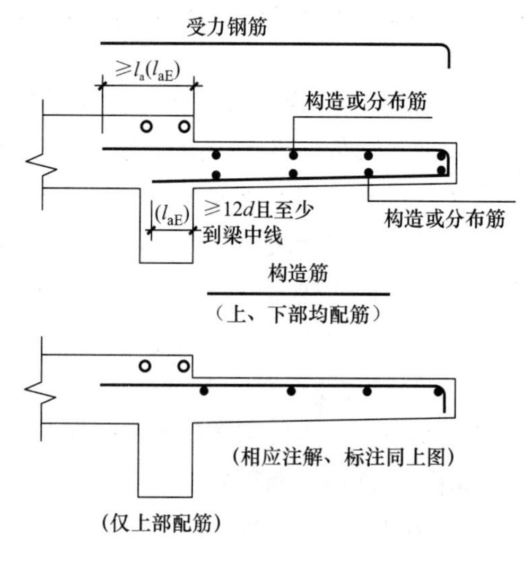

图6-27 跨内外板面不同高的延伸悬挑板

① 悬挑板上部钢筋锚入内跨板内直锚 l_a，与内跨板负筋分离配置。

② 不得弯折连续配置上部受力钢筋。

③ 悬挑较大时，下部配置构造钢筋并锚入支座内≥12d，并至少伸至支座中心线处。

④ 内跨板的上部受力钢筋的长度，根据板上的均布活荷载设计值与均布恒荷载设计值的比值确定。

⑤ 括号内数值用于需考虑竖向地震作用时（由设计明确）。

（3）纯悬挑板，如图6-28所示。

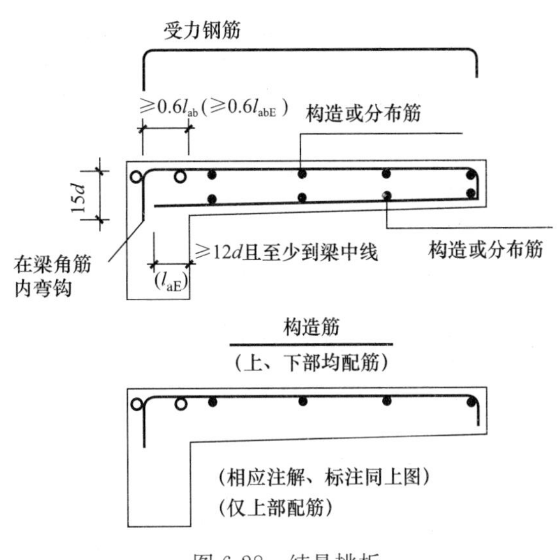

图6-28 纯悬挑板

① 悬挑板上部是受力钢筋，受力钢筋在支座的锚固，宜采用90°弯折锚固，伸至梁远端纵筋内侧下弯。

② 悬挑较大时，下部配置构造钢筋并锚入支座内≥12d，并至少伸至支座中心线处。

③ 注意支座梁的抗扭钢筋的配置：支撑悬挑板的梁，梁筋受到扭矩作用，扭力在最外侧两端最大，梁中纵向钢筋在支座内的锚固长度，按受力钢筋进行锚固。

④ 括号内数值用于需考虑竖向地震作用时（由设计明确）。

（4）现浇挑檐、雨篷等伸缩缝间距不宜大于12m。

对现浇挑檐、雨篷、女儿墙长度大于12m，考虑其耐久性的要求，要设2cm左右温度间隙，钢筋不能切断，混凝土构件可断。

（5）考虑竖向地震作用时，上、下受力钢筋应满足抗震锚固长度要求。

这对于复杂高层建筑物中的长悬挑板，由于考虑负风压产生的吸力，在北方地区高层、超高层建筑物中采用的是封闭阳台，在南方地区很多采用非封闭阳台。

（6）悬挑板端部封边构造方式，如图6-29所示。

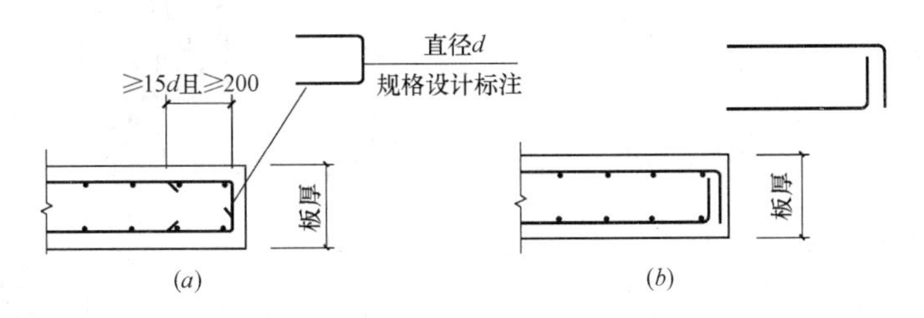

图6-29 无支撑板端部封边构造
（当板厚≥150mm时）

当悬挑板板端部厚度不小于150mm时，设计者应指定板端部封边构造方式，当采用U型钢筋封边时，尚应指定U型钢筋的规格、直径。

【问题7】在高层建筑中有转换层楼板边支座及较大洞口的构造是如何规定的？

带有转换层的高层建筑结构体系，其框支剪力墙中的剪力在转换层处要通过楼板传递给落地剪力墙，转换层的楼板除满足承载力外还必须保证有足够的刚度，保证传力直接和可靠。并结构计算，还需要有效的构造措施来保证。

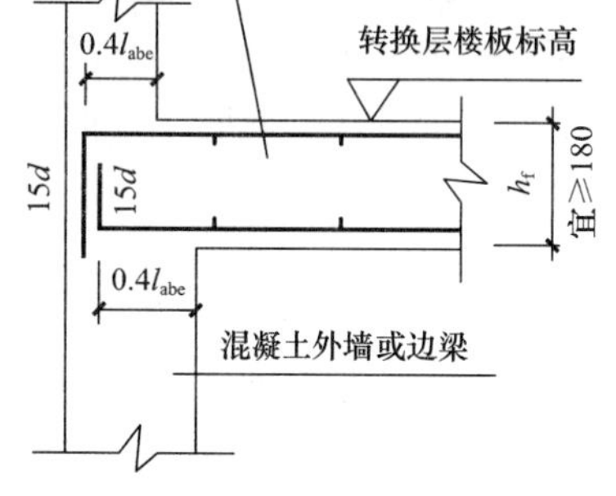

图6-30 转换层楼板构造

（1）部分框支剪力墙结构中，框支转换层楼板厚度不宜小于180mm，应双层双向配筋，且每层方向的配筋率不宜小于0.25%，楼板中钢筋应锚固在边梁或墙体内（图6-30）；落地剪力墙和筒体外围的楼板不宜开洞。楼板边缘和较大的洞口周边应设置边梁，其宽度不宜小于板厚的2倍（图6-31），全截面纵向钢筋配筋率不应小于1.0%。与转换层相邻楼层的楼板也应适当加强。

（2）边梁内的纵向钢筋宜采用机械连接或焊接；边梁中应配置箍筋。

（3）厚板设计应符合下列规定：

① 转换厚板的厚度可由抗弯、抗剪、抗冲切截面验算确定。

② 转换厚板可局部做成薄板，薄板与厚板交界处可加腋；转换厚板亦可局部做成夹心板。

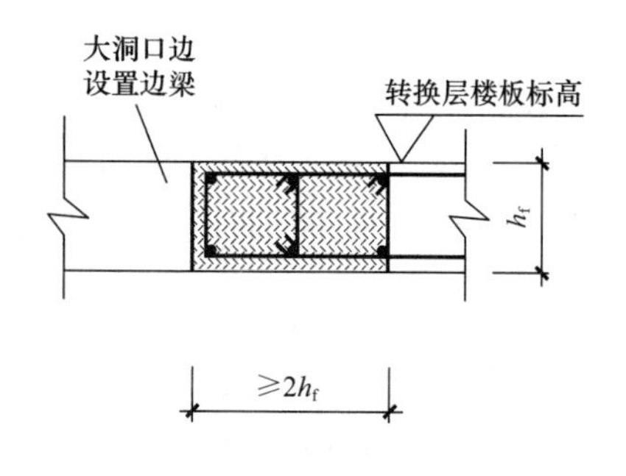

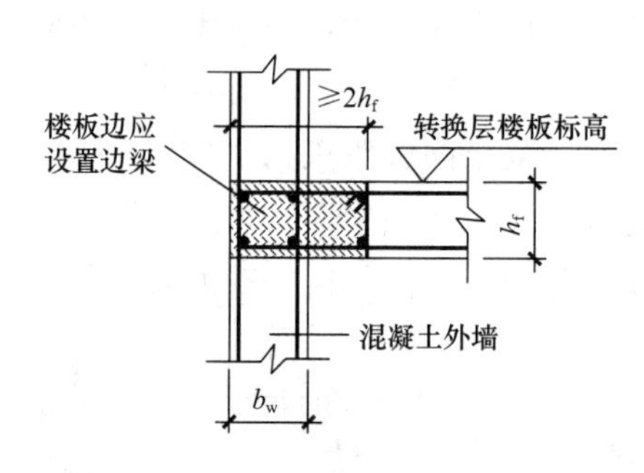

图6-31 框支层楼板较大洞口周边和框支层楼板边缘部位设边梁

③ 转换厚板宜按整体计算时所划分的主要交叉梁系的剪力和弯矩设计值进行截面设计并按有限元法分析结果进行配筋校核；受弯纵向钢筋可沿转换板上、下部双层双向配置，每一方向总配筋率不宜小于0.6%；转换板内暗梁的抗剪箍筋面积配筋率不宜小于0.45%。

④ 厚板外周边宜配置钢筋骨架网。

⑤ 转换厚板上、下部的剪力墙、柱的纵向钢筋均应在转换厚板内可靠锚固。

⑥ 转换厚板上、下一层的楼板应适当加强，楼板厚度不宜小于 150mm。

【问题 8】什么是折板配筋构造？底筋长度如何计算？

折板配筋构造如图 6-32 所示。

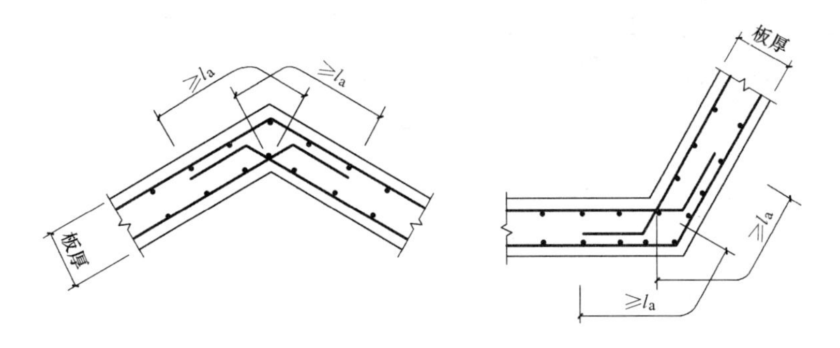

图 6-32　折板配筋构造

外折角纵筋连续通过。当角度≥160°时，内折角纵筋连续通过。当角度<160°时，阳角折板下部纵筋和阴角上部纵筋在内折角处交叉锚固。如果纵向受力钢筋在内折角处连续通过，纵向受力钢筋的合力会使内折角处板的混凝土保护层向外崩出，从而使钢筋失去粘结锚固力（钢筋和混凝土之间的粘结锚固力是钢筋和混凝土能够共同工作的基础），最终可能导致折断而破坏。

$$底筋长度=板跨净长+2\times l_a$$

【问题 9】如何计算斜向板中的钢筋间距？

（1）楼梯的踏步板，一般每踏步下设置一根分布钢筋。分布钢筋按间距标注时，按垂直板的方向计，如果按垂直地面方向布置，会影响到最小配筋率的要求。

（2）一般的斜板中标注的钢筋间距，按垂直板的方向计算。

（3）在筏形基础中，底坑底面比筏形基础的底板低，为防止此处的应力集中，底部会形成一定角度的斜面。基础中的集水坑、电梯底坑的侧向斜板和筏形基础的斜向底板中斜面钢筋，为受力钢筋，其间距应按垂直于斜向的方向计算。

（4）图纸中有强调要求的，应按设计文件要求施工。

【问题 10】有梁楼盖楼（屋）面板配筋构造包括哪些内容？

有梁楼盖楼（屋）面板配筋构造如图 6-33 所示。

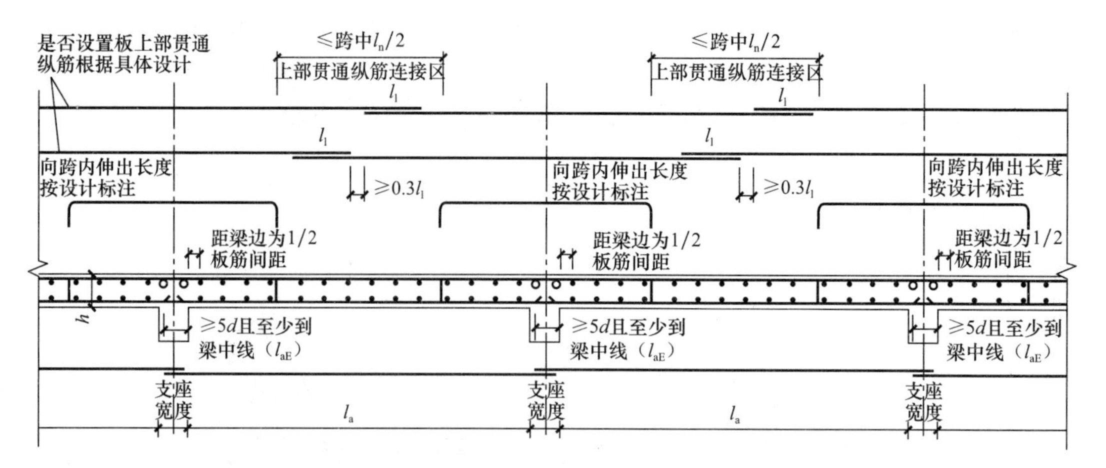

图 6-33　有梁楼盖楼面板 LB 和屋面板 WB 钢筋构造（括号内的锚固长度 L_{aE}用于滑板式转换层的板）

1. 中间支座钢筋构造

（1）上部纵筋

1）上部非贯通纵筋向跨内伸出长度详见设计标注。

2）与支座垂直的贯通纵筋贯通跨越中间支座，上部贯通纵筋连接区在跨中 1/2 跨度范围之内；相邻等跨或不等跨的上部贯通纵筋配置不同时，应将配置较大者越过其标注的跨数终点或起点延伸至相邻跨的跨中连接区域连接。

与支座同向的贯通纵筋的第一根钢筋在距梁角筋为 1/2 板筋间距处开始设置。

（2）下部纵筋

1）与支座垂直的贯通纵筋伸入支座 5d 且至少到梁中线；

2）与支座同向的贯通纵筋第一根钢筋在距梁角筋 1/2 板筋间距处开始设置。

【例 6-1】　板 LB1 的集中标注为

LB1h=100

B：X&Yϕ8@150

T：X&Yϕ8@150

如图 6-34 所示，这块板 LB1 的大边尺寸为 3500mm×7000mm，在板的左下角设有两个并排的电梯井（尺寸为 2400mm×4800mm）。该板右边的支座为框架梁 KL3（250mm×650mm），板的其余各边均为剪力墙结构（厚度为 280mm），混凝土强度等级 C40，二级抗震等级。墙身水平分布筋直径为 14mm，KL3 上部纵筋直径为 20mm。计算板的上部贯通纵筋。

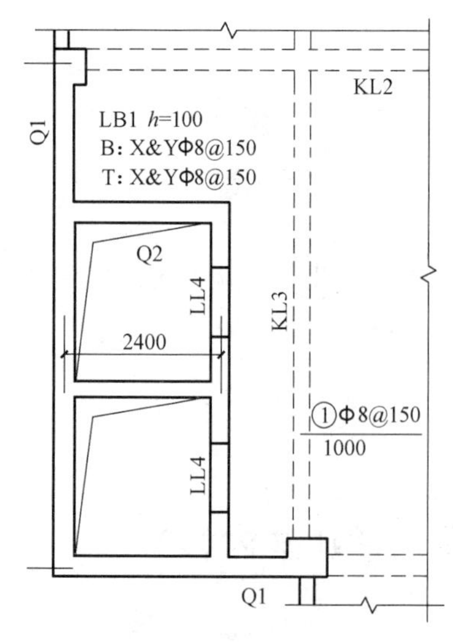

图 6-34　板 LB1 示意

【解】

（1）X 方向的上部贯通纵筋计算

1）长筋

① 钢筋长度计算

(轴线跨度 3500mm；左支座为剪力墙，厚度 280mm；右支座为框架梁，宽度 250mm)

左支座直锚长度＝l_{aE}＝29d＝29×8＝232mm

右支座直锚长度＝250－25－20＝205mm

上部贯通纵筋的直段长度＝(3500－150－125)＋232＋205＝3662mm

右支座弯钩长度＝l_{aE}－直锚长度＝29d－205＝29×8－205＝27mm

上部贯通纵筋的左端无弯钩。

② 钢筋根数计算

(轴线跨度 2100mm；左端到 250mm 剪力墙的右侧；右端到 280mm 框架梁的左侧)

钢筋根数＝[(2100－125－150)＋21＋37.5]/150＝13根

2）短筋

① 钢筋长度计算

(轴线跨度 1200mm；左支座为剪力墙，厚度为 250mm；右支座为框架梁，宽度 250mm)

左支座直锚长度＝l_{aE}＝29d＝29×8＝232mm

右支座直锚长度＝250－25－20＝205mm

上部贯通纵筋的直段长度＝(1200－125－125)＋232＋205＝1387mm

右支座弯钩长度＝l_{aE}－直锚长度＝29d－205＝29×8－205＝27mm

上部贯通纵筋的左端无弯钩。

② 钢筋根数计算

(轴线跨度 4800mm；左端到 280mm 剪力墙的右侧；右端到 250mm 剪力墙的右侧)

钢筋根数＝[(4800－150＋125)＋21－21]/150＝32根

(2）Y 方向的上部贯通纵筋计算

1）长筋

① 钢筋长度计算

(轴线跨度 7000mm；左支座为剪力墙，厚度 280mm；右支座为框架梁，宽度 280mm)

左支座直锚长度＝l_{aE}＝29d＝29×8＝232mm

右支座直锚长度＝l_{aE}＝29d＝29×8＝232mm

上部贯通纵筋的直段长度＝(7000－150－150)＋232＋232＝7164mm

上部贯通纵筋的两端无弯钩。

② 钢筋根数计算

(轴线跨度 1200mm；左支座为剪力墙，厚度 250mm；右支座为框架梁，宽度 250mm)

钢筋根数＝[(1200－125－125)＋21＋36]/150＝7根

2）短筋

① 钢筋长度计算

(轴线跨度 2100mm；左支座为剪力墙，厚度 250mm；右支座为框架梁，宽度 280mm)

左支座直锚长度＝l_{aE}＝29d＝29×8＝232mm

右支座直锚长度$=l_{aE}=29d=29\times8=232$mm

上部贯通纵筋的直段长度$=(2100-125-150)+232+232=2289$mm

上部贯通纵筋的两端无弯钩。

② 钢筋根数计算

(轴线跨度2400mm；左支座为剪力墙，厚度280mm；右支座为框架梁，宽度250mm)

钢筋根数$=[(2400-150+125)+21-21]/150=16$根

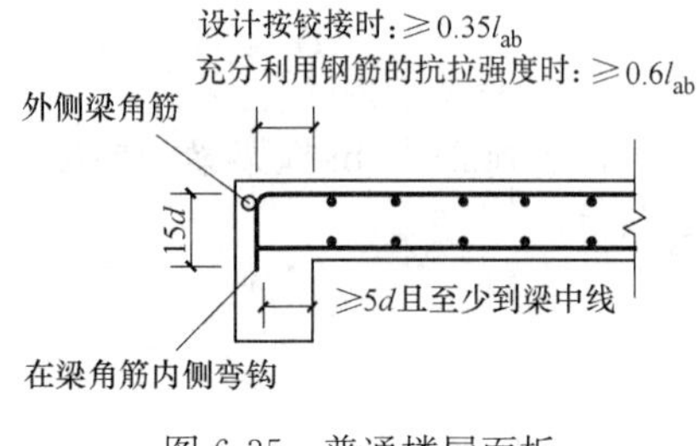

图6-35 普通楼屋面板

2. 端部支座钢筋构造

(1) 端部支座为梁时，普通楼屋面板端部构造如图6-35所示。

1) 板上部贯通纵筋伸至梁外侧角筋的内侧弯钩，弯折长度为15d。当设计按铰接时，弯折水平段长度≥0.35l_{ab}；当充分利用钢筋的抗拉强度时，弯折水平段长度≥0.6l_{ab}。

2) 板下部贯通纵筋在端部制作的直锚长度≥5d且至少到梁中线。

(2) 端部支座为梁时，用于梁板式转换层的楼面板端部构造如图6-36所示。

1) 板上部贯通纵筋伸至梁外侧角筋的内侧弯钩，弯折长度为15d，弯折水平段长度≥0.6l_{abE}。

2) 梁板式转换层的板，下部贯通纵筋在端部支座的直锚长度≥0.6l_{abE}。

(3) 当端部支座为剪力墙中间层时，楼板端部构造如图6-37所示。

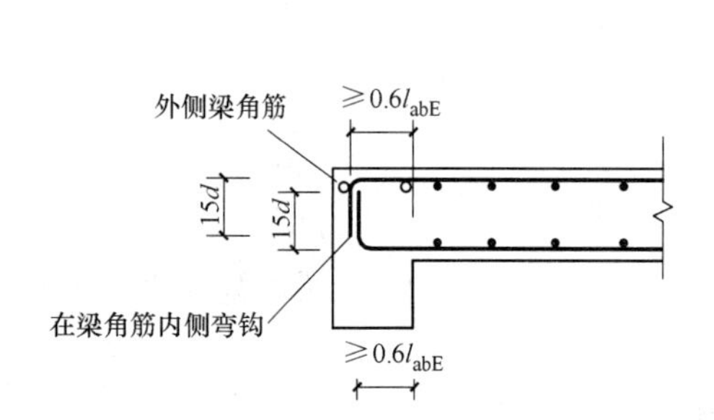

图6-36 用于梁板式转换层的楼面板

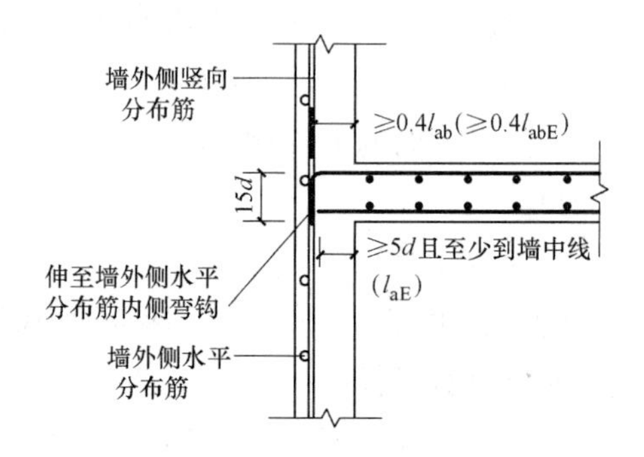

图6-37 端部支座为剪力墙中间层

1) 板上部贯通纵筋伸至墙身外侧水平分布筋的内侧弯钩，弯折长度为15d。弯折水平段长度≥0.4l_{ab} (≥0.4l_{abE})。

2) 板下部贯通纵筋在端部支座的直锚长度≥5d且至少到墙中线；梁板式转换层的板，下部贯通纵筋在端部支座的直锚长度为l_{aE}。

3) 图中括号内的数值用于梁板式转换层的板，当板下部纵筋直锚长度不足时，可弯锚见图6-38。

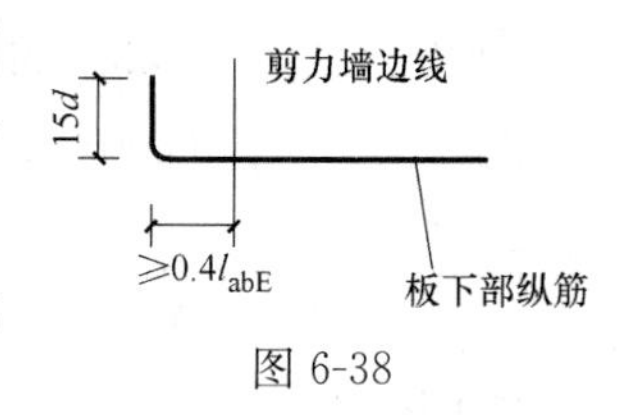

图6-38

(4) 当端部支座为剪力墙顶时，楼板端部构造如图6-39所示。

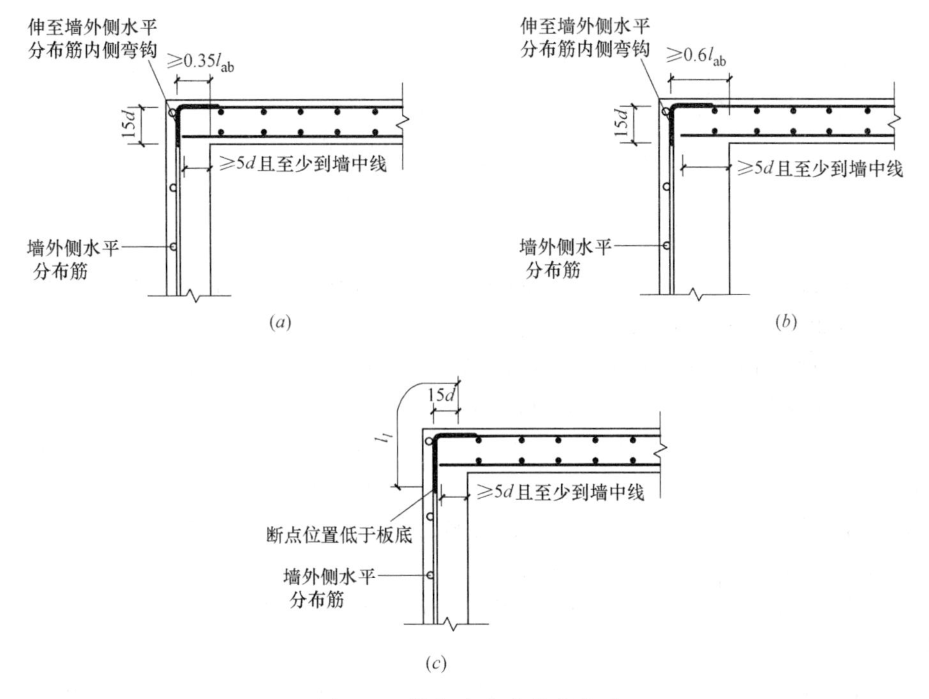

图 6-39　端部支座为剪力墙顶

（a）板端按铰接设计时；（b）板端上部纵筋按充分利用钢筋的抗拉强度时；（c）搭接连接

1）图（a），板上部贯通纵筋伸至墙身外侧水平分布筋的内侧弯钩，弯折长度为 15d。弯折水平段长度≥0.35l_{ab}；板下部贯通纵筋在端部支座的直锚长度≥5d 且至少到墙中线。

2）图（b），板上部贯通纵筋伸至墙身外侧水平分布筋的内侧弯钩，弯折长度为 15d。弯折水平段长度≥0.6l_{ab}；板下部贯通纵筋在端部支座的直锚长度≥5d 且至少到墙中线。

3）图（c），板上部贯通纵筋伸至墙身外侧水平分布筋的内侧弯钩，在断点位置低于板底，搭接长度为 l_l，弯折水平段长度为 15d；板下部贯通纵筋在端部支座的直锚长度≥5d 且至少到墙中线。

参 考 文 献

[1] 中国建筑标准设计研究院. 16G101-1 混凝土结构施工图平面整体表示方法制图规则和构造详图（现浇混凝土框架、剪力墙、梁、板）. 北京：中国计划出版社，2016.

[2] 中国建筑标准设计研究院. 16G101-2 混凝土结构施工图平面整体表示方法制图规则和构造详图（现浇混凝土板式楼梯）. 北京：中国计划出版社，2016.

[3] 中国建筑标准设计研究院. 16G101-3 混凝土结构施工图平面整体表示方法制图规则和构造详图（独立基础、条形基础、筏形基础、桩基础）. 北京：中国计划出版社，2016.

[4] 中国建筑标准设计研究院. 12G901-1 混凝土结构施工钢筋排布规则与构造详图（现浇混凝土框架、剪力墙、梁、板）. 北京：中国计划出版社，2012.

[5] 国家标准. 混凝土结构设计规范（2015 年版） GB 50010—2010 [S]. 北京：中国建筑工业出版社，2010.

[6] 国家标准. 建筑抗震设计规范及 2016 年局部修订 GB 50011—2010 [S]. 北京：中国建筑工业出版社，2010.

[7] 国家标准. 建筑地基基础设计规范 GB/T 50105—2010 [S]. 北京：中国建筑工业出版社，2011.

[8] 行业标准. 高层建筑混凝土结构技术规程 JGJ 3—2010 [S]. 北京：中国建筑工业出版社，2010.

[9] 行业标准. 高层建筑筏形与箱形基础技术规范 JGJ 6—2011 [S]. 北京：中国建筑工业出版社，2011.

[10] 行业标准. 建筑桩基技术规范 JGJ 94—2008 [S]. 北京：中国建筑工业出版社，2008.

《房建施工实战系列课程》

《房建施工实战系列课程》针对施工一线人员和高级管理人员的职业特点和工作需要，选取施工人员日常必备的职业技能进行讲解，内容来自一线，接近实战。

本视频系列课程一共包含 47 门独立课程和 9 个课程套餐，既可以单独购买，又可以根据自己工作需要以较低的价格成套购买。每个课程都提供了一段免费课程内容让大家观看，以便了解该课程内容。

读者可访问 www.cabplink.com 观看或购买本视频课程(路径如右图)。现在购买视频，可以赠送中国建筑工业出版社出版的施工类图书。

读者还可扫描建工社视频课程二维码观看并购买本视频课程(路径如下)。

更多课程
一级建造师
岩土工程师
结构工程师
一级注册结构工程师专业考试历年试题讲解
监理工程师
注册建筑师
3DA算量软件工程造价实训操作视频
建筑结构优化设计方法及案例分析
房建施工实战系列课程